LabVIEW 虚拟仪器基础与入门 110 例

李江全　主　编
刘长征　王玉巍　党　媚　副主编

電子工業出版社
Publishing House of Electronics Industry
北京・BEIJING

内 容 简 介

本书从实际应用出发，通过 110 个典型实例系统地介绍了虚拟仪器编程语言 LabVIEW 的程序设计方法及其应用技术。主要内容有 LabVIEW 程序设计基础、数值型数据、布尔型数据、字符串数据、数组数据与矩阵、簇数据、数据类型转换、程序流程控制、变量与节点、图形显示、文件 I/O、界面交互及子程序设计等。提供的实例由实例基础、设计任务和任务实现等部分组成，并有详细的操作步骤。

本书内容丰富，论述深入浅出，有较强的实用性和可操作性，是测控仪器、计算机应用、电子信息、机电一体化、自动化等专业学生和相关行业工程技术人员学习虚拟仪器技术的入门书籍。

图书在版编目（CIP）数据

LabVIEW 虚拟仪器基础与入门 110 例 / 李江全主编. —北京：电子工业出版社，2019.3

ISBN 978-7-121-35679-7

Ⅰ. ①L… Ⅱ. ①李… Ⅲ. ①软件工具－程序设计 Ⅳ. ①TP311.56

中国版本图书馆 CIP 数据核字（2018）第 280864 号

策划编辑：陈韦凯
责任编辑：陈韦凯　　特约编辑：李　姣
印　　刷：北京虎彩文化传播有限公司
装　　订：北京虎彩文化传播有限公司
出版发行：电子工业出版社
　　　　　北京市海淀区万寿路 173 信箱　邮编　100036
开　　本：787×1 092　1/16　印张：14.75　字数：378 千字
版　　次：2019 年 3 月第 1 版
印　　次：2024 年 1 月第 5 次印刷
定　　价：59.00 元

凡所购买电子工业出版社图书有缺损问题，请向购买书店调换。若书店售缺，请与本社发行部联系，联系及邮购电话：（010）88254888，88258888。

质量投诉请发邮件至 zlts@phei.com.cn，盗版侵权举报请发邮件至 dbqq@phei.com.cn。

本书咨询联系方式：chenwk@phei.com.cn，（010）88254441。

前　　言

随着微电子技术和计算机技术的飞速发展，测试技术与计算机深层次的结合正引起测试仪器领域里一场新的革命，一种全新的仪器结构概念导致了新一代仪器——虚拟仪器的出现。它是现代计算机技术、通信技术和测量技术相结合的产物，是传统仪器观念的一次巨大变革，是产业发展的一个重要方向，它的出现使人类的测试技术进入了一个新的发展纪元。

虚拟仪器在实际应用中表现出传统仪器无法比拟的优势，可以说虚拟仪器技术是现代测控技术的关键组成部分。虚拟仪器由计算机和数据采集卡等相应硬件和专用软件构成，既有传统仪器的特征，又有一般仪器不具备的特殊功能，在现代测控应用中有着广泛的应用前景。

作为测试工程领域的强有力工具，近年来，虚拟仪器编程语言 LabVIEW 得到了业界的普遍认可，并在测控应用领域得到广泛应用。

本书从实际应用出发，通过 110 个典型实例系统地介绍了 LabVIEW 的程序设计方法及其应用技术，主要内容有 LabVIEW 程序设计基础、数值型数据、布尔型数据、字符串数据、数组数据与矩阵、簇数据、数据类型转换、程序结构、变量与节点、图形显示、文件 I/O、界面交互及子程序设计等。提供的实例由实例基础、设计任务和任务实现等部分组成，并有详细的操作步骤。

考虑到 LabVIEW 各版本向下兼容，且各版本编程环境及用法基本相同，因此为使更多读者能够使用本书程序，我们选用 LabVIEW 8.2 中文版作为主要设计平台，并将 LabVIEW 2015 中文版与其不同的地方予以指出。

本书内容丰富，论述深入浅出，有较强的实用性和可操作性，是测控仪器、计算机应用、电子信息、机电一体化、自动化等专业学生和相关行业工程技术人员学习虚拟仪器技术的入门书籍。

本书由石河子大学李江全编写第 0、第 1 章，刘长征编写第 2、第 3 章，吕琛编写第 5、第 8 章；新疆工程学院王玉巍编写第 4、第 9 章；西安航空职业技术学院党媚编写第 6、第 7 章；空军工程大学李丹阳编写第 10、第 11 章。

由于编者水平有限，书中难免存在不妥或错误之处，恳请广大读者批评指正。

编著者

前言

前　　言

随着微电子技术和计算机技术的飞速发展，测试技术与计算机深层次的结合正引起测试仪器领域里一场新的革命，一种全新的仪器结构概念导致了新一代仪器——虚拟仪器的出现。它是现代计算机技术、通信技术和测量技术相结合的产物，是传统仪器观念的一次巨大变革，是产业发展的一个重要方向，它的出现使人类的测试技术进入了一个新的发展纪元。

虚拟仪器在实际应用中表现出传统仪器无法比拟的优势，可以说虚拟仪器技术是现代测控技术的关键组成部分。虚拟仪器由计算机和数据采集卡等相应硬件和专用软件构成，既有传统仪器的特征，又有一般仪器不具备的特殊功能，在现代测控应用中有着广泛的应用前景。

作为测试工程领域的强有力工具，近年来，虚拟仪器编程语言 LabVIEW 得到了业界的普遍认可，并在测控应用领域得到广泛应用。

本书从实际应用出发，通过 110 个典型实例系统地介绍了 LabVIEW 的程序设计方法及其应用技术，主要内容有 LabVIEW 程序设计基础、数值型数据、布尔型数据、字符串数据、数组数据与矩阵、簇数据、数据类型转换、程序结构、变量与节点、图形显示、文件 I/O、界面交互及子程序设计等。提供的实例由实例基础、设计任务和任务实现等部分组成，并有详细的操作步骤。

考虑到 LabVIEW 各版本向下兼容，且各版本编程环境及用法基本相同，因此为使更多读者能够使用本书程序，我们选用 LabVIEW 8.2 中文版作为主要设计平台，并将 LabVIEW 2015 中文版与其不同的地方予以指出。

本书内容丰富，论述深入浅出，有较强的实用性和可操作性，是测控仪器、计算机应用、电子信息、机电一体化、自动化等专业学生和相关行业工程技术人员学习虚拟仪器技术的入门书籍。

本书由石河子大学李江全编写第 0、第 1 章，刘长征编写第 2、第 3 章，吕琛编写第 5、第 8 章；新疆工程学院王玉巍编写第 4、第 9 章；西安航空职业技术学院党娟编写第 6、第 7 章；空军工程大学李丹阳编写第 10、第 11 章。

由于编者水平有限，书中难免存在不妥或错误之处，恳请广大读者批评指正。

编著者

目　录

入门基础篇

第 0 章　LabVIEW 程序设计基础

本章作为 LabVIEW 的入门，介绍了 LabVIEW 的特点及应用，LabVIEW 中的基本概念，LabVIEW 的前面板设计，LabVIEW 的数据操作等基本知识。最后通过实例了解虚拟仪器编程语言 LabVIEW 的开发环境及其程序设计步骤，使读者对 LabVIEW 有一个初步认识。

0.1　LabVIEW 的特点及应用

0.1.1　LabVIEW 的特点

LabVIEW 包括控制与仿真、高级数字信号处理、统计过程控制、模糊控制和 PID 控制等众多附加软件包，运行于 Windows NT/XP、Linux、Macintosh 等多种平台的工业标准软件开发环境。

LabVIEW 在业界也称为虚拟仪器，它的表现形式和功能类似于实际的仪器，但 LabVIEW 程序很容易改变设置和功能。因此，LabVIEW 特别适用于实验室、多品种小批量的生产线等需要经常改变仪器参数和功能以及对信号进行分析、研究、传输等场合。

与传统的编程语言相较，LabVIEW 的图形编程方式能够节省程序开发时间，其运行速度却几乎不受影响，体现出了极高的效率。

由于采用了图形化编程语言，LabVIEW 产生的程序是框图的形式，易学易用，特别适合硬件工程师、实验室技术人员、生产线工艺技术人员的学习和使用，可以在很短的时间内掌握并应用到实际中去。

总之，由于 LabVIEW 能够为用户提供简明、直观、易用的图形编程方式，省时简便，深受用户青睐。

0.1.2　LabVIEW 的应用

LabVIEW 在航空、航天、通信、汽车、半导体和生物医学等世界范围的众多领域内得到了广泛应用，从简单的仪器控制、数据采集到尖端的测试和工业自动化，从大学实验室到工厂，从探索研究到技术集成，都有 LabVIEW 的应用。

1. LabVIEW 应用于测量与试验

LabVIEW 已成为测试与测量领域的工业标准，通过 GPIB、VXI、串行设备和插卡式数据采集板可以构成实际的数据采集系统。它提供了工业界最大的仪器驱动程序库以及众多的开发工具，使复杂的测量与试验任务变得简单易行。

2. LabVIEW 应用于过程控制与工业自动化

LabVIEW 强大的硬件驱动、图形显示能力和便捷的快速程序设计为过程控制和工业自动化应用提供了优秀的解决方案。

3. LabVIEW 应用于实验室研究与计算分析

LabVIEW 为科学家和工程师提供了功能强大的高级数学分析库，包括统计、估计、回归分析、线性代数、信号生成算法、时域和频域算法等众多科学领域，可满足各种计算和分析需要。

因此，许多工科大学已将 LabVIEW 作为课堂或实验室教学内容，作为工程师素质培养的一个方面。不同领域的科学家和工程师都借助这个易用的软件包来解决工作中的各种应用问题。

0.2 LabVIEW 中的基本概念

LabVIEW 是一个功能完整的程序设计语言，具有区别于其他程序设计语言的一些独特结构和语法规则。

应用 LabVIEW 编程的关键是掌握 LabVIEW 的基本概念和图形化编程的基本思想。

0.2.1 VI 与子 VI

用 LabVIEW 开发的应用程序称为 VI（Virtual Instrument 的英文缩写，即虚拟仪器）。

一个最基本的 VI 是由节点、端口以及连线组成的应用程序。

VI 运行采用数据流驱动，具有顺序、循环、条件等多种程序结构控制。

在 LabVIEW 中的子程序被称作子 VI（SubVI）。在程序中使用子 VI 有以下优点：

（1）将一些代码封装成为一个子 VI（即一个图标或节点），可以使程序的结构变得更加清晰、明了。

（2）将整个程序划分为若干模块，每个模块用一个或者几个子 VI 实现，易于程序的编写和维护。

（3）将一些常用的功能编制成为一个子 VI，在需要的时候可以直接调用，不用重新编写这部分程序，因而子 VI 有利于代码复用。

正因为子 VI 的使用对编写 LabVIEW 程序有很多便利之处，所以在使用 LabVIEW 编写程序的时候经常会使用子 VI。

子 VI 由 3 部分组成，除前面板对象、框图程序外，还有图标的连接端口。连接端口的功能是与调用它的 VI 交换数据。

基于 LabVIEW 图形化编程语言的特点，在 LabVIEW 环境中，子 VI 也是以图标（节点）的形式出现的。在使用子 VI 时，需要定义其数据输入和输出的端口，然后就可以将其当作一个普通的 VI 来使用。

因此在使用 LabVIEW 编程时，应与其他编程语言一样，尽量采用模块化编程的思想，有效地利用子 VI，简化 VI 框图程序的结构，使其更加简洁，易于理解，可以提高 VI 的运行效率。

0.2.2　前面板

前面板就是图形化用户界面，用于设置输入数值和观察输出量，是人机交互的窗口。由于 VI 前面板是模拟真实仪器的前面板，所以输入量称为控制，输出量称为指示。

在前面板中，用户可以使用各种图标，如仪表、按钮、开关、波形图、实时趋势图等，这可使前面板的界面像真实的仪器面板一样。

图 0-1 是一个调压器程序的前面板。

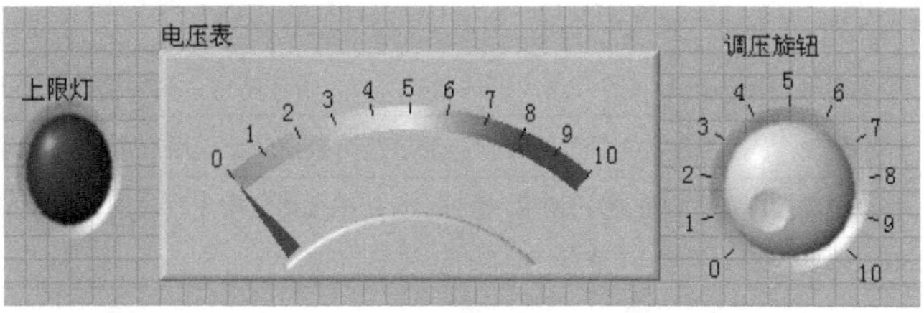

图 0-1　调压器程序的前面板

前面板对象按照功能可以分为控制、指示和修饰三种。控制是用户设置和修改 VI 程序中输入量的接口，如旋钮；指示则用于显示 VI 程序产生或输出的数据，如仪表。

如果将一个 VI 程序比作一台仪器的话，那么控制就是仪器的数据输入端口和控制开关，而指示则是仪器的显示窗口，用于显示测量结果。

在本书中，为方便起见，将前面板中的控制和指示统称为前面板对象或控件。

修饰的作用仅是将前面板点缀得更加美观，并不能作为 VI 的输入或输出来使用。在控制选板中专门有一个修饰子选板。

0.2.3　框图程序

每一个前面板都有一个框图程序与之对应。上述调压器的框图程序如图 0-2 所示，该框图程序的功能是通过调压旋钮产生数值，再通过电压表显示，当数值大于等于 8 时，上限灯改变颜色。

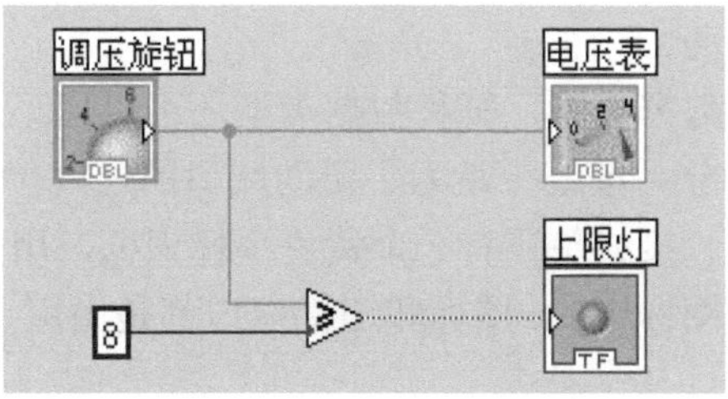

图 0-2　调压器的框图程序

框图程序用图形化编程语言编写，可以把它理解成传统编程语言程序中的源代码。用图形来进行编程，而不是用传统的代码来进行编程，这是 LabVIEW 最大的特色。

框图程序由节点、端口和连线组成。

1. 节点

节点是 VI 程序中的执行元素，类似于文本编程语言程序中的语句、函数或者子程序。上述调压器的框图程序中的数值常量、比较函数就是节点。

LabVIEW 共有 4 种类型的节点，如表 0-1 所示。

表 0-1　LabVIEW 节点类型

节点类型	节点功能
功能函数	LabVIEW 内置节点，提供基本的数据与对象操作，例如，数值计算、文件 I/O 操作、字符串运算、布尔运算、比较运算等
结构	用于控制程序执行方式的节点，包括顺序结构、条件结构、循环结构及公式节点等
代码接口节点	LabVIEW 与 C 语言文本程序的接口。通过代码接口节点，用户可以直接调用 C 语言编写的源程序
子 VI	将创建的 VI 以子 VI 的形式调用，相当于传统编程语言中子程序的调用。通过功能选板中的 Select VI 子选板可以添加一个子 VI 节点

2. 端口

节点之间、节点与前面板对象之间通过数据端口和数据连线来传递数据。

端口是数据在框图程序部分和前面板对象之间传输的通道接口，以及数据在框图程序的节点之间传输的接口。端口类似于文本程序中的参数和常数。

端口有两种类型：控制器/指示器端口和节点端口（即函数图标的连线端口）。控制或指示端口用于前面板，当程序运行时，从控制器输入的数据就通过控制器端口传送到框图程序中。而当 VI 程序运行结束后，输出的数据就通过指示器端口从框图程序送回到前面板的指示器中。

当在前面板创建或删除控制器/指示器时，可以自动创建或删除相应的控制器/指示器端口。

一般情况下，LabVIEW 中的每个节点至少有一个端口，用于向其他图标传递数据。

3. 连线

节点之间由数据连线按照一定的逻辑关系相互连接，以定义框图程序内的数据流动方向。

连线是端口间的数据通道，类似于文本程序中的赋值语句。数据是单向流动的，从源端口向一个或多个目的端口流动。

不同的线型代表不同的数据类型，每种数据类型还可以用不同的颜色予以强调或区分。

连线点是连线的线头部分。接线头是为了帮助端口的连线位置正确。当把连线工具放到端口上时，接线头就会弹出。接线头还有一个黄色小标识框，用来显示该端口的名字。

连接端口通常是隐藏在图标中的。图标和连接端口都是由用户在编制 VI 时根据实际需要创建的。

0.2.4　数据流驱动

由于框图程序中的数据是沿数据连线按照程序中的逻辑关系流动的，因此，LabVIEW 编程又称为“数据流编程”。“数据流”控制 LabVIEW 程序的运行方式。

对一个节点而言，只有当它的输入端口上的所有数据都被提供以后，它才能够执行下去。当节点程序运行完毕以后，它会把结果数据送到其输出端口中，这些数据很快通过数据连线送至与之相连的目的端口。

“数据流”与常规编程语言中的“控制流”类似，相当于控制程序语句一步一步地执行。

例如，两数相加程序的前面板如图 0-3 所示，与之对应的框图程序如图 0-4 所示，这个 VI 程序控制 a 和 b 中的数值相加，然后再把相加之和乘以 100，结果送至指示 c 中显示。

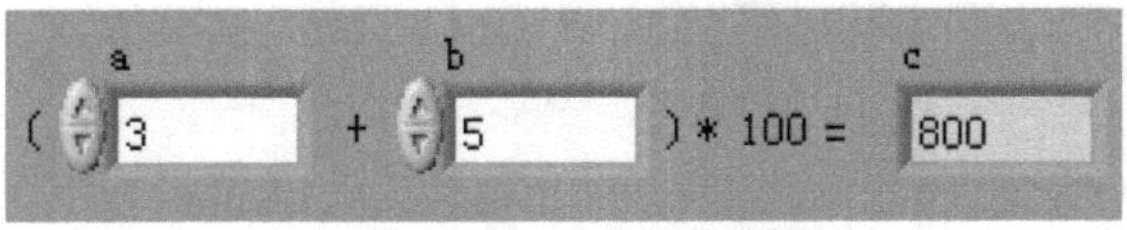

图 0-3　两数相加程序的前面板

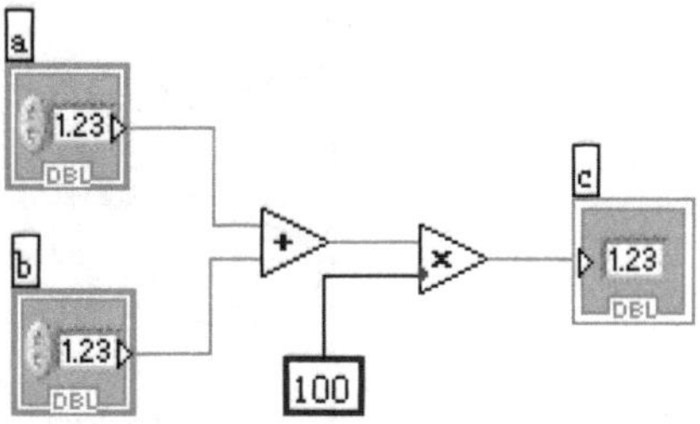

图 0-4　两数相加的框图程序

在这个程序中，框图程序从左向右执行，但这个执行次序不是由其对象的摆放位置来确定的，而是遵循相乘节点的一个输入量是相加节点的运算结果这一顺序。只有当相加运算完成并把结果送到相乘运算节点的输入端口后，相乘节点才能执行下去。

0.3　LabVIEW 的前面板设计

把 VI 应用程序界面称作前面板。前面板是 LabVIEW 的重要组成部分，是用 LabVIEW 编写的应用程序的界面。LabVIEW 提供非常丰富的界面控件对象，可以方便地设计出生动、直观、操作方便的用户界面。

LabVIEW 提供的专门用于前面板设计的输入和显示控件被分门别类地放置在控件选板中，当用户需要使用时，可以根据对象的类别从各个子选板中选取。前面板的对象按照其类型可以分为数值型、布尔型、字符串型、数组型、簇型、图形型等多种类型。

在用 LabVIEW 进行程序设计的过程中，对前面板的设计主要是编辑前面板控件和设置前面板控件的属性。

0.3.1　前面板对象的创建

设计应用程序界面所用到的前面板对象全部包含在控件选板中。

放置在前面板上的每一个控件都具有很多属性，其中多数与显示特征有关，在编程时就可以通过在控件上右击（即右键单击，以下同）更改其属性值。

设计前面板需要用到控件选板，用鼠标选择控件选板上的对象，然后在前面板上拖放即可。

以下举例说明前面板对象的创建过程。首先创建新的应用程序并保存为“创建对象.VI”。

切换到前面板窗口，在控件选板上单击“数值”控件子选板，选择“数值输入控件”，如图 0-5 所示，在前面板的适当位置单击，即可创建数值输入控件。修改数值控件的标签并输入“数字 1”。同样的方法可以创建数值型控件“垂直指针滑动杆”和“旋钮”，如图 0-6 所示。相应的在程序框图窗口中会产生代表控件的图标符号，如图 0-7 所示。

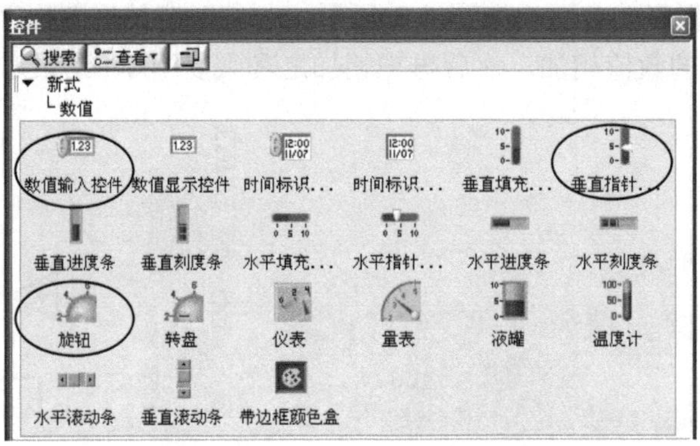

图 0-5　控件选板数值子选板

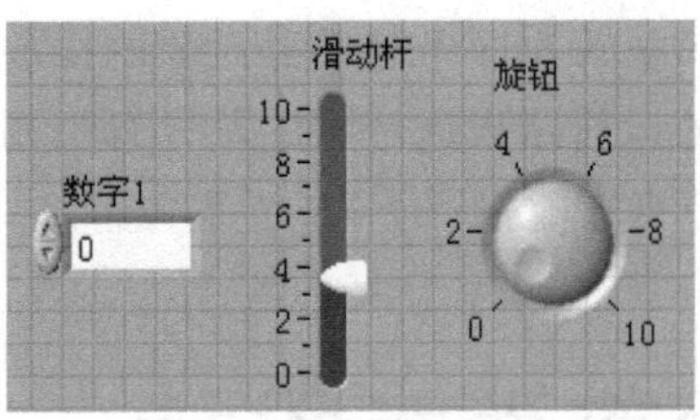

图 0-6　前面板窗口中对象的生成

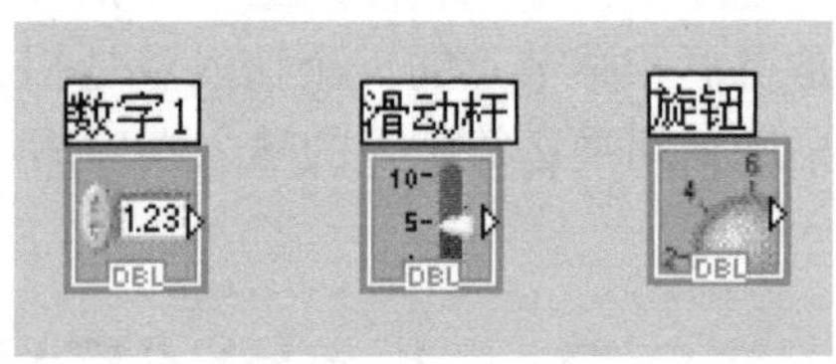

图 0-7 程序框图窗口中自动生成的图标

0.3.2　前面板对象的属性配置

此处介绍的前面板对象的配置方法适用于输入控件和显示控件。

右击前面板对象，如滑动杆控件，弹出快捷菜单，如图 0-8 所示。这里只介绍输入控件和显示控件共有的快捷菜单部分。

（1）显示项：该菜单列表显示一个对象可以显示/隐藏的部分，如标签、标题等。

（2）查找接线端：在代码窗口中高亮显示前面板对象。当代码窗口中对象太多时，对直接寻找控件对象是非常有效的。

（3）转换为显示控件/转换为输入控件：将指定的对象改变为显示控件或输入控件。

任何一个前面板对象都有控制和指示两种属性，右击前面板对象，在弹出的快捷菜单中选择“转换为显示控件”或“转换为输入控件”，可以在控制和指示两种属性之间切换。

一般控件可以指定为显示量，也可以转化为输入量。比如右击滑动杆控件，在弹出的快捷菜单中单击“转换为显示控件”，该控件已经变成了显示件。该变化也同时反映到程序框图窗口中的图标上。

（4）创建：针对选择的对象创建局部变量、引用和属性节点等。

（5）替换：选择其他的控件来代替当前的控件。

（6）数据操作：包含一个编辑数据选项的子菜单。主要包括以下选项：重新初始化默认值和当前值设置为默认值。图 0-6 中，各个控件在设计时就已经有了默认的初始值，如果要改变这个初始值，则在设计时给控件输入指定的数值。在控件上右击，在弹出的快捷菜单中选择：数据操作/当前值设置为默认值，如图 0-9 所示。这样每次在程序打开时，控件就自动赋予了新的默认值。

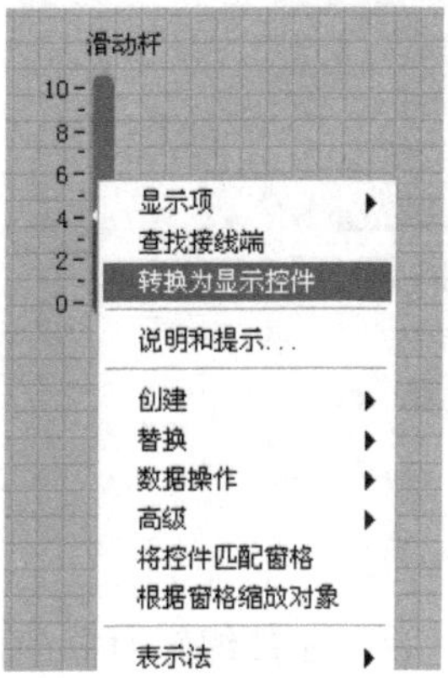

图 0-8 改变控件的属性

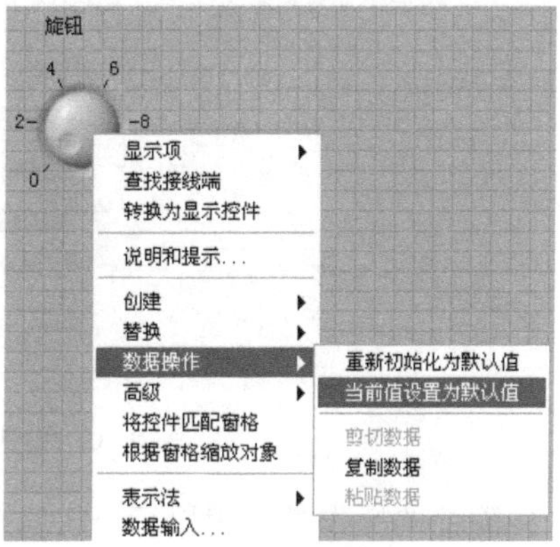

图 0-9 设置控件的默认值

（7）高级：包含控件高级编辑选项的子菜单。主要包括以下选项：

快捷键：为控件分配快捷键，用户在没有鼠标的情况下仍然可以访问控件。

同步显示：控件将显示全部的更新数据，这种设置方法将影响 LabVIEW 的运行性能。

自定义：由用户定制控件，在控件编辑器中设计个性化的前面板对象。

隐藏输入控件/隐藏显示控件：在前面板中隐藏控件对象。要访问隐藏的对象，在代码窗口中右击控件对象，在弹出菜单中选择“显示输入控件”或“显示显示控件”。

0.3.3 前面板对象的修饰

作为一种基于图形模式的编程语言，LabVIEW 在图形界面的设计上有着得天独厚的优势，可以设计出漂亮、大方而且方便、易用的程序界面（即程序的前面板）。为了更好地进行前面板的设计，LabVIEW 提供了丰富的修饰前面板的方法以及专门用于装饰前面板的控件，下面介绍修饰前面板的方法和技巧。

1. 设置前面板对象的颜色

前景色和背景色是前面板对象的两个重要属性，合理地搭配对象的前景色和背景色会使用户的程序增色不少。一般情况下控件选板上的对象是以默认颜色被拖放到前面板中的，可以通过简单的操作进行修改。

对于前面板对象的颜色的编辑需要用到工具选板里的取色工具和颜色设置工具。此处创建新的 VI“设置颜色.vi”。 在程序的前面板创建 1 个数值量控件“液罐”，颜色等均采用默认值。

颜色设置工具为，图标内有前后两个调色板，分别代表前景色和背景色。分别用鼠标单击两个调色板会出现颜色选择对话框，图 0-10 所示，以设置前景和背景的颜色。用鼠标单击颜色设置工具后，再在编辑对象的适当位置上单击鼠标，则被编辑对象就被分别设置成指定的前景色和背景色。

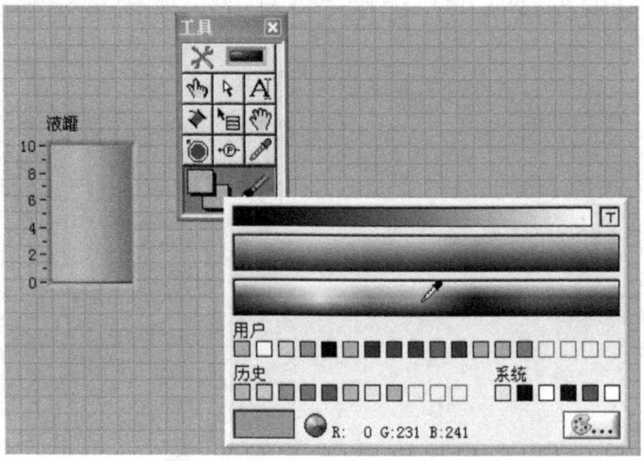

图 0-10　设置前景和背景颜色

另外一种简便的操作是，用鼠标单击颜色设置工具后，在被编辑对象的适当位置上右击，弹出颜色对话框并且动态地渲染被编辑的对象，选择合适的颜色后单击鼠标，完成颜色的设置。

2. 设置前面板对象的文字风格

在 LabVIEW 中，可以设置前面板文本对象的字体、颜色以及其他风格特征。这些可以通过 LabVIEW 工具栏中的字体按钮 12pt 应用程序字体 进行设置。单击该按钮，将弹出用于设置字体的下拉菜单，在菜单中，用户可以选择文字的字体、颜色、大小和风格。用户也可以在字体按钮的下拉菜单中选择字体对话框来设置字体的常用属性。字体设置对话框如图 0-11 所示，在这个对话框中几乎可以包括设置字体的所有属性。

3. 前面板对象的位置与排列

为了提高前面板外观设计的效率，LabVIEW 提供了前面板对象编辑控制的一些工具，尤其是在界面对象比较多时，这些工具就显得尤为重要。

在 LabVIEW 程序中，设置多个对象的相对位置关系是布置和修饰前面板过程中一件非常重要的工作。在 LabVIEW 中提供了专门用于调整多个对象位置关系的工具，它们位于 LabVIEW 的工具栏上。

LabVIEW 所提供的用于设置多个对象之间位置关系的工具，如图 0-12 所示，这两种工具分别用于调整多个对象的对齐关系以及调整对象之间的距离。

群组工具可以将一系列对象设置为一组，以固定其相对位置关系，也可以锁定对象，以免在编辑过程中对象被移动。

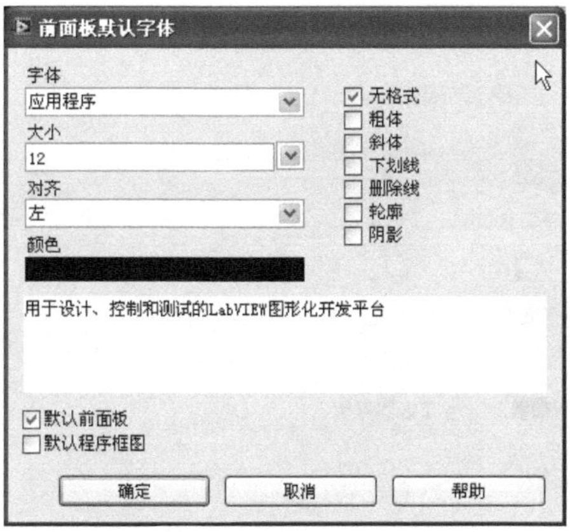

图 0-11　字体设置对话框

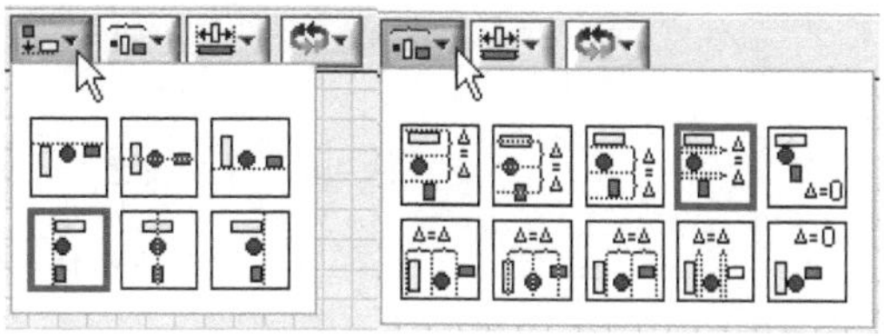

图 0-12 用于设置多个对象之间位置关系的工具

4．调整前面板对象的大小

一般情况下控件选板上的对象是以默认大小被拖放到前面板中的，可以通过简单的操作进行修改。

对于大小的调整，当工具选板处于自动选择状态或处于定位状态时，只需将鼠标移动到被编辑对象的边缘处，对象上会出现几个方框或圆框，单击鼠标左键并拖动方框到合适位置后松开鼠标左键，则控件对象被放大或缩小，如图 0-13 所示对数值型“液罐”控件进行缩放。

但对于特殊的控件，其编辑方式可能不尽一致，将鼠标改为选择状态，然后在对象上移动，当鼠标的形状发生改变时，拖动即可进行缩放编辑。

在 LabVIEW 的工具栏上有调整对象大小的工具，如图 0-14 所示。

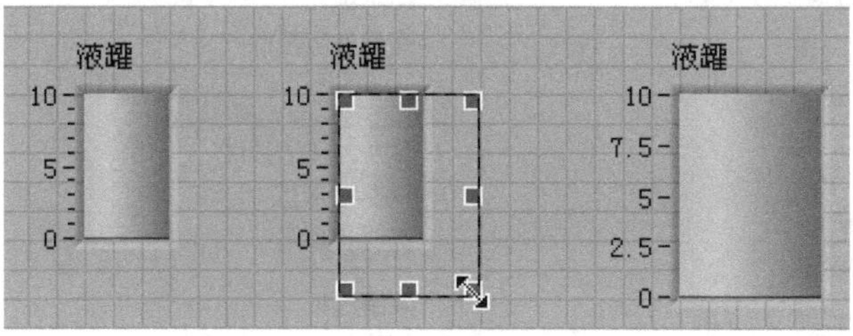

图 0-13　调整前面板对象的大小

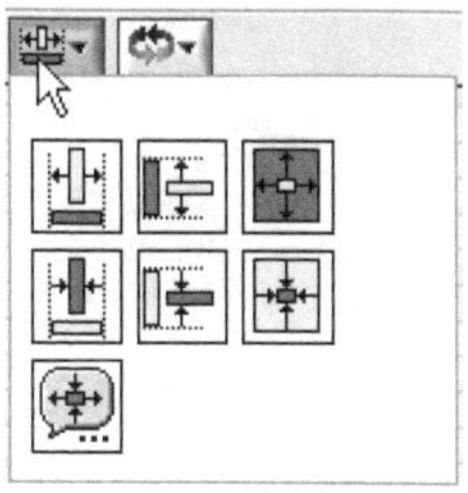

图 0-14　调整对象大小的工具

利用设置对象大小的工具，用户可以按照一定的规则调整对象的尺寸，也可以用按钮来指定控件的高度和宽度，进而调整对象的大小。

5．用修饰控件装饰前面板

LabVIEW 提供了装饰前面板上对象的设计工具，这些界面元素对程序不产生任何影响，仅仅是为了增强界面的可视化效果。它包括一系列线、箭头、方形、圆形、三角形等形状的修饰模块，这些模块如同一些搭建美观的程序界面的“积木”，合理组织、搭配这些模块可以构造出绚丽的程序界面。

LabVIEW 中用于修饰前面板的控件位于控件选板中的修饰子选板中，如图 0-15 所示。

在 LabVIEW 中，修饰子选板中的各种控件只有前面板图形，而在后面板上没有与之对应的图标，这些控件的主要功能就是进行界面的修饰。

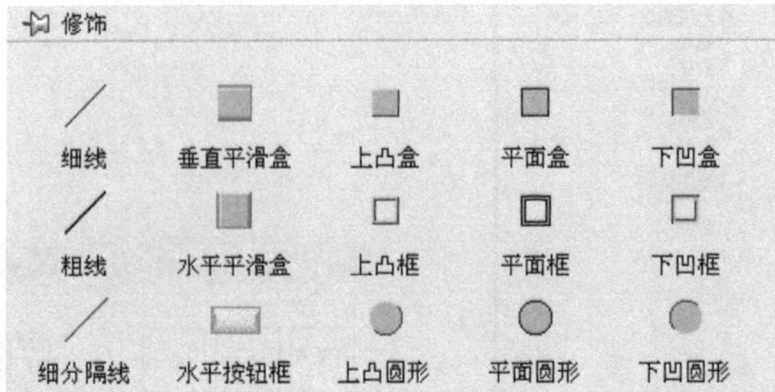

图 0-15　修饰子选板

6. 前面板对象的显示和隐藏

LabVIEW 提供的控件都具有是否可见的属性。这个属性可以在程序开发时设定，也可以在程序运行时通过代码来控制，以下举例说明。

新建应用程序。在前面板添加数值显示控件，在框图程序窗口中右击数值显示控件，在弹出的快捷菜单中选择“高级/隐藏显示控件”，如图 0-16 所示，数值显示控件在前面板已经不可见了。

要恢复其可见性，切换到框图程序窗口，右击数值显示控件，在弹出的快捷菜单中选择“显示显示控件”，如图 0-17 所示，这时前面板窗口中出现隐藏的数值显示控件。

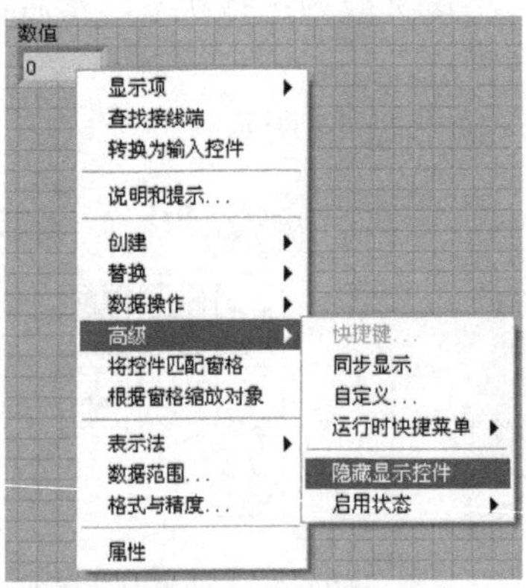

图 0-16　设计时隐藏控件

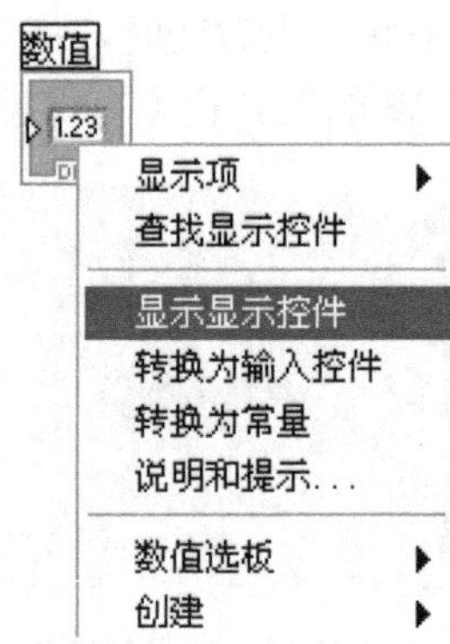

图 0-17　使隐藏的控件可见

0.4　LabVIEW 的数据操作

数据是操作的对象，操作的结果会改变数据的状况。作为程序设计人员，必须认真考虑和设计数据结构及操作步骤（即算法）。

与其他基于文本模式的编程语言一样，LabVIEW 的程序设计中也涉及常量、变量、函数的概念以及各种数据类型，这些是 LabVIEW 进行程序设计的基础，也是构建 LabVIEW 应用程序的基石。

0.4.1 VI 数据类型

LabVIEW 的数据类型按其功能可以分为两类：常量和变量。按其特征又可分为两类：数字量类型和非数字量类型，并用不同的图标来代表不同的数据类型。原则上数据是在相同数据类型的变量之间进行交换的，但 LabVIEW 拥有自己的数据类型转换机制，这也提供了一种程序的容错机制，使其可以在不同数据类型的变量之间交换数据。

在 LabVIEW 中，各种不同的数据类型，其变量的图标边框的颜色不同，因而，根据图标边框的颜色可以分辨其数据类型。

1. 常用的数据类型

LabVIEW 中常用的数据类型有以下几类。

（1）数值数据类型：又分为整型、浮点型和无符号型等。

（2）布尔数据类型：使用 8 位（一个字节）的数值来存储布尔量数据。如果数值为 0，代表布尔量数据为“假”，则其他非 0 数值代表“真”。

（3）数组数据类型：是一组相同数据类型数据的集合。

（4）字符串数据类型：以单字节整数的一维数组来存储字符串数据。

（5）簇数据类型：和数组不同的是，簇可以用来存储不同数据类型的数据。根据簇中成员的顺序，使用相应的数据类型来存储不同的成员。

（6）波形数据类型：一种用来存储波形数据的数据类型。

（7）路径数据类型：以句柄或指针（包含路径类型及路径成员的数量和路径成员）来存储数据类型。

（8）I/O 通道号数据类型：用来表示 DAQ 设备的 I/O 通道名称。

（9）动态数据类型：这种类型的数据在应用时不必具体指定其数据类型，在程序运行过程中，根据需要，对象被动态赋予各种数据类型。

2. 常量

LabVIEW 设置了以下两类常量：

（1）通用常量。例如，圆周率π，自然对数 e 等，这些常数位于函数选板/数值子选板/数学与科学常量子选板中，如图 0-18 所示。

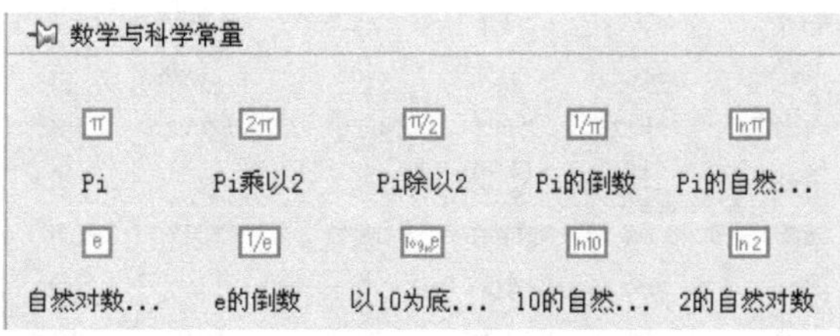

图 0-18 数学与科学常量子选板

（2）用户定义常量。LabVIEW 函数选板中有各种常用数据类型的常量，用户可以在编写程序时为它赋值。例如，数值常量位于数值子选板，它的默认值是 32 位整型数 0，用户可以给它定义任意类型的数值，程序运行时就保持这个值。

0.4.2 VI 数据运算

1. 基本数学运算

LabVIEW 中的数学运算主要由函数选板数值子选板中的节点完成的，如图 0-19 所示。

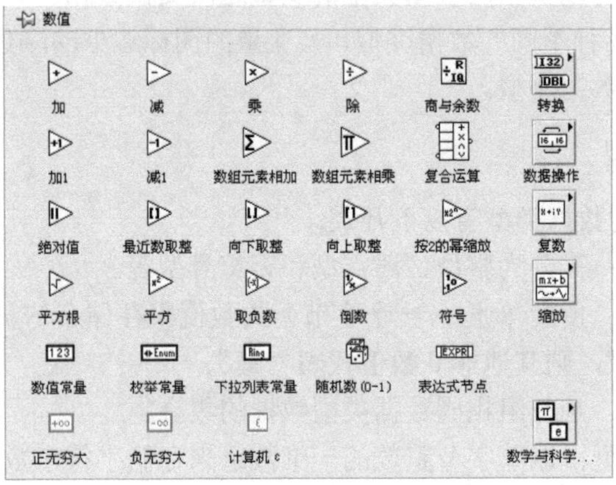

图 0-19　数值子选板

数值子选板由基本数学运算节点、类型转换节点、复数节点和附加常数节点等组成。

基本数学运算节点主要实现加、减、乘、除等基本运算。基本数学运算节点支持数值量输入。与一般编程语言提供的运算符相比，LabVIEW 中数学运算节点功能更强，使用更灵活，它不仅支持单一的数值量输入，还支持处理不同类型的复合型数值量，比如由数值量构成的数组和簇。

2. 比较运算

比较运算也就是通常所说的关系运算，比较运算节点包含在函数选板的比较子选板中，如图 0-20 所示。

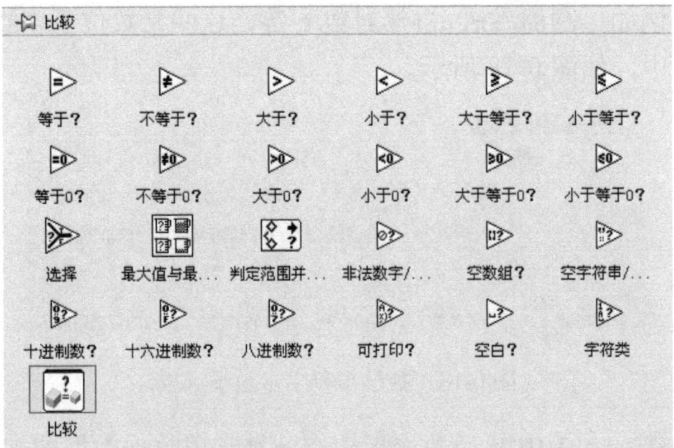

图 0-20　比较子选板

在 LabVIEW 中，可以进行以下几种类型的比较：数字值的比较、布尔值的比较、字符串的比较以及簇的比较。

1）数字值的比较

比较节点在比较两个数字值时，会先将其转换为同一类型的数字。当一个数字值和一个非数字相比较时，比较节点将返回一个表示二者不相等的值。

2）布尔值的比较

两个布尔值相比较时，"真"值比"假"值大。

3）字符串的比较

字符串的比较是按照字符在 ASCII 表中的等价数字值进行比较的。例如，字符"a"（在 ASCII 表中的值为"97"）大于字符"A"（值为"65"）；字符"A"大于字符"O"（值为"48"）。当两个字符串进行比较时，比较节点会从这两个字符串的第一个字符开始逐个比较，直至有两个字符不相等为止，并按照这两个字符输出比较结果。

4）簇的比较

簇的比较与字符串的比较类似，比较时，从簇的第 0 个元素开始，直至有一个元素不相等为止。簇中元素的个数必须相同，元素的数据类型和顺序也必须相同。

3. 逻辑运算

传统编程语言使用逻辑运算符将关系表达式或逻辑量连接起来，形成逻辑表达式，逻辑运算符包括与、或、非等。在 LabVIEW 中，这些逻辑运算符是以图标的形式出现的。

逻辑运算节点包含在函数选板的布尔子选板中，如图 0-21 所示。逻辑运算节点的图标与集成电路常用逻辑符号一致，可以使用户方便地使用这些节点而无须重新记忆。

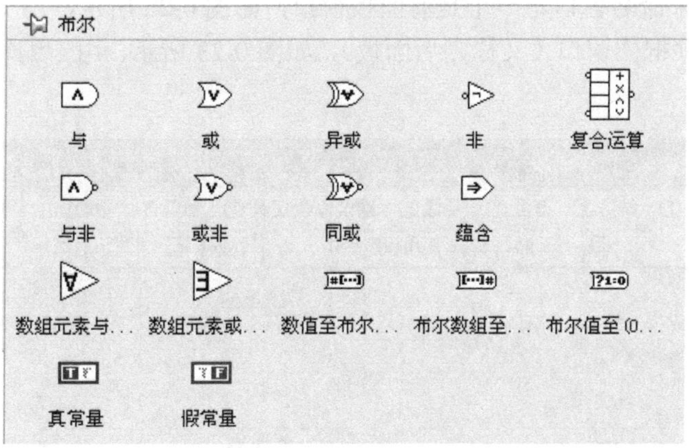

图 0-21 布尔子选板

0.5 体验 VI 程序设计

0.5.1 学习目标

（1）认识虚拟仪器软件 LabVIEW 的开发环境。
（2）掌握虚拟仪器软件 LabVIEW 应用程序（VI）的设计步骤。
（3）掌握虚拟仪器软件 LabVIEW 前面板和框图程序的设计方法。

0.5.2 设计任务

有一台仪器（比如电压表），需要调整其输入值（比如电压大小），当调整值（电压值）超过设定值（电压上限）时，通过指示灯颜色变化发出警告。

0.5.3 任务实现

1. 建立新 VI

运行 LabVIEW，在启动窗口选择“新建 VI”（LabVIEW2015 版先选择“创建项目”，再双击“新建一个空白 VI”），进入 LabVIEW 编程环境。

这时出现两个未命名窗口。一个是前面板窗口，如图 0-22 所示，用于编辑和显示前面板对象；另一个是程序框图窗口（又称为后面板），如图 0-23 所示，用于编辑和显示流程图（框图程序）。

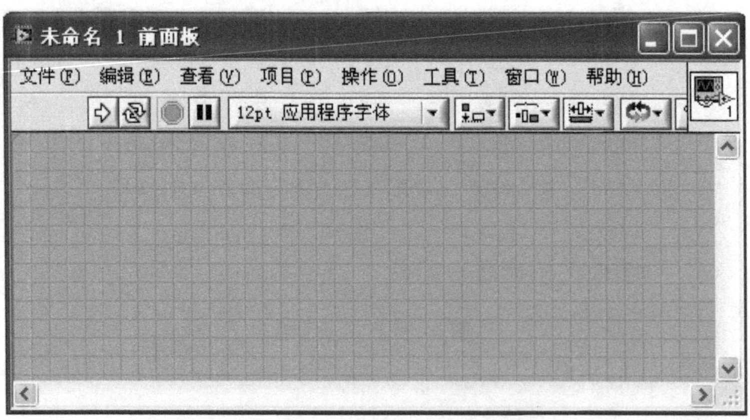

图 0-22 LabVIEW 的前面板窗口

LabVIEW 程序的创建主要依靠 3 个选板即控件选板、函数选板和工具选板来完成。控件选板在前面板窗口中显示，函数选板在程序框图窗口显示，工具选板在两个窗口中都显示。

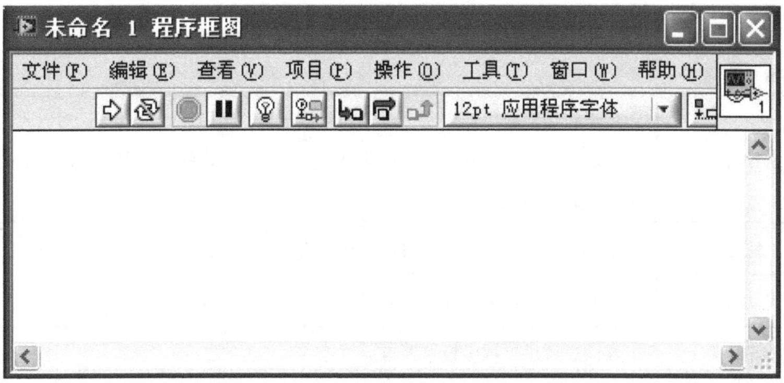

图 0-23　LabVIEW 的程序框图窗口

控件选板中提供了各种输入控件和显示控件，主要用于创建前面板中的对象，构建程序的界面，如图 0-24 所示。

函数选板包含了编写程序过程中用到的函数和 VI 程序，主要用于构建框图程序中的节点，如图 0-25 所示。

工具选板提供了用于创建、修改和调试程序的基本工具，如图 0-26 所示。

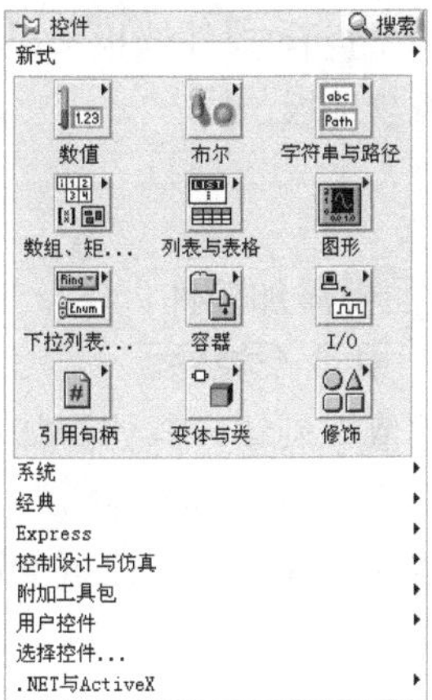

图 0-24　控件选板

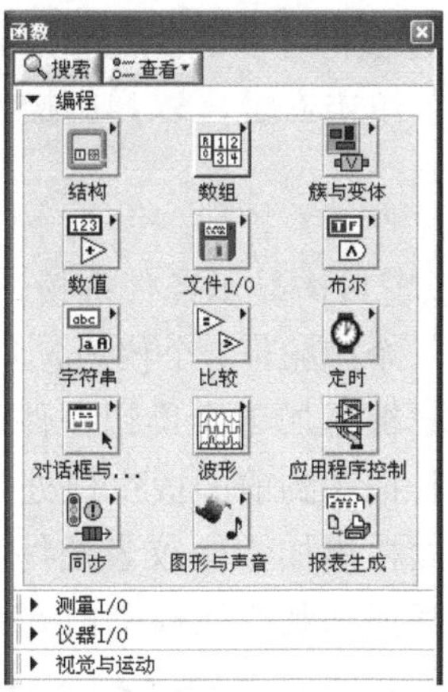

图 0-25　函数选板

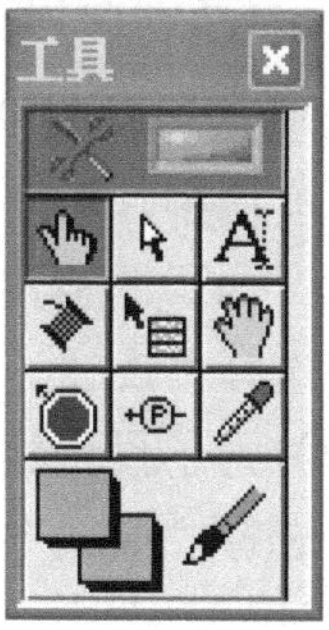

图 0-26　工具选板

工具选板中各工具功能简介参见表 0-2。

表 0-2　工具选板中各工具功能简介

图　标	名　称	功　能
	自动选择按钮	按下自动选择按钮，鼠标经过前、后面板上的对象时，系统会自动选择工具选板中相应的工具，方便用户操作。当用户选择手动时，需要手动选择工具选板中的相应工具
	操作值	用于操纵前面板中的控制量和指示器
	定位/调整大小/选择	用于选取对象，改变对象的位置和大小
	编辑文本	用于输入标签文本或者创建标签

续表

图　标	名　称	功　能
	进行连线	用于在后面板中连接两个对象的数据端口，当用连线工具接近对象时，会显示其数据端口以供连线之用。如果打开了帮助窗口，那么当用连线工具置于某连线上时，会在帮助窗口显示其数据类型
	对象快捷菜单	当用该工具单击某对象时，会弹出该对象的快捷菜单
	滚动窗口	使用该工具，无须滚动条就可以自由滚动整个图形
	设置/清除断点	在调试程序过程中设置断点
	探针数据	在代码中加入探针，用于在调试程序过程中监视数据的变化
	获取颜色	从当前窗口中提取颜色
	设置颜色	用于设置窗口中对象的前景色和背景色

控件选板和函数选板中的对象被分门别类地安排在不同的子选板中。

一般在启动 LabVIEW 的时候，3 个选板会出现在窗口中。如果选板没有显示出来，可以选择前面板窗口中的菜单“查看/工具选板”来显示工具选板；可以选择程序框图窗口中的菜单“查看/函数选板”显示函数选板；可以选择两个窗口中的菜单“查看/控件选板”显示控件选板。也可以在窗口的空白处，单击右键，以弹出控件选板或函数选板。

2．程序前面板设计

切换到 LabVIEW 的前面板窗口，显示控件选板，给程序前面板添加控件。

本实例中，程序前面板有 1 个旋钮，1 个仪表，1 个指示灯，共 3 个控件。

（1）为了调整数值，往前面板添加 1 个旋钮控件：控件→数值→旋钮，其位置如图 0-27 所示。选择“旋钮”控件，将其拖动到前面板空白处单击。将标签改为“调压旋钮”。

（2）为了显示数值，往前面板添加 1 个仪表控件：控件→数值→仪表，其位置如图 0-27 所示。选择“仪表”控件，将其拖动到前面板空白处单击。将标签改为“电压表”。

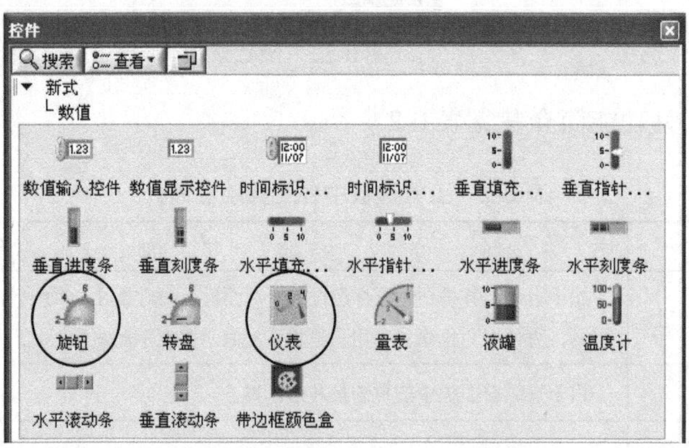

图 0-27　旋钮控件、仪表控件位置

（3）为了显示报警信息，往前面板添加 1 个指示灯控件：控件→布尔→圆形指示灯，其位置如图 0-28 所示。选择“圆形指示灯”控件，将其拖动到前面板空白处单击。将标签改为

"上限灯"。

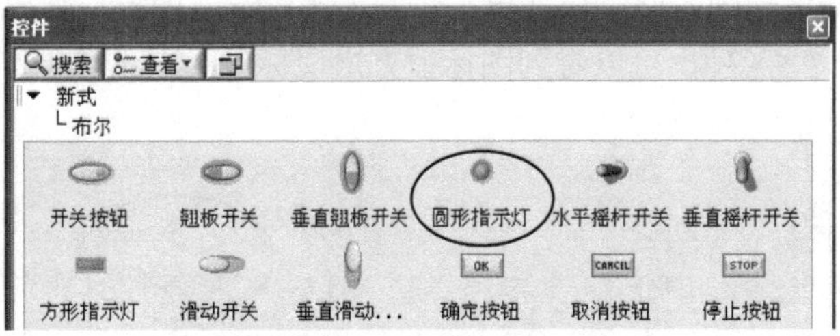

图 0-28　圆形指示灯控件位置

控件添加完成后，可以调整控件大小和位置。设计的程序前面板如图 0-29 所示。

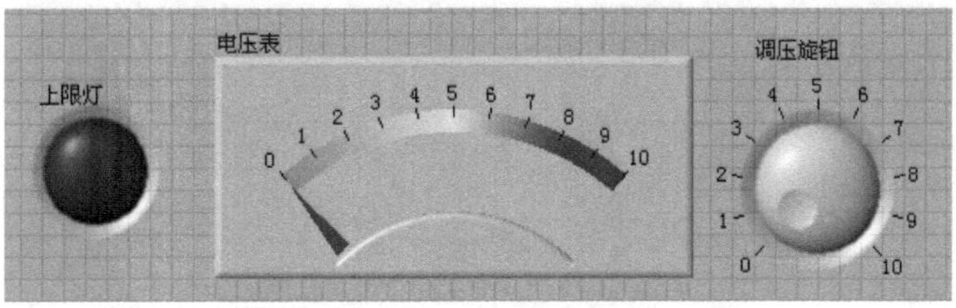

图 0-29　程序前面板

3. 框图程序设计

1）添加节点

每一个程序前面板都对应着一段框图程序。在框图程序中对 VI 进行编程，以控制和操作定义在前面板上的输入和输出对象。

切换到程序框图窗口，可以看到前面板添加的控件图标，选择这些图标，调整其位置。通过函数选板添加节点。

（1）添加 1 个数值常量：函数→数值→数值常量，其位置如图 0-30 所示。选择"数值常量"节点，将其拖动到窗口空白处单击。将数值设为"8"。

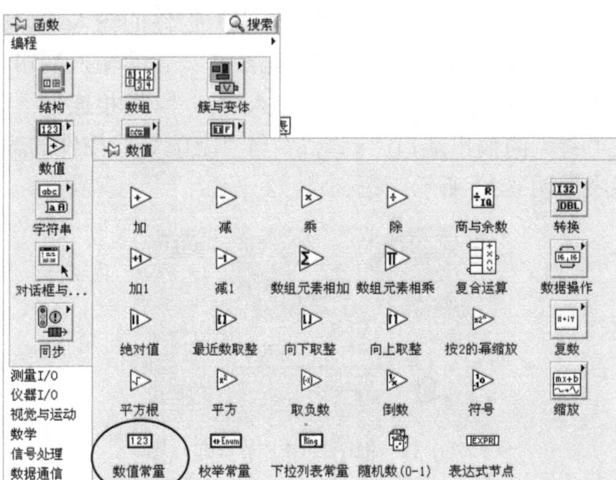

图 0-30　数值常量节点

（2）添加 1 个比较函数“≥”：函数→比较→大于等于？，其位置如图 0-31 所示。选择“≥”比较节点，将其拖动到窗口空白处单击。右击比较节点图标，弹出快捷菜单，选择“显示项”子菜单，选择“标签”，可以看到图标上方出现标签“大于等于?”。

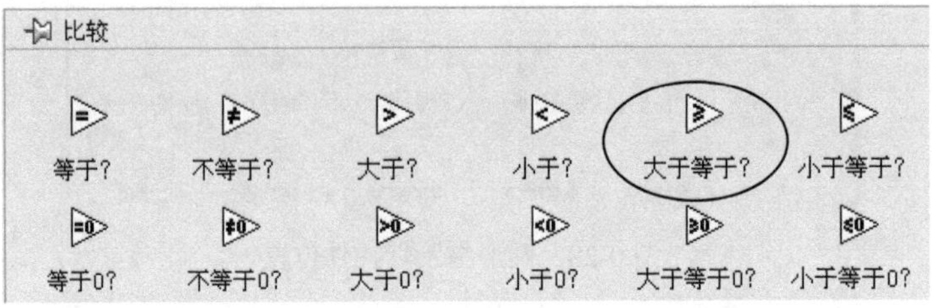

图 0-31　比较节点

添加的所有节点及其布置如图 0-32 所示。

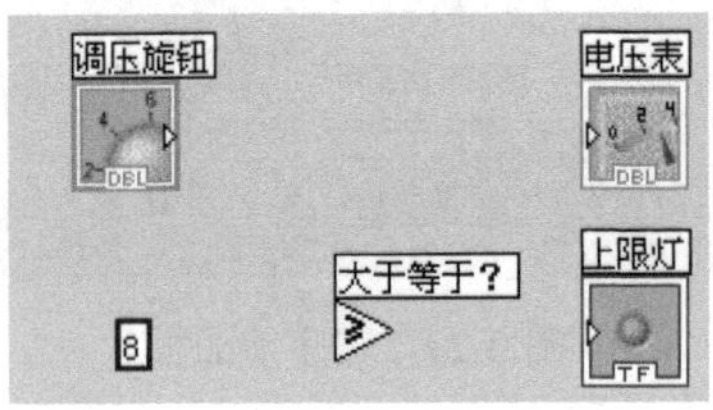

图 0-32　框图程序之节点布置图

2）节点连线

使用工具箱中的连线工具，将所有节点连接起来。

当需要连接两个端点时，在第一个端点上单击连线工具，然后移动到另一个端点，再单击鼠标即可实现连线。端点的先后次序不影响数据流动的方向。

当把连线工具放在节点端口上时，该端口区域将会闪烁，表示连线将会接通该端口。当把连线工具从一个端口接到另一个端口时，不需要按住鼠标。当需要连线转弯时，单击一次鼠标，即可以改变连线方向。

（1）将“调压旋钮”控件的输出端口与“电压表”控件的输入端口相连。

（2）将“调压旋钮”控件的输出端口与比较函数“≥”的输入端口“x”相连。

（3）将数值常量“8”与比较函数“≥”的输入端口“y”相连。

（4）将比较函数“≥”的输出端口“x≥y?”与“上限灯”控件的输入端口相连。

连好线的框图程序如图 0-33 所示。

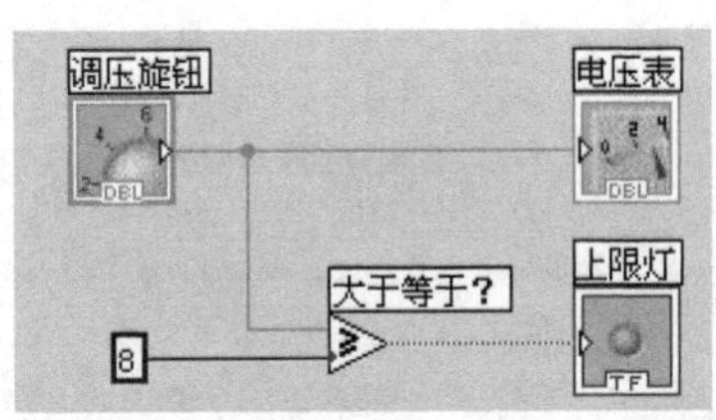

图 0-33　框图程序之节点连线图

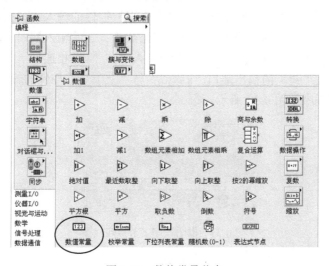

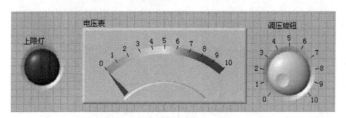

4. 运行程序

切换到前面板窗口，单击工具栏“连续运行”按钮，运行程序（再次单击该按钮可以停止程序的连续运行）。

程序运行时，用鼠标单击“调压旋钮”控件，按住不放，转动旋钮，改变输入数值，可以看到“电压表”指针随着转动；当数值大于等于 8 时，“上限灯”颜色发生变化。

程序运行界面如图 0-34 所示。

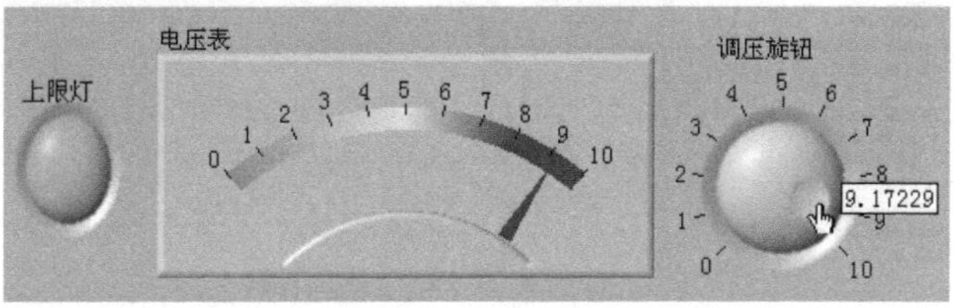

图 0-34 程序运行界面

5. 保存程序

从前面板窗口“文件”下拉菜单中选择“保存”或者“另存为...”子菜单，出现“命名 VI”对话框，选择文件目录，输入文件名，保存 VI。

既可以把 VI 作为单独的程序文件保存，也可以把一些 VI 程序文件同时保存在一个 VI 库中，VI 库文件的扩展名为.llb。

NI 公司推荐将程序的开发文件作为单独的程序文件保存在指定的目录下，尤其是在开发小组共同开发一个项目时。

6. 打开程序

在启动窗口中选择“打开”按钮或从前面板窗口“文件”下拉菜单中选择“打开…”子菜单均可出现打开文件对话框。对话框中列出了 VI 目录及库文件，每一个文件名前均带有一个图标。

打开目录或库文件后，选择想要打开的 VI 文件，单击“确定”按钮打开程序，或直接双击图标将其打开。

打开已有的 VI 还有一种较简便的方法，如果该 VI 在之前使用过，则可以在“文件”菜单下的近期打开的文件下拉列表中，找到 VI 并打开。

0.6 VI 的调试方法

在编写了 LabVIEW 的程序代码后，一般需要对程序进行调试。调试的目的是保证程序没有语法错误，并且能够按照用户的目的正确运行，得到正确的结果。

LabVIEW 提供了许多调试工具，在其“调试工具选项”对话框中可以对这些调试工具进行设置。选择“工具”菜单中的“选项...”子菜单，在“选项”对话框的下拉列表中选择“调试”，显示“调试”对话框，如图 0-35 所示。

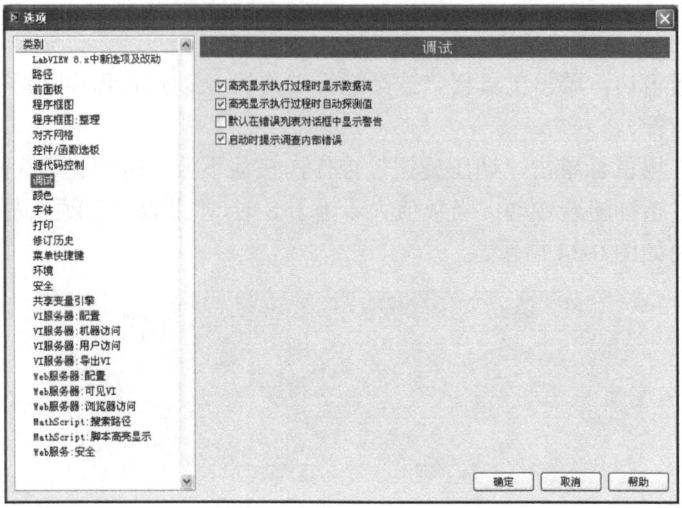

图 0-35 “调试”对话框

在对话框中有 4 个选项，含义如下。

（1）高亮显示执行过程时显示数据流：当程序高亮执行时，在代码窗口中沿着数据流的方向，用动画的方式显示数据流的流动。用这种方式调试可以很清楚地看到程序的流程，但是会降低程序的性能和执行速度。

（2）高亮显示执行过程时自动探测值：当程序高亮执行时，自动加入探针，探测数值型数据，并在代码窗口中显示其数值。

（3）默认在错误列表对话框中显示警告：在错误列表中同时显示警告信息。很多时候警告信息提示了程序中可能潜在的错误。

（4）启动时提示调查内部错误：在 LabVIEW 程序启动的时候，提示程序出现的内部错误。

LabVIEW 提供了强大的容错机制和调试手段，例如设置断点调试和设置探针，这些手段可以辅助用户进行程序的调试，发现并改正错误。本节将主要介绍 LabVIEW 提供的用于调试程序的手段以及调试技巧。

0.6.1 找出语法错误

LabVIEW 程序必须在没有基本语法错误的情况下才能运行，LabVIEW 能够自动识别程序中存在的基本语法错误。如果一个 VI 程序存在语法错误，则面板工具条上的“运行”按钮将会变成一个折断的箭头，表示程序存在错误不能被执行。单击“运行”按钮，会弹出错误列表，如图 0-36 所示。

单击错误列表中的某一错误，列表中的“详细信息”栏中会显示有关此错误的详细说明，帮助用户更改错误。单击“显示警告”复选框，可以显示程序中的所有警告。

当使用 LabVIEW 的错误列表功能时，有一个非常重要的技巧，就是当我们双击错误列表中的某一错误时，LabVIEW 会自动定位到发生该错误的对象上，并高亮显示该对象，如图 0-37 所示，这样，便于用户查找错误，并更正错误。

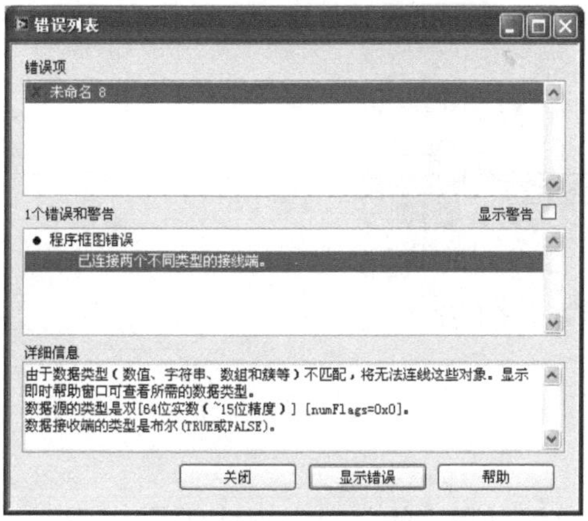

图 0-36　错误列表

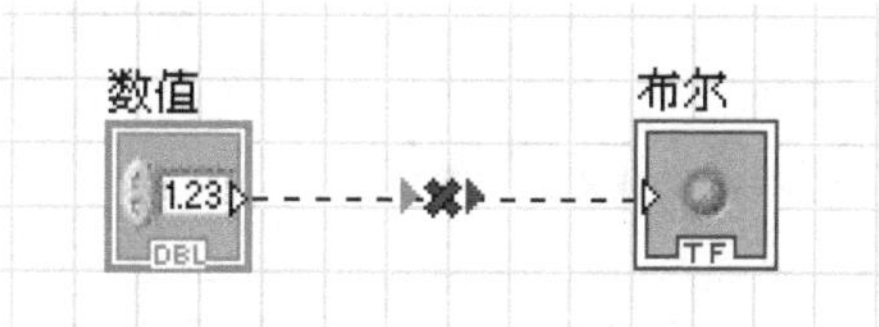

图 0-37　高亮显示程序中的错误

0.6.2　设置断点调试

为了查找程序中的逻辑错误，用户也许希望框图程序一个节点一个节点地执行。使用断点工具可以在程序的某一地点暂时中止程序执行，用单步方式查看数据。当搞不清楚程序中哪里出现错误时，设置断点是一种排除错误的手段。在 LabVIEW 中，从工具选板选取断点工具，如图 0-38 所示。在想要设置断点的位置单击鼠标，便可以在那个位置设置一个断点。另外一种设置断点的方法是在需要设置断点的位置单击鼠标右键，从弹出的快捷菜单中选择“设置断点”，即可在该位置设置一个断点。如果想要清除设定的断点，只要在设置断点的位置单击鼠标即可。

断点的显示对于节点或者图框表示为红框，对于连线表示为红点，图 0-33 设置断点后的框图程序如图 0-39 所示。

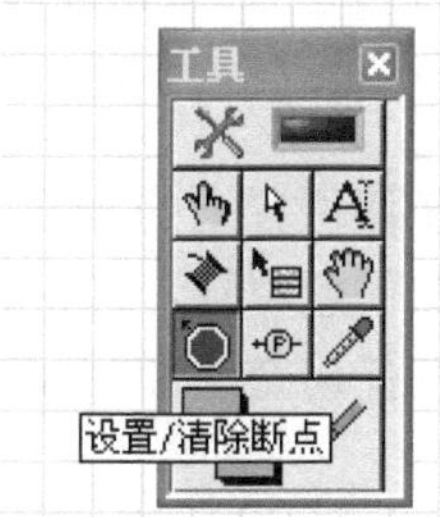

图 0-38　设置断点

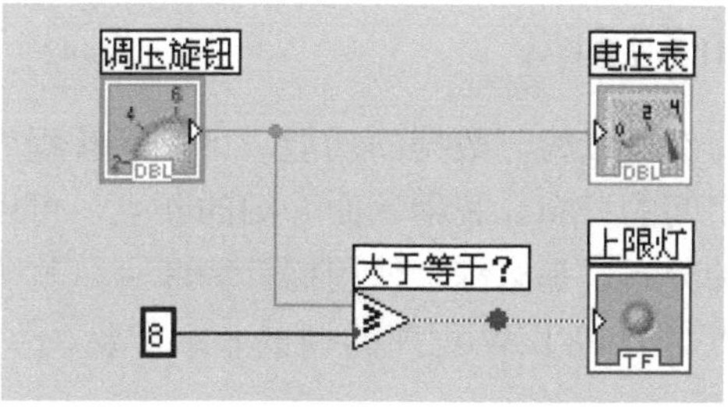

图 0-39　设置断点后的框图程序

运行程序时，我们会发现程序每当运行到断点位置时会停下来，并高亮显示数据流到达的位置，用户可以在这个时候查看程序的运算是否正常，数据显示是否正确。

程序停止在断点位置时的后面板如图 0-40 所示，从图中可以看出，程序停止在断点位置，并高亮显示数据流到达的对象。按下单步执行按钮，闪烁的节点被执行，下一个将要执行的节点变为闪烁，指示它将被执行。也可以单击暂停按钮，这样程序将连续执行直到下一个断点。当程序检查无误后，用户可以在断点上单击鼠标以清除断点。

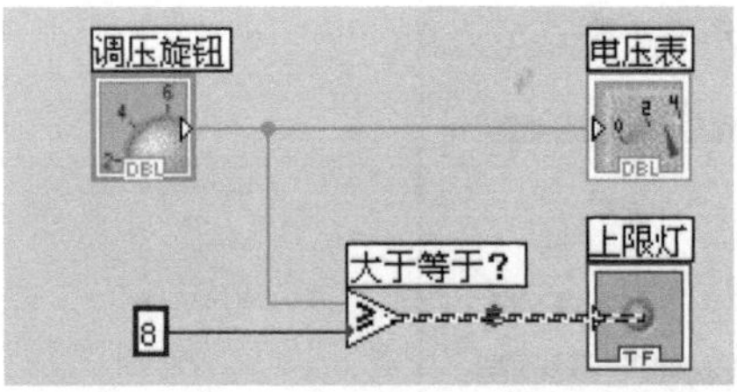

图 0-40　运行带有断点的程序

0.6.3　设置探针

在有些情况下，仅仅依靠设置断点还不能满足调试程序的需要，探针便是一种很好的辅助手段。探针可以在任何时刻查看任何一条连线上的数据，犹如一根神奇的“针”，能够随时侦测到数据流中的数据。

在 LabVIEW 中，设置探针的方法是用工具选板中的探针工具，如图 0-41 所示，单击后面板中程序的连线，这样可以在该连线上设置探针以侦测这条连线上的数据，同时在程序上将浮动显示探针数据窗口。要想取消探针，只需要关闭浮动的探针数据窗口即可。

设置好探针的框图程序如图 0-42 所示。运行程序，在探针数据窗口中将显示出设置探针处的数据。

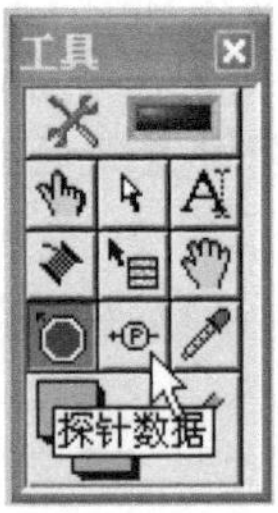

图 0-41　设置探针

图 0-42　设置好探针的框图程序

利用探针可以检测数据的功能，可以了解程序运行过程中任何位置上的数据，即可知道数据流在空间的分布。利用上面介绍的断点，可以将程序中止在任意位置，即可知道数据在任何时间的分布。那么综合使用探针和断点，就可以知道程序在任何空间和时间的数据分布了。这一点对 LabVIEW 程序的调试非常重要。

0.6.4　高亮显示程序的运行

有时用户希望在程序运行过程中，能够实时显示程序的运行流程以及当数据流流过数据节点时的数值，LabVIEW 为用户提供了这一功能，这就是以“高亮显示”方式运行程序。

单击 LabVIEW 工具栏上的高亮显示程序“运行”按钮，程序将会以高亮显示方式运行。这时该按钮变为，如同一个被点亮的灯泡。

下面以高亮的方式执行实训 1 的程序。在程序的运行过程中，框图程序如图 0-43 所示。在这种方式下，VI 程序以较慢的速度运行，没有被执行的代码灰色显示，执行后的代码高亮显示，并显示数据流线上的数据值。这样，用户就可以根据数据的流动状态跟踪程序的执行。用户可以很清楚地看到程序中数据流的流向，并且可以实时地了解每个数据节点的数值。

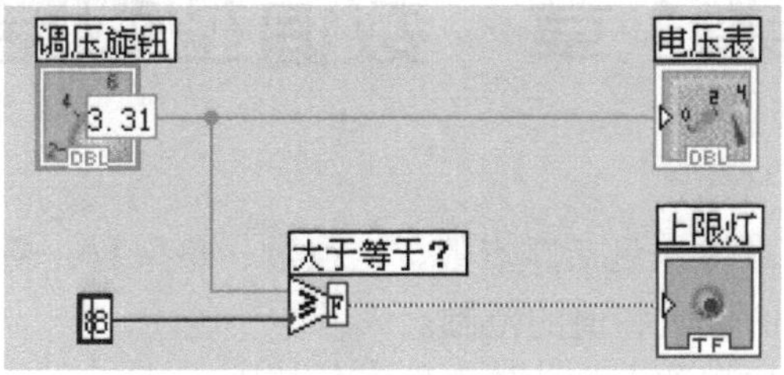

图 0-43 以“高亮”方式运行程序

在多数情况下，用户需要结合多种方式调试 LabVIEW 程序，例如可以在设置探针的情况下，高亮显示程序的运行，并且单步执行程序。这样程序的执行细节将会一览无余。

0.6.5 单步执行和循环运行

单步执行和循环运行是 LabVIEW 支持的两种程序运行方式，和正常运行方式不同的是，这两种运行方式主要用于程序的调试和纠错。它们是除了设置断点和探针两种方法外，另外一种行之有效的程序调试和纠错机制。

在单步执行方式下，用户可以看到程序执行的每一个细节。单步执行的控制由工具栏上的 3 个按钮（开始单步入执行）、（开始单步跳执行）和（单步步出）完成。这 3 个按钮表示 3 种不同类型的单步执行方式。（开始单步入执行）表示单步进入程序流程，并在下一个数据节点前停下来；（开始单步跳执行）表示单步进入程序流程，并在下一个数据节点执行后停下来；（单步步出）)表示停止单步执行方式，即在执行完当前节点的内容后立即暂停。

下面仍旧结合实训 1 介绍单步运行调试程序的方法。

单击（开始单步入执行）按钮，程序开始以单步方式执行，程序每执行一步，便停下来并且高亮显示当前程序执行到的位置，如图 0-44 所示。

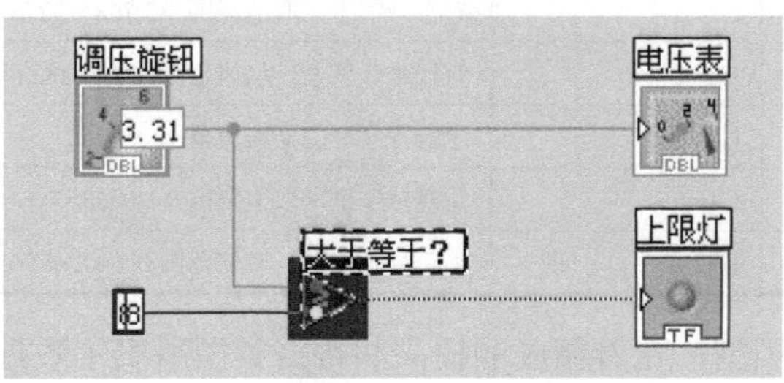

图 0-44 单步执行程序

在 LabVIEW 中支持循环运行方式，LabVIEW 中的循环运行按钮为。所谓循环运行方式，是指当程序中的数据流流经最后一个对象时，程序会自动重新运行，直到用户手动按下“停止”按钮为止。

第 1 章　数值型数据

数值型数据是一种标量值，包括浮点数、定点数、整型数、复数等类型，不同数据类型的差别在于存储数据使用的位数和值的范围。

本章通过实例介绍数值型控件与数值型数据的使用。

实例基础　数值型数据概述

1．数值型数据的分类

在 LabVIEW 中，数值型数据分类比较详细，按照精度和数据的范围可以分为表 1-1 所示的几类。

表 1-1　数值型数据类型表

数据类型	标　记	简要说明
单精度浮点数	SGL	内存存储格式 32 位
双精度浮点数	DBL	内存存储格式 64 位
扩展精度浮点数	EXT	内存存储格式 80 位
复数单精度浮点数	CSG	实部和虚部内存存储格式均为 32 位
复数双精度浮点数	CDB	实部和虚部内存存储格式均为 64 位
复数扩展精度浮点数	CXT	实部和虚部内存存储格式均为 80 位
8 位整型数	I8	有符号字节型，取值范围-128～127
16 位整型数	I16	有符号字型，取值范围-32 768～32 767
32 位整型数	I32	有符号长整型，取值范围-2 147 483 648～2 147 483 647
无符号 8 位整型数	U8	无符号字节型，取值范围 0～255
无符号 16 位整型数	U16	无符号字型，取值范围 0～65535
无符号 32 位整型数	U32	无符号长整型，取值范围 0～4 294 967 295

上面的数值型数据类型，随着精度的提高和数据类型所表示数据范围的扩大，其消耗的系统资源（内存）也随之增长。因而，在程序设计时，为了提高程序运行的效率，在满足使用要求的前提下，应该尽量选择精度低和数据范围相对小的数据类型。

当然有些情况下，变量的取值范围是不能确定的，这时可以取较大的数据类型以保证程序的安全性。在 LabVIEW 中，数据类型是隐含在控制、指示及常量之中的。

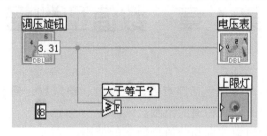

2. 数值型数据的创建

数值类型的前面板对象包含在控件选板的数值子选板中，如图 1-1 所示。

数值子选板中的前面板对象就相当于传统编程语言中的数字变量，而 LabVIEW 中的数字常量是不出现在前面板窗口中的，只存在于框图程序窗口中，在函数选板数值子选板中有一个名为数值常量的节点，这个节点就是 LabVIEW 中的数值常量，如图 1-2 所示。

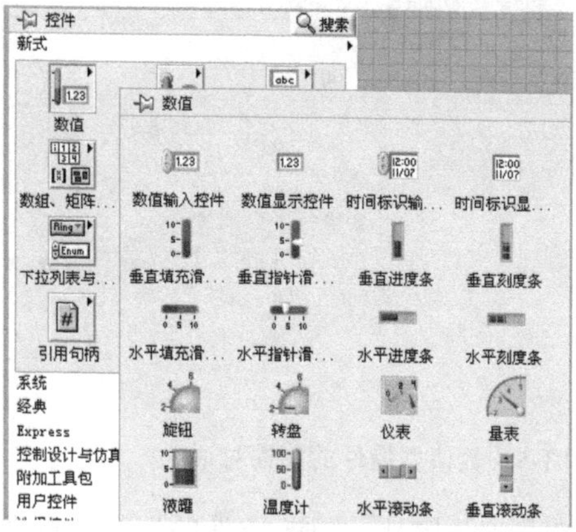

图 1-1　前面板数值子选板

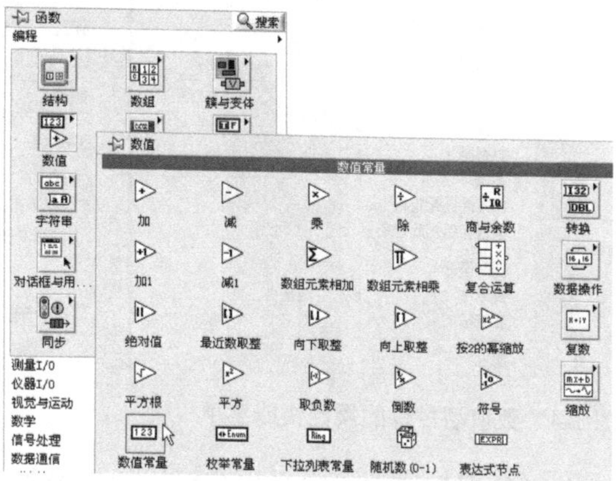

图 1-2　数值常量节点

前面板数值子选板包括多种不同形式的输入和指示，它们的外观各不相同，有数字量、滚动条、水箱、温度计、旋钮、表头、刻度盘及颜色框等，但本质都是完全相同的，都是数值型，只是外观不同而已。LabVIEW 的这一特点为创建虚拟仪器的前面板提供了很大的方便。只要理解了其中一个的用法，就可以掌握其他全部数值类型的前面板对象的用法。

下面以数值子选板中的数值输入控件为例，介绍如何定义其数据类型。

首先在 VI 前面板窗口中创建一个数值输入控件。然后在该控件的右键弹出菜单中选择“表示法”，出现一个图形化下拉菜单，在菜单中可以设定数据类型，如图 1-3 所示。

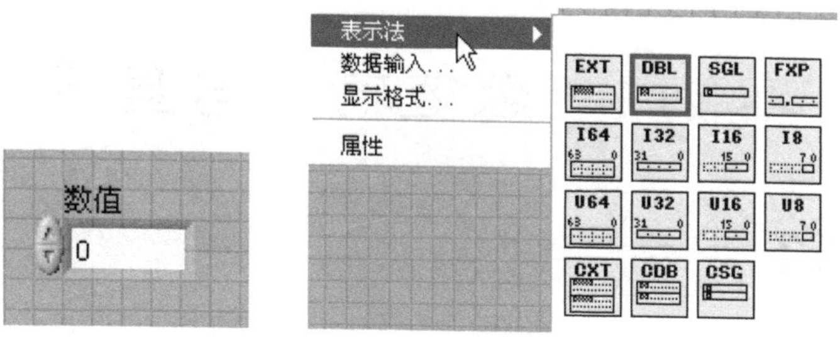

图 1-3　数值表示法

3. 设置数值型控件的属性

LabVIEW 中的数值型控件有着许多公有属性，每个控件又有自己独特的属性，这里只对控件的公有属性作简单的介绍。

在前面板数值型控件的图标上单击鼠标右键，弹出如图 1-4 所示的快捷菜单，从菜单中可以通过选择标签、标题等切换是否显示控件的这些属性，另外，可以通过工具选板中的文本按钮A来修改标签和标题的内容。

数值型控件的其他属性可以通过它的属性对话框进行设置，在控件的图标上单击鼠标右键，并从弹出的快捷菜单中选择“属性”，可以打开如图 1-5 所示的属性对话框。对话框中包括“外观”“数据类型”“显示格式”“说明信息”和“数据绑定”选项卡。

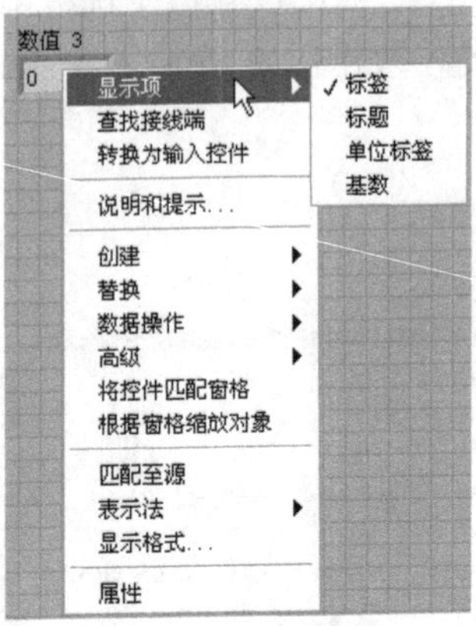

图 1-4 数值型控件的属性快捷菜单

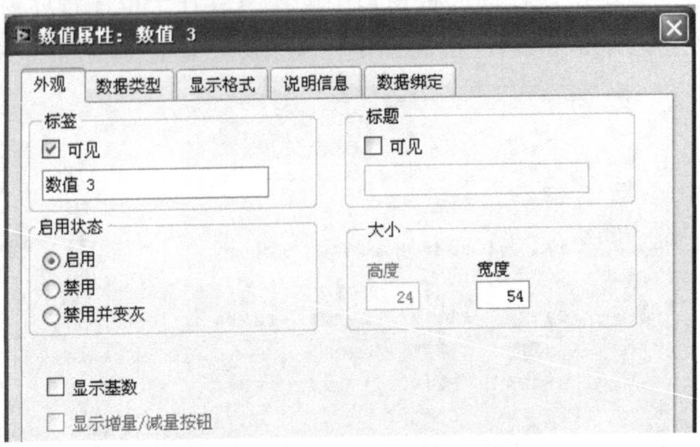

图 1-5 数值型控件的属性对话框

在“外观”选项卡中，用户可以设置与控件外观有关的属性；修改控件的标签和标题属性，以及设置其是否可见；可以设置控件的激活状态，以决定控件是否可以被程序调用；在“外观”选项卡中，用户也可以设置控件的颜色和风格。

在“数据类型”选项卡中，用户可以设置数值型控件的数据范围及默认值。

在“显示格式”选项卡中，用户可以设置控件的数据显示格式及精度。也可以用该选项将数值记为时间和日期格式。LabVIEW 显示数字控制量的默认格式是带两位小数的十进制计数法。

LabVIEW 为用户提供了丰富、形象而且功能强大的数值型控件，用于数值型数据的控制和显示，合理地设置这些控件的属性是使用它们进行前面板设计的有力保证。

实例 1 数值输入与显示

一、设计任务

在程序前面板输入数值，并显示该值。

二、任务实现

1. 程序前面板设计

新建 VI。切换到 LabVIEW 的前面板窗口，通过控件选板给程序前面板添加控件。

(1) 为输入数值，添加 1 个数值输入控件：控件→数值→数值输入控件，其位置如图 1-6

所示。将标签改为“数值输入”。

（2）为显示数值，添加 1 个数值显示控件：控件→数值→数值显示控件，其位置如图 1-6 所示。将标签改为“数值显示”。

设计的程序前面板如图 1-7 所示。

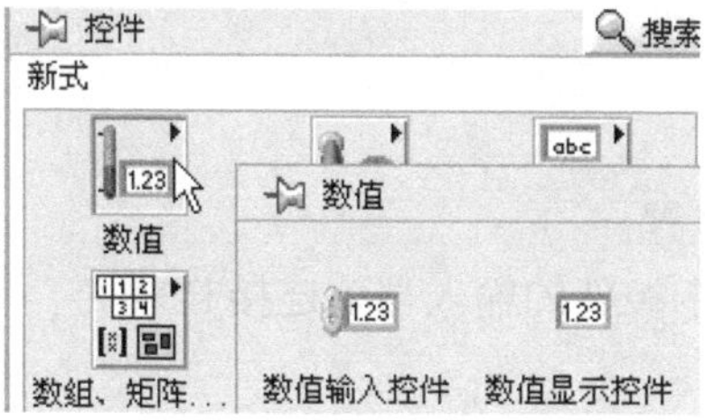

图 1-6　数值输入与显示控件位置

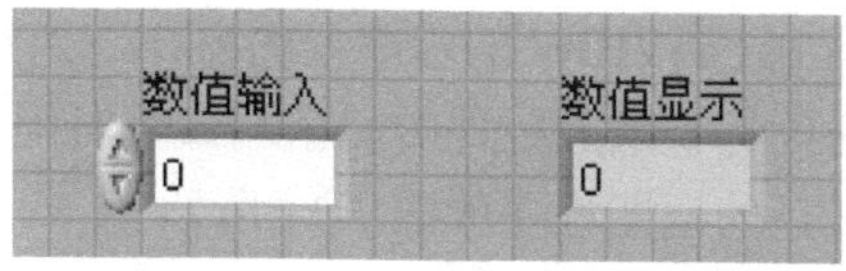

图 1-7　程序前面板

2. 框图程序设计

切换到 LabVIEW 的程序框图窗口，调整控件位置。

将数值输入控件的输出端口与数值显示控件输入端口相连。

连线后的框图程序如图 1-8 所示。

3. 运行程序

切换到前面板窗口，单击工具栏“连续运行”按钮，运行程序。

在程序前面板单击数值输入框上、下箭头得到数值或直接输入数值，如 3.5，并显示该值。

程序运行界面如图 1-9 所示。

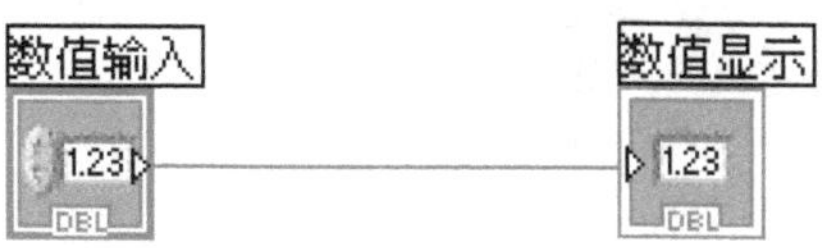

图 1-8　框图程序

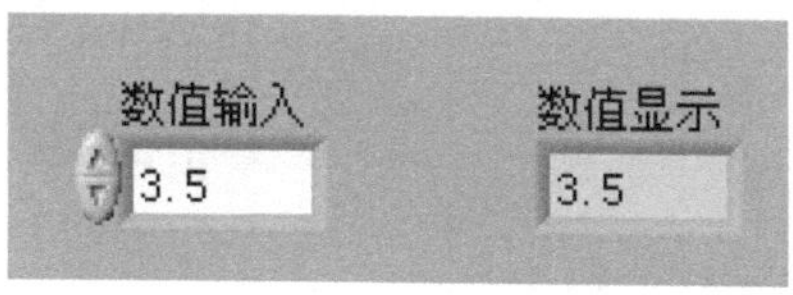

图 1-9　程序运行界面

实例 2　时间标识输入与显示

一、设计任务

在程序前面板输入当前时间，并显示该时间。

二、任务实现

1. 程序前面板设计

新建 VI。切换到 LabVIEW 的前面板窗口，通过控件选板给程序前面板添加控件。

（1）为获得当前时间，添加 1 个时间标识输入控件：控件→数值→时间标识输入控件，将标签改为“时间标识输入”。

（2）为显示时间，添加 1 个时间标识显示控件：控件→数值→时间标识显示控件，将标签改为“时间标识显示”。

设计的程序前面板如图 1-10 所示。

2．框图程序设计

切换到 LabVIEW 的程序框图窗口，调整控件位置。

将时间标识输入控件的输出端口与时间标识显示控件的输入端口连接起来。

连线后的框图程序如图 1-11 所示。

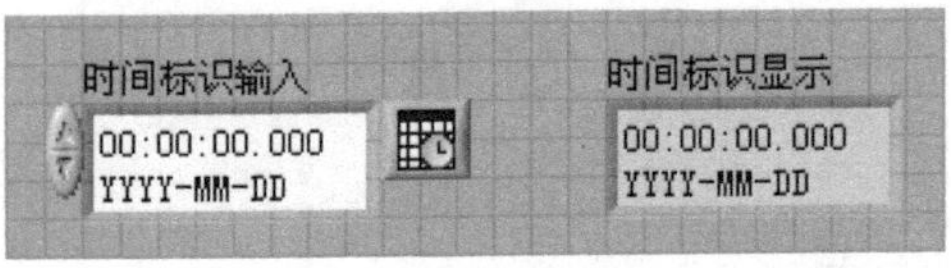

图 1-10　程序前面板

图 1-11　框图程序

3．运行程序

切换到前面板窗口，单击工具栏“连续运行”按钮，运行程序。

单击输入框右边的图标，设置当前时间，并显示时间。

程序运行界面如图 1-12 所示。

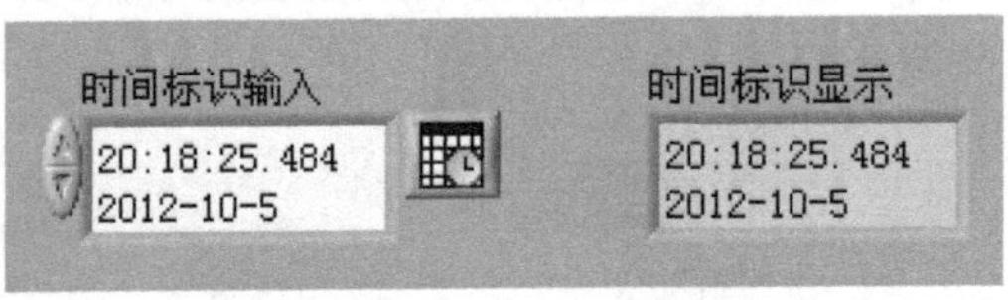

图 1-12　程序运行界面

实例 3　滑动杆输出

一、设计任务

通过滑动杆控件得到数值，通过数值显示、量表、温度计、液罐控件输出显示。

二、任务实现

1．程序前面板设计

新建 VI。切换到 LabVIEW 的前面板窗口，通过控件选板给程序前面板添加控件。

（1）为产生数值，添加滑动杆控件：控件→数值→垂直填充滑动杆。

同样添加水平填充滑动杆控件、垂直指针滑动杆控件、水平指针滑动杆控件。

（2）为显示数值，添加数值显示控件：控件→数值→数值显示控件。
（3）为显示数值，添加量表控件：控件→数值→量表。
（4）为显示数值，添加温度计控件：控件→数值→温度计。
（5）为显示数值，添加液罐控件：控件→数值→液罐。
设计的程序前面板如图 1-13 所示。

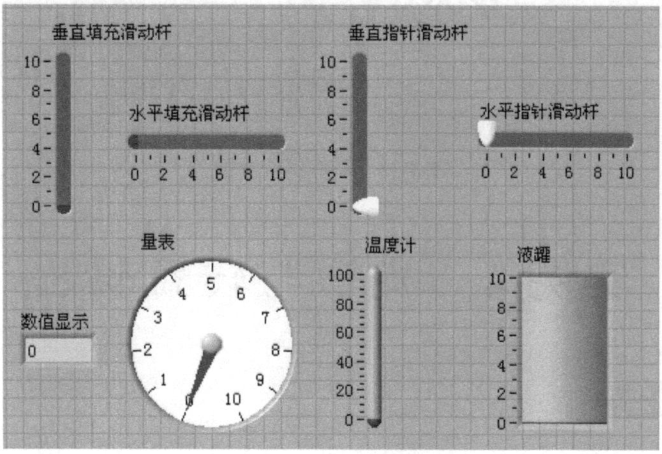

图 1-13　程序前面板

2. 框图程序设计

切换到 LabVIEW 的程序框图窗口，调整控件位置。
（1）将垂直填充滑动杆控件的输出端口与数值显示控件的输入端口相连。
（2）将水平填充滑动杆控件的输出端口与量表控件的输入端口相连。
（3）将垂直指针滑动杆控件的输出端口与温度计控件的输入端口相连。
（4）将水平指针滑动杆控件的输出端口与液罐控件的输入端口相连。
连线后的框图程序如图 1-14 所示。

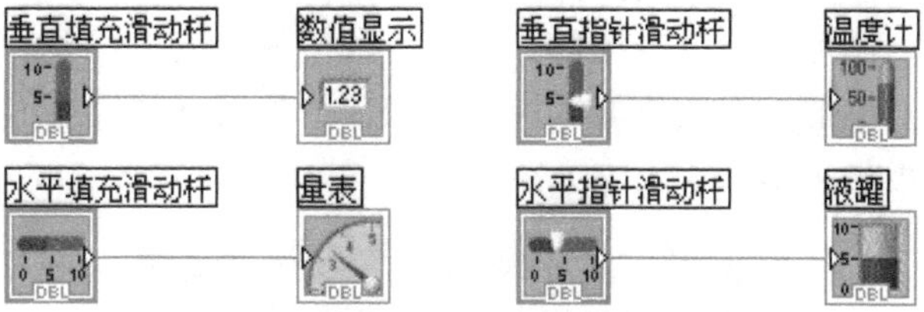

图 1-14　框图程序

3. 运行程序

切换到前面板窗口，单击工具栏“连续运行”按钮，运行程序。

通过鼠标推动滑动杆改变输出数值，数值显示控件、量表控件、温度计控件、液罐控件的显示值发生同样变化。

程序运行界面如图 1-15 所示。

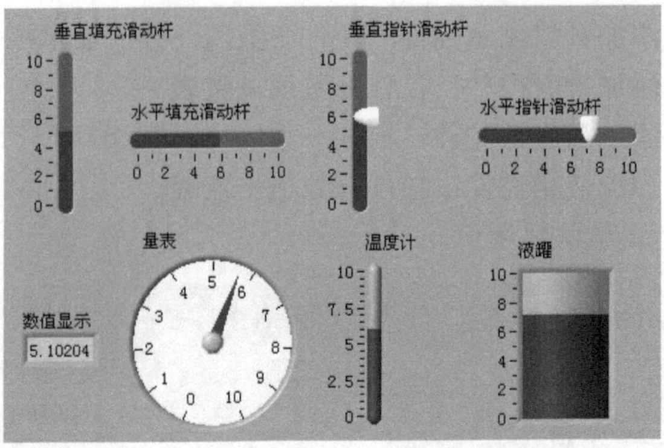

图 1-15　程序运行界面

实例 4　旋钮与转盘输出

一、设计任务

通过旋钮、转盘得到数值，通过仪表、量表输出显示。

二、任务实现

1. 程序前面板设计

新建 VI。切换到 LabVIEW 的前面板窗口，通过控件选板给程序前面板添加控件。

（1）为产生数值，添加 1 个旋钮控件：控件→数值→旋钮。

（2）为产生数值，添加 1 个转盘控件：控件→数值→转盘。

（3）为显示数值，添加 1 个仪表控件：控件→数值→仪表。

（4）为显示数值，添加 1 个量表控件：控件→数值→量表。

（5）为显示数值，添加 2 个数值显示控件：控件→数值→数值显示控件。

设计的程序前面板如图 1-16 所示。

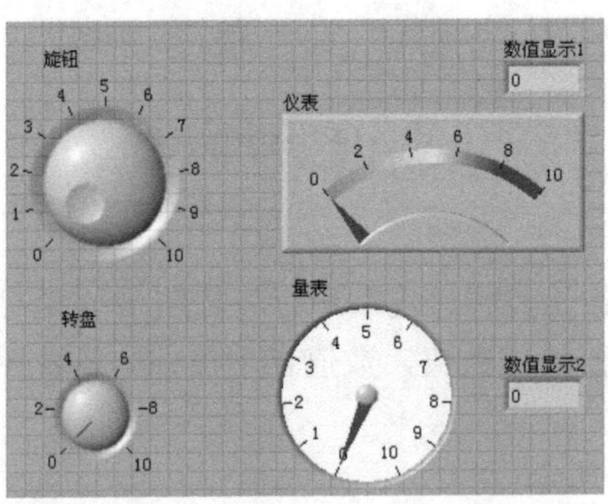

图 1-16　程序前面板

2. 框图程序设计

切换到 LabVIEW 的程序框图窗口，调整控件位置。

（1）将旋钮控件的输出端口分别与仪表控件、数值显示 1 控件的输入端口相连。

（2）将转盘控件的输出端口与量表控件、数值显示 2 控件的输入端口相连。

连线后的框图程序如图 1-17 所示。

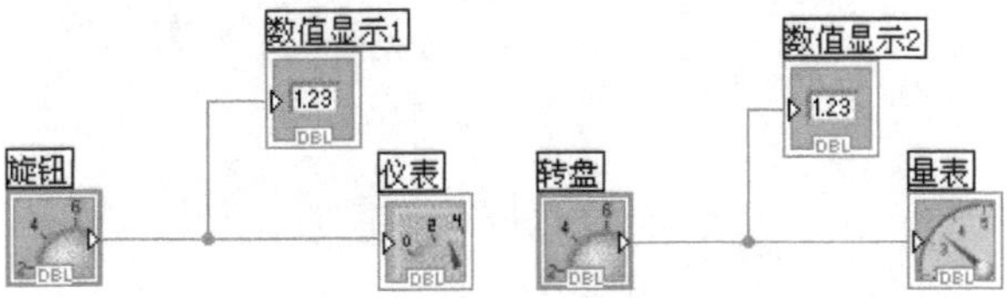

图 1-17　框图程序

3. 运行程序

切换到前面板窗口，单击工具栏“连续运行”按钮，运行程序。

通过鼠标转动旋钮或转盘改变输出数值，仪表控件、量表控件指针随着转动输出相同数值，并在数值显示控件输出显示。

程序运行界面如图 1-18 所示。

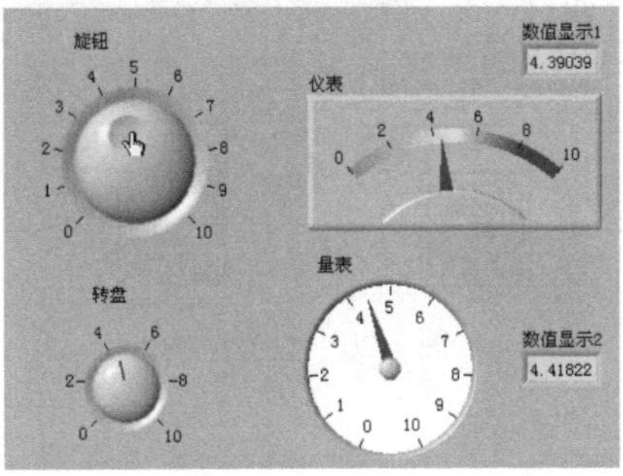

图 1-18　程序运行界面

实例 5　滚动条与刻度条

一、设计任务

通过滚动条得到数值，通过刻度条输出显示。

二、任务实现

1. 程序前面板设计

新建 VI。切换到 LabVIEW 的前面板窗口，通过控件选板给程序前面板添加控件。

（1）为产生数值，添加 1 个水平滚动条控件：控件→数值→水平滚动条。
同样添加 1 个垂直滚动条控件。
（2）为了显示数值，添加 1 个水平刻度条控件：控件→数值→水平刻度条。
同样添加 1 个垂直刻度条控件。
设计的程序前面板如图 1-19 所示。

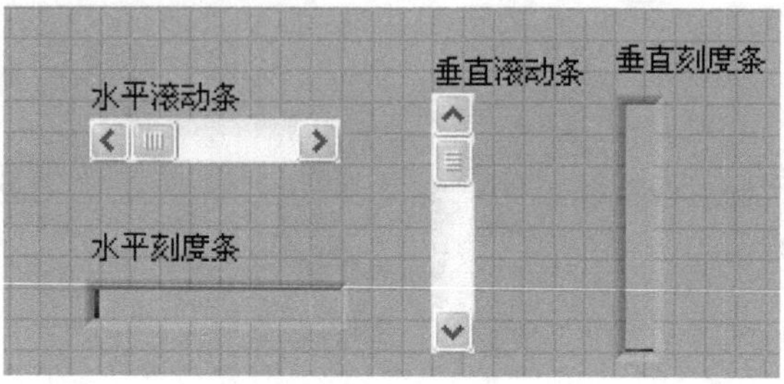

图 1-19　程序前面板

2．框图程序设计

切换到 LabVIEW 的程序框图窗口，调整控件位置。
（1）将水平滚动条控件的输出端口与水平刻度条控件的输入端口相连。
（2）将垂直滚动条控件的输出端口与垂直刻度条控件的输入端口相连。
连线后的框图程序如图 1-20 所示。

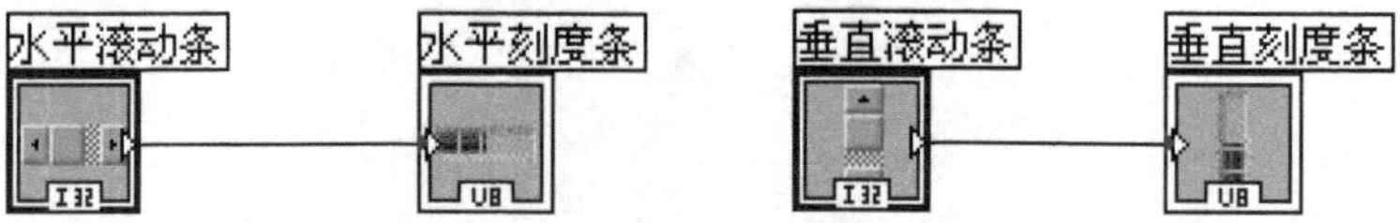

图 1-20　框图程序

3．运行程序

切换到前面板窗口，单击工具栏“连续运行”按钮，运行程序。
通过鼠标推动滚动条改变输出数值，刻度条控件的显示值发生同样变化。
程序运行界面如图 1-21 所示。

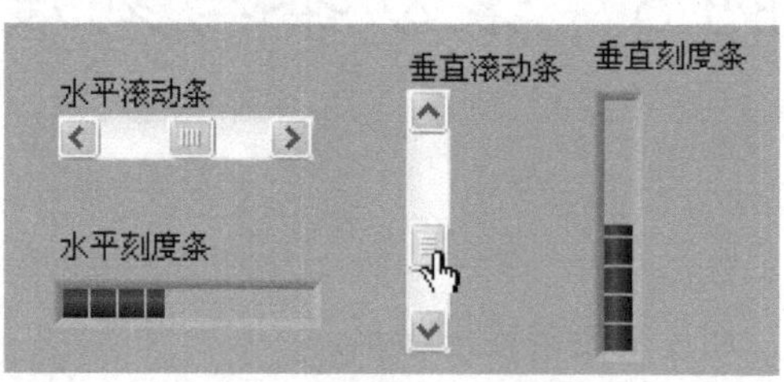

图 1-21　程序运行界面

实例 6　数值数据基本运算

一、设计任务

2 个数值相加或相乘，将结果输出显示。

二、任务实现

1. 程序前面板设计

新建 VI。切换到 LabVIEW 的前面板窗口，通过控件选板给程序前面板添加控件。

（1）为输入数值，添加 4 个数值输入控件：控件→数值→数值输入控件，将标签分别改为“a”“b”“d”“e”。

（2）为显示数值，添加 2 个数值显示控件：控件→数值→数值显示控件，将标签分别改为“c”“f”。

（3）通过工具选板编辑文本输入“+”号、“*”号和“=”号。

设计的程序前面板如图 1-22 所示。

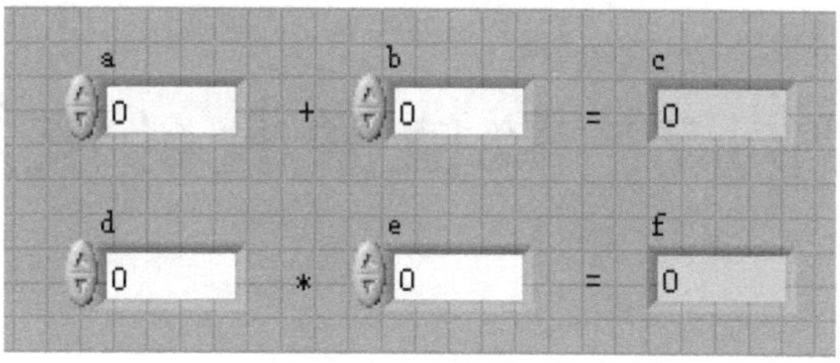

图 1-22　程序前面板

2. 框图程序设计

切换到 LabVIEW 的程序框图窗口，调整控件位置，添加节点与连线。

（1）添加 1 个加函数：函数→数值→加。

（2）将数值输入控件 a 的输出端口与加函数的输入端口“x”相连。

（3）将数值输入控件 b 的输出端口与加函数的输入端口“y”相连。

（4）将加函数的输出端口“x+y”与数值显示控件“c”的输入端口相连。

（5）添加 1 个乘函数：函数→数值→乘。

（6）将数值输入控件 d 的输出端口与乘函数的输入端口“x”相连。

（7）将数值输入控件 e 的输出端口与乘函数的输入端口“y”相连。

（8）将乘函数的输出端口“x*y”与数值显示控件 f 的输入端口相连。

连线后的框图程序如图 1-23 所示。

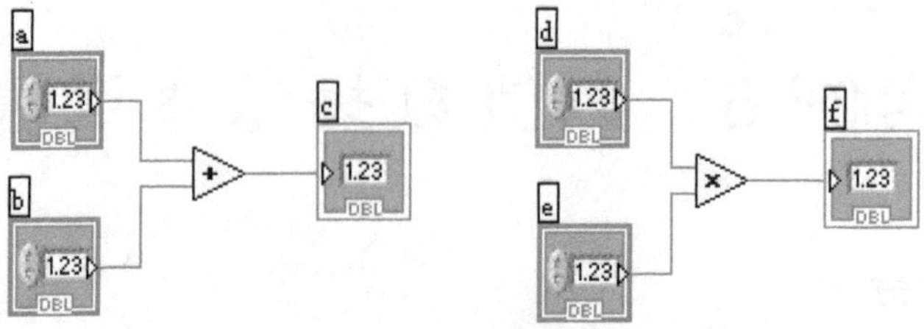

图 1-23　框图程序

3．运行程序

切换到前面板窗口，单击工具栏“连续运行”按钮，运行程序。

改变数值输入控件 a、b、d、e 的值，数值显示控件 c 显示 a 与 b 相加的结果，数值显示控件 f 显示 d 与 e 相乘的结果。

程序运行界面如图 1-24 所示。

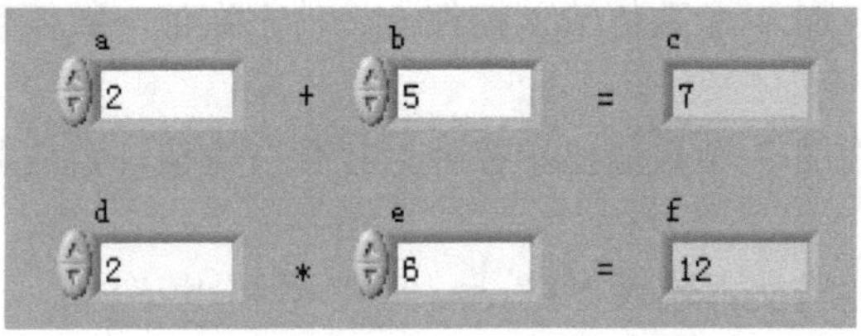

图 1-24　程序运行界面

实例 7　数值常量的使用

一、设计任务

将某数值与一个数值常量相减，结果求绝对值后输出显示。

二、任务实现

1．程序前面板设计

新建 VI。切换到 LabVIEW 的前面板窗口，通过控件选板给程序前面板添加控件。

（1）为了输入数值，添加 1 个数值输入控件：控件→数值→数值输入控件，将标签改为“a”。

（2）为了显示数值，添加 3 个数值显示控件：控件→数值→数值显示控件，将标签分别改为“数值常量”“相减输出”和“绝对值输出”。

设计的程序前面板如图 1-25 所示。

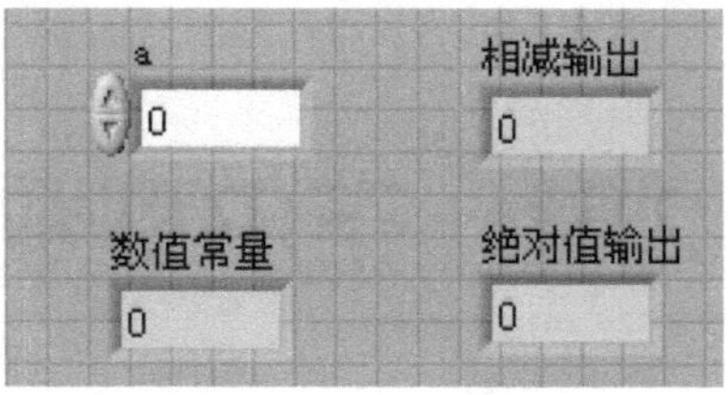

图 1-25　程序前面板

2. 框图程序设计

切换到 LabVIEW 的程序框图窗口，调整控件位置，添加节点与连线。

（1）添加 1 个减函数：函数→数值→减。

（2）添加 1 个数值常量：函数→数值→数值常量。将值设为“20”。

（3）添加 1 个绝对值函数：函数→数值→绝对值。

（4）将数值输入控件 a 的输出端口与减函数的输入端口“x”相连。

（5）将数值常量“20”与减函数的输入端口“y”相连。

（6）将数值常量“20”与“数值常量”显示控件的输入端口相连。

（7）将减函数的输出端口“x-y”与“相减输出”数值显示控件的输入端口相连。

（8）将减函数的输出端口“x-y”与绝对值函数的输入端口“x”相连。

（9）将绝对值函数的输出端口“abs(x)”与“绝对值输出”数值显示控件的输入端口相连。

连线后的框图程序如图 1-26 所示。

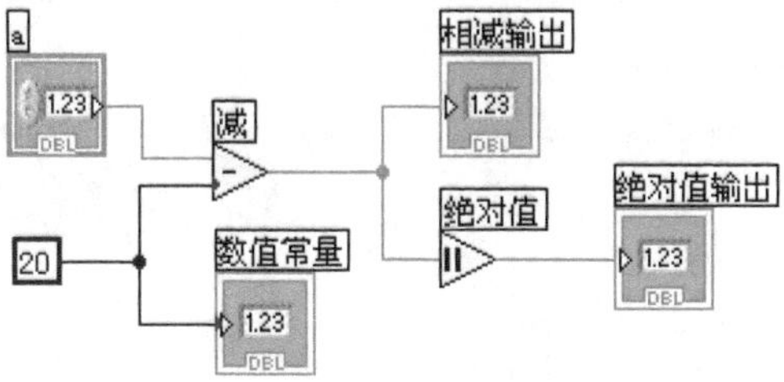

图 1-26　框图程序

3. 运行程序

切换到前面板窗口，单击工具栏“连续运行”按钮，运行程序。

改变数值输入控件 a 的值，与数值常量 20 相减求绝对值后输出结果。

程序运行界面如图 1-27 所示。

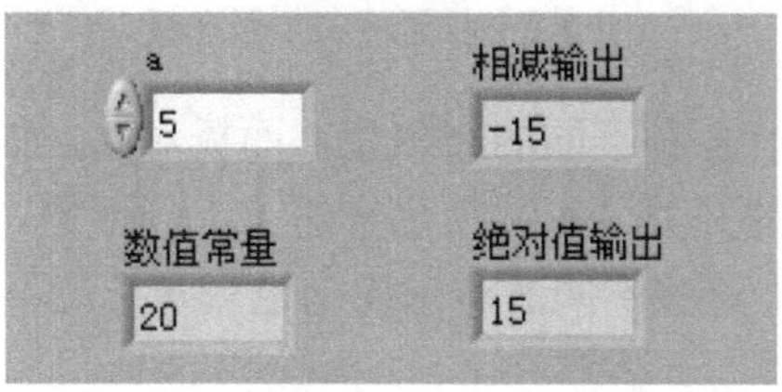

图 1-27　程序运行界面

第2章　布尔型数据

布尔型数据即逻辑型数据，它的值为真（True 或 1）或假（False 或 0）。LabVIEW 使用 8 位（1 字节）的数值来存储布尔型数据。

本章通过实例介绍布尔控件与布尔型数据的使用。

实例基础　布尔型数据概述

1．布尔型数据的创建

布尔型数据是一种二值数据，非 0 即 1。在 LabVIEW 中，布尔型控件用于布尔型数据的输入和显示。作为输入控件，主要表现为一些开关和按钮，用来改变布尔型控件的状态，用于控制程序的运行或切换其运行状态；作为显示控件，则主要表现为如指示灯（LED）等用于显示布尔量状态的控件及程序的运行状态。

在 LabVIEW 中，布尔型数据体现在布尔型前面板对象中。布尔型前面板对象包含在控件选板布尔子选板中，如图 2-1 所示。

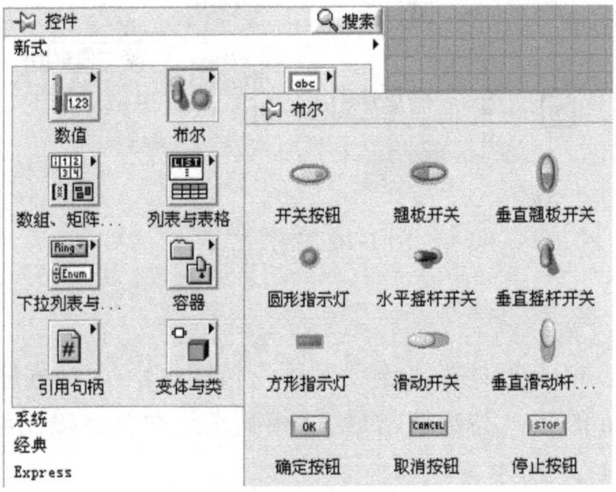

图 2-1　前面板布尔子选板

可以看到，布尔选板中有各种不同的布尔型前面板对象，如不同形状的按钮、指示灯和开关等，这都是由实际仪器的开关、按钮演化来的，十分形象。采用这些布尔按钮，可以设计出逼真的虚拟仪器前面板。这些不同的布尔控制也只是外观不同，内涵相同，都是布尔型，只有 0 和 1 两个值。

与数值量类似，布尔子选板中的布尔型前面板对象相当于传统编程语言中的布尔变量，LabVIEW 中的布尔常量则存在于框图程序中。在函数选板布尔子选板中有一个名为布尔常量的节点，这个节点就是 LabVIEW 中的布尔常量，如图 2-2 所示。

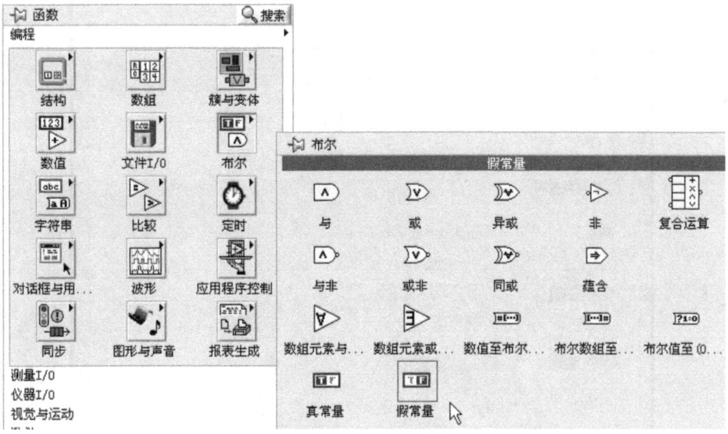

图 2-2 布尔常量节点

2. 设置布尔型控件的属性

与传统编程语言中的逻辑量不同的是，这些布尔型前面板对象有一个独特的属性，称为机械动作属性，这是模拟实际继电器开关触点开/闭特性的一种专门开关控制特性。在一个布尔控件的右键弹出菜单中选择“机械动作”命令，会出现一个图形化的下拉菜单，如图 2-3 所示，菜单中有 6 种不同的机械动作属性：按照从左向右、自上而下的顺序，它们的含义分别为：当按下按钮时触发，当松开按钮时触发，当按钮处于按下状态时触发，按下按钮后以“点动”方式触发，松开按钮时以“点动”方式触发，松开按钮前结束。

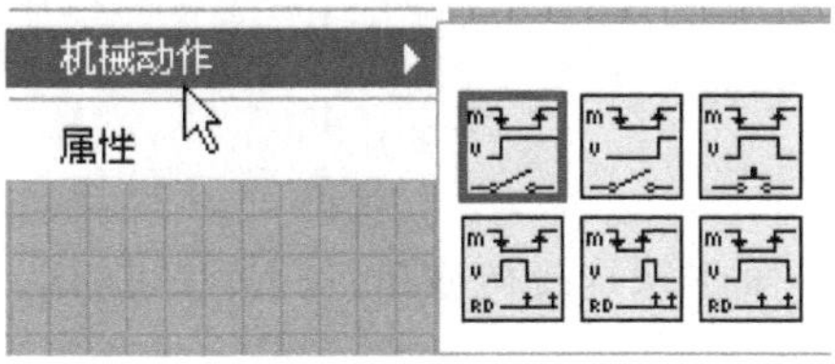

图 2-3 机械动作

现在解释一下机械动作属性的含义。例如，一个按钮，在弹起状态时它的值为 0，在按下状态时它的值为 1。机械动作属性定义了用鼠标单击按钮时，按钮的值在什么时刻由 0 阶跃为 1。这一点对于真实的仪器按钮来说非常重要。由于 LabVIEW 是用来设计虚拟仪器的，因此这一点也显得很重要。灵活使用按钮的这种属性，对于能否开发出优秀的虚拟仪器具有一定的意义。菜单中的图标很直观地显示出了鼠标的单击动作与按钮 0、1 值的变化关系。

布尔型控件需要设置的选项相对较少，设置方法也相对简单，通过其属性对话框可以对其属性进行设置。

布尔型控件的属性对话框包括“外观”“操作”“说明信息”及“数据绑定”选项卡，如图 2-4 所示。在“外观”选项卡中，用户可以调整开关或按钮的颜色等外观参数。“操作”是布尔型控件所特有的属性页，在这里用户可以设定按钮或开关的机械动作类型，对每种动作类型有相应的说明，并可以预览开关的运动效果及开关的状态。

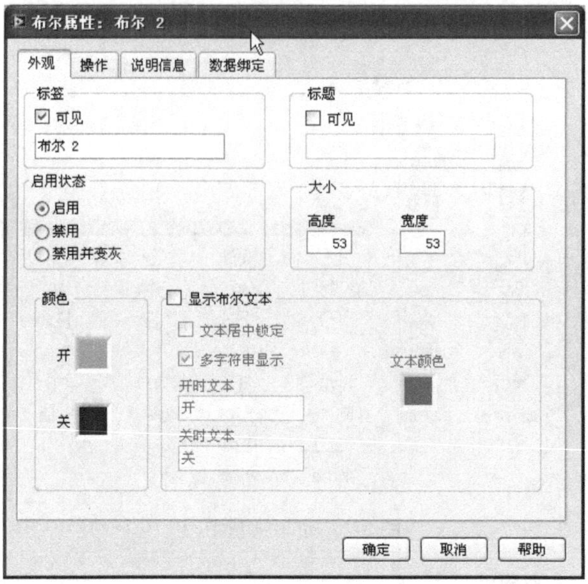

图 2-4　布尔属性对话框

布尔型控件可以用文字的方式在控件上显示其状态，如果要显示开关的状态，只需要在布尔型控件的“外观”选项卡中选中“显示布尔文本”复选框即可。

实例 8　开关控制指示灯

一、设计任务

在程序前面板通过开关控制指示灯颜色变化。

二、任务实现

1. 程序前面板设计

新建 VI。切换到 LabVIEW 的前面板窗口，通过控件选板给程序前面板添加控件。

（1）添加 2 个修饰控件：控件→修饰→平面圆形。通过鼠标改变其大小和形状，通过工具箱设置颜色工具改变其颜色。其中大椭圆相当于人的脸，小椭圆相当于人的嘴巴。

（2）添加 2 个指示灯控件：控件→布尔→圆形指示灯。将标签分别改为“眼睛 1”和“眼睛 2”，然后分别右击两个指示灯控件，选择显示项，隐藏标签。利用鼠标调整其大小。这 2 个指示灯相当于人的 2 只眼睛。

（3）添加 1 个开关控件：控件→布尔→垂直摇杆开关。将标签改为“鼻子”，然后右击开关控件，选择显示项，隐藏标签。利用鼠标调整其大小。这个垂直摇杆开关相当于人的鼻子。

设计的程序前面板如图 2-5 所示。形状和布置类似于人的脸部。

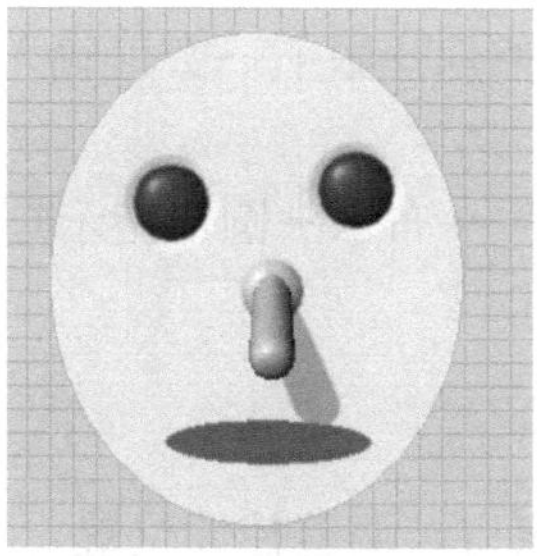

图 2-5　程序前面板

2. 框图程序设计

切换到 LabVIEW 的程序框图窗口，调整控件位置。

将垂直摇杆开关控件（“鼻子”）的输出端口分别与两个指示灯控件（“眼睛 1”和“眼睛 2”）的输入端口相连。

连线后的框图程序如图 2-6 所示。

3. 运行程序

切换到前面板窗口，单击工具栏“连续运行”按钮，运行程序。

在程序前面板单击开关，两个指示灯颜色发生变化。

程序运行界面如图 2-7 所示。

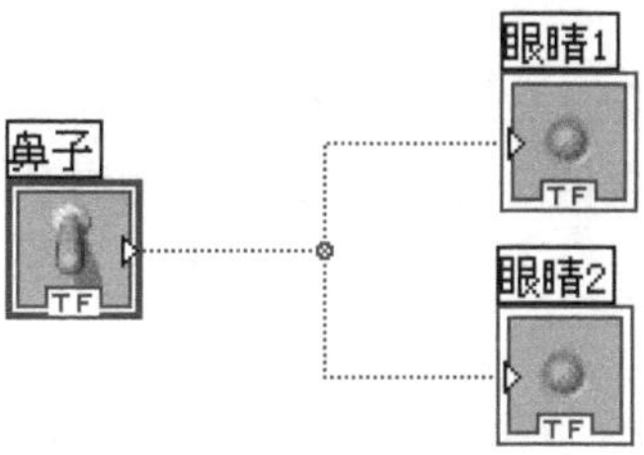

图 2-6　框图程序

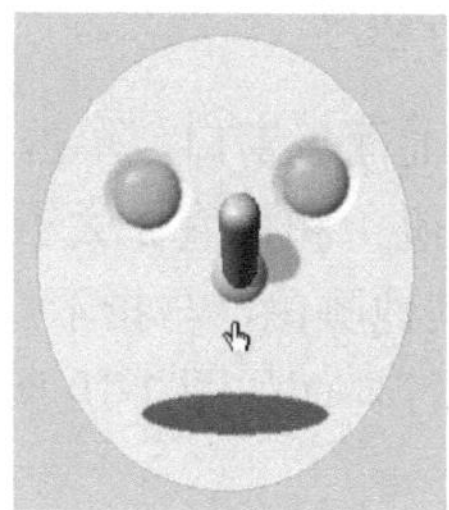

图 2-7　程序运行界面

实例 9　数值比较与显示

一、设计任务

比较两个数值的大小，通过指示灯的颜色变化来显示比较的结果。

二、任务实现

1. 程序前面板设计

新建 VI。切换到 LabVIEW 的前面板窗口，通过控件选板给程序前面板添加控件。

（1）添加两个数值输入控件：控件→数值→数值输入控件，将标签分别改为“数值 1”和“数值 2”。

（2）添加 1 个指示灯控件：控件→布尔→圆形指示灯，将标签改为“指示灯”。

设计的程序前面板如图 2-8 所示。

2. 框图程序设计

切换到 LabVIEW 的程序框图窗口，调整控件位置，添加节点与连线。

（1）添加 1 个比较函数：函数→比较→大于等于？。

（2）将数值 1 控件的输出端口与“大于等于？”比较函数的输入端口“x”相连。

（3）将数值 2 控件的输出端口与“大于等于？”比较函数的输入端口“y”相连。

（4）将“大于等于？”比较函数的输出端口“x≥y?”与指示灯控件的输入端口相连。

连线后的框图程序如图 2-9 所示。

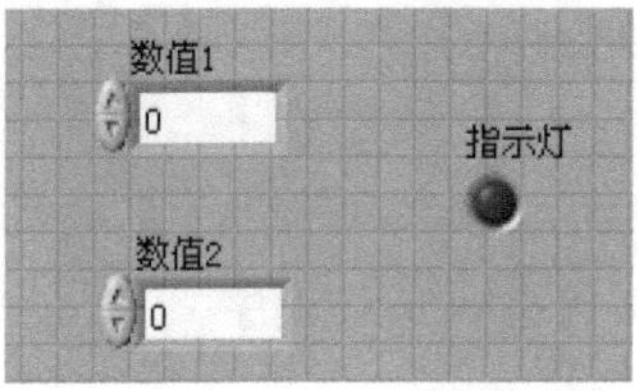

图 2-8　程序前面板

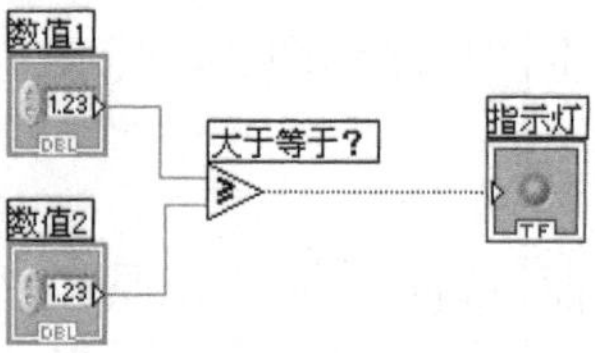

图 2-9　框图程序

3. 运行程序

切换到前面板窗口，单击工具栏“连续运行”按钮，运行程序。

改变数值 1 和数值 2 大小，当数值 1 大于等于数值 2 时，指示灯变为绿色，否则为棕色（也可能是其他颜色，与指示灯控件颜色设置有关）。

程序运行界面如图 2-10 所示。

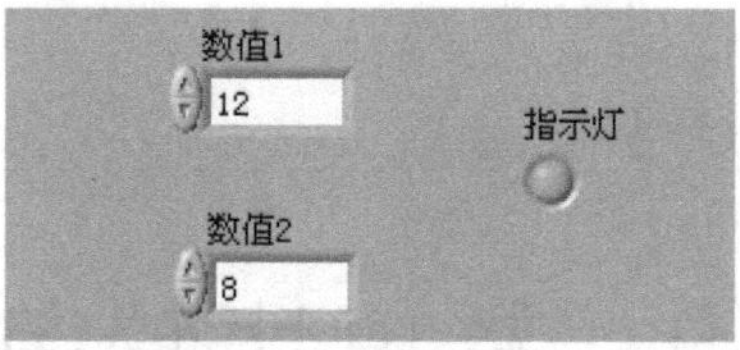

图 2-10　程序运行界面

实例 10　数值逻辑运算

一、设计任务

当 2 个数值同时大于某个数值时，指示灯的颜色发生变化。

二、任务实现

1. 程序前面板设计

新建 VI。切换到 LabVIEW 的前面板窗口，通过控件选板给程序前面板添加控件。

（1）添加两个数值输入控件：控件→数值→数值输入控件，将标签分别改为“a”和“b”。

（2）添加 1 个指示灯控件：控件→布尔→圆形指示灯，将标签改为“指示灯”。

设计的程序前面板如图 2-11 所示。

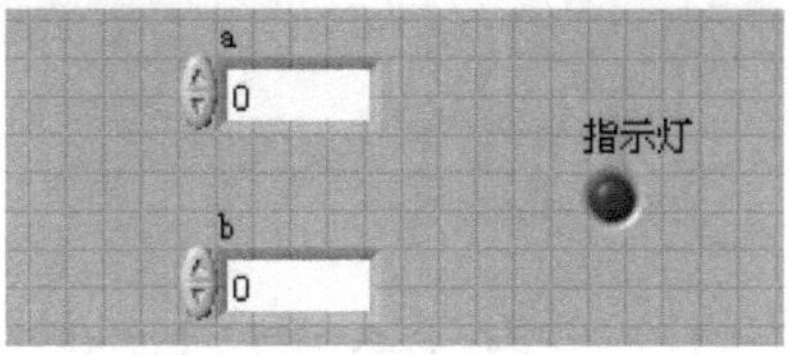

图 2-11　程序前面板

2. 框图程序设计

切换到 LabVIEW 的程序框图窗口，调整控件位置，添加节点与连线。

（1）添加 2 个比较函数：函数→比较→“大于？”，标签分别为“比较函数 1”和“比较函数 2”。

（2）添加 2 个数值常量：函数→数值→数值常量。将数值均设为“5”。

（3）添加 1 个布尔“与”函数：函数→布尔→与。

（4）将数值 a 控件的输出端口与“比较函数 1”的输入端口“x”相连。

（5）将数值常量“5”与“比较函数 1”的输入端口“y”相连。

（6）将数值 b 控件的输出端口与“比较函数 2”的输入端口“x”相连。

（7）将数值常量“5”与“比较函数 2”的输入端口“y”相连。

（8）将“比较函数 1”的输出端口“x>y?”与逻辑“与”函数的输入端口“x”相连。

（9）将“比较函数 2”的输出端口“x>y?”与逻辑“与”函数的输入端口“y”相连。

（10）将“与”函数的输出端口“x 与 y?”与指示灯控件的输入端口相连。

连线后的框图程序如图 2-12 所示。

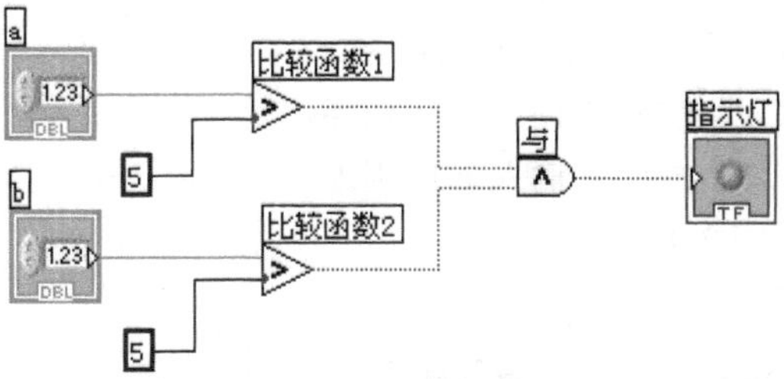

图 2-12　框图程序

3. 运行程序

切换到前面板窗口，单击工具栏“连续运行”按钮，运行程序。
改变数值 a 和数值 b 大小，当数值 a 和数值 b 同时大于数值 5 时，指示灯改变颜色。
程序运行界面如图 2-13 所示。

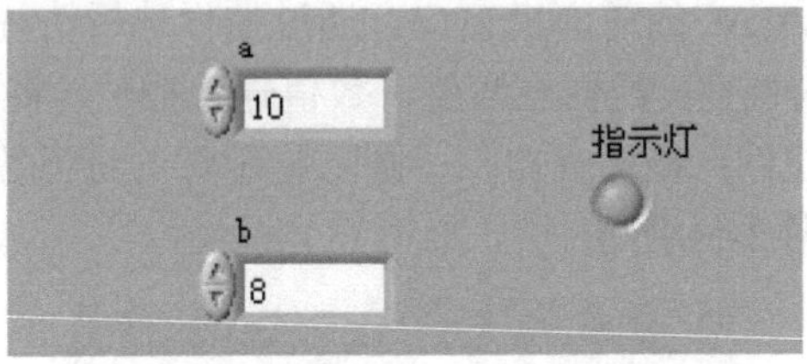

图 2-13　程序运行界面

实例 11　真常量与假常量

一、设计任务

通过真常量或假常量来改变指示灯的颜色。

二、任务实现

1. 程序前面板设计

新建 VI。切换到 LabVIEW 的前面板窗口，通过控件选板给程序前面板添加控件。
添加两个指示灯控件：控件→布尔→圆形指示灯，将标签分别改为“灯 1”和“灯 2”。
设计的程序前面板如图 2-14 所示。

2. 框图程序设计

切换到 LabVIEW 的程序框图窗口，调整控件位置。
（1）添加 1 个真常量：函数→布尔→真常量。
（2）添加 1 个假常量：函数→布尔→假常量。
（3）将真常量与“灯 1”控件的输入端口相连。
（4）将假常量与“灯 2”控件的输入端口相连。
连线后的框图程序如图 2-15 所示。

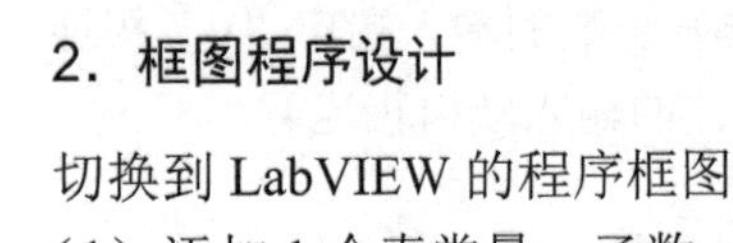

图 2-14　程序前面板

图 2-15　框图程序

3. 运行程序

切换到前面板窗口，单击工具栏“连续运行”按钮，运行程序。

与真常量相连的“灯 1”颜色为绿色，与假常量相连的“灯 2”颜色为棕色（也可能是其他颜色，与指示灯控件颜色设置有关）。

程序运行界面如图 2-16 所示。

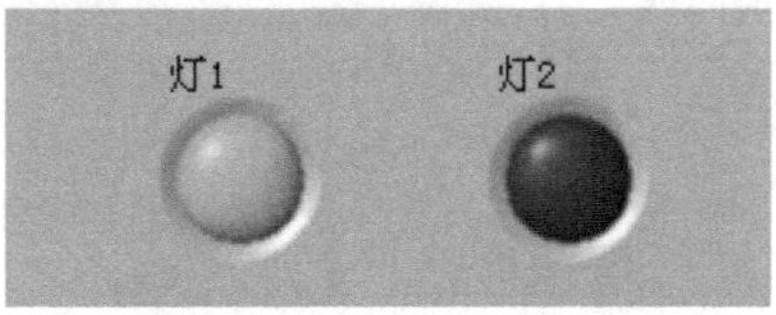

图 2-16　程序运行界面

实例 12　确定按钮的使用

一、设计任务

单击“确定”按钮，指示灯颜色发生变化。

二、任务实现

1. 程序前面板设计

新建 VI。切换到 LabVIEW 的前面板窗口，通过控件选板给程序前面板添加控件。

（1）添加 1 个确定按钮：控件→布尔→确定按钮。

（2）添加 1 个指示灯控件：控件→布尔→圆形指示灯，将标签改为“指示灯”。

设计的程序前面板如图 2-17 所示。

2. 框图程序设计

切换到 LabVIEW 的程序框图窗口，调整控件位置，添加节点与连线。

（1）添加 1 个条件结构：函数→结构→条件结构。

（2）在条件结构“真”选项中添加 1 个真常量：函数→布尔→真常量。

（3）将确定按钮的输出端口与条件结构的选择端口“？”相连。

（4）将指示灯控件的图标移到条件结构“真”选项中。

（5）将“真”常量与指示灯控件的输入端口相连。

连线后的框图程序如图 2-18 所示。

3. 运行程序

切换到前面板窗口，单击工具栏“连续运行”按钮，运行程序。

单击“确定”按钮，指示灯颜色发生变化。

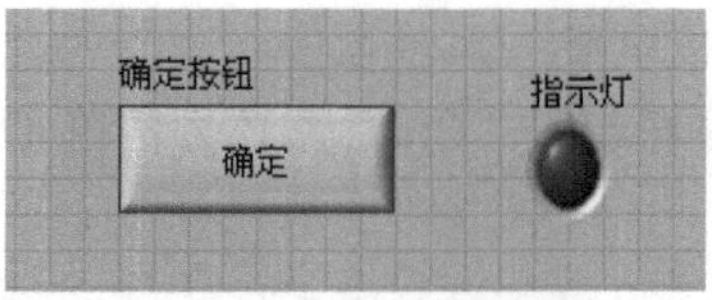

图 2-17　程序前面板

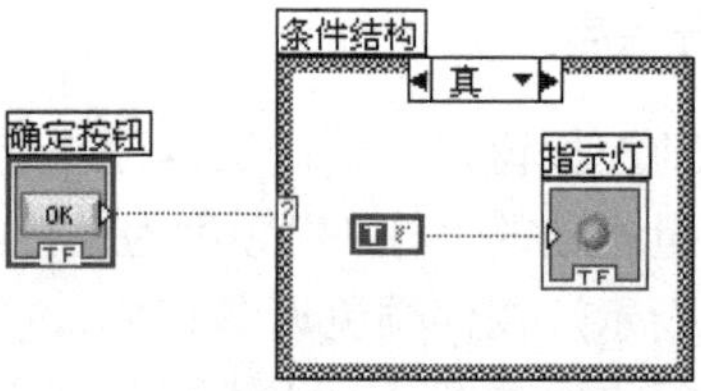

图 2-18　框图程序

程序运行界面如图 2-19 所示。

图 2-19　程序运行界面

实例 13　停止按钮的使用

一、设计任务

单击“停止”按钮，随机数停止变化，程序退出。

二、任务实现

1. 程序前面板设计

新建 VI。切换到 LabVIEW 的前面板窗口，通过控件选板给程序前面板添加控件。

（1）添加 1 个停止按钮：控件→布尔→停止按钮。

（2）添加 1 个数值显示控件：控件→数值→数值显示控件，将标签改为“随机数显示”。

设计的程序前面板如图 2-20 所示。

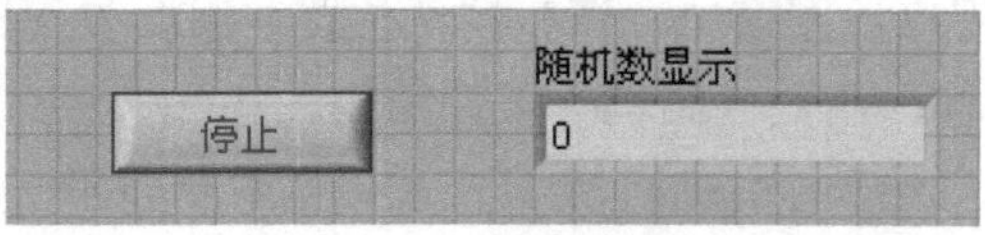

图 2-20　程序前面板

2. 框图程序设计

切换到 LabVIEW 的程序框图窗口，调整控件位置，添加节点与连线。

（1）添加 1 个循环结构：函数→结构→While 循环。

（2）在 While 循环结构中添加 1 个随机数函数：函数→数值→随机数(0-1)。

（3）将随机数显示控件的图标移到 While 循环结构中。

（4）将随机数函数与随机数显示控件的输入端口相连。
（5）将停止按钮图标移到 While 循环结构中，再与循环结构中的条件端口相连。
连线后的框图程序如图 2-21 所示。

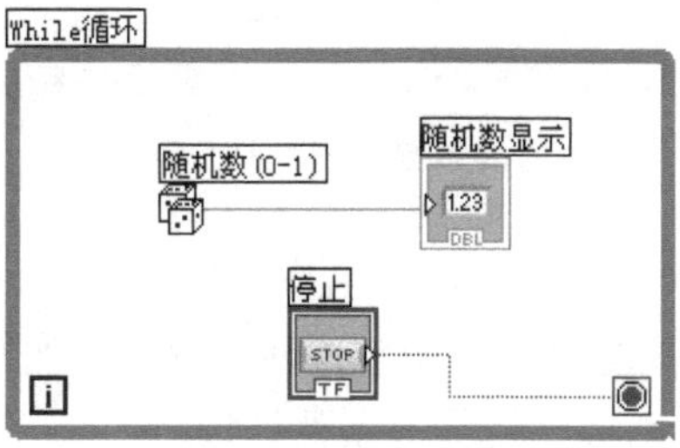

图 2-21　框图程序

3. 运行程序

切换到前面板窗口，单击工具栏“运行”按钮，运行程序。
随机数显示值不断变化，单击“停止”按钮，程序退出。
程序运行界面如图 2-22 所示。

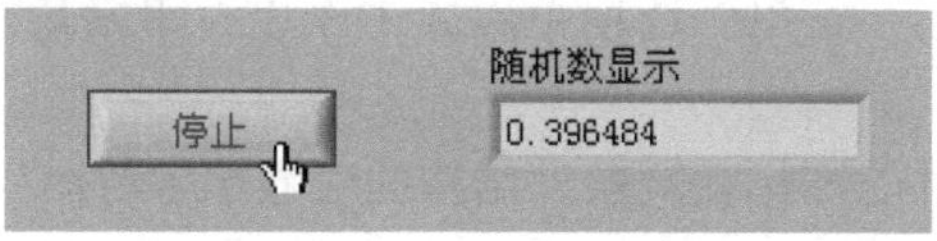

图 2-22　程序运行界面

实例 14　单选按钮的使用

一、设计任务

通过单选按钮，分别显示数值和字符串。

二、任务实现

1. 程序前面板设计

新建 VI。切换到 LabVIEW 的前面板窗口，通过控件选板给程序前面板添加控件。
（1）添加 1 个单选按钮控件：控件→布尔→单选按钮。将标识“单选选项 1”改为“显示数值”，将标识“单选选项 2”改为“显示字符串”。
（2）添加 1 个数值显示控件：控件→数值→数值显示控件。
（3）添加 1 个字符串显示控件：控件→字符串与路径→字符串显示控件。
设计的程序前面板如图 2-23 所示。

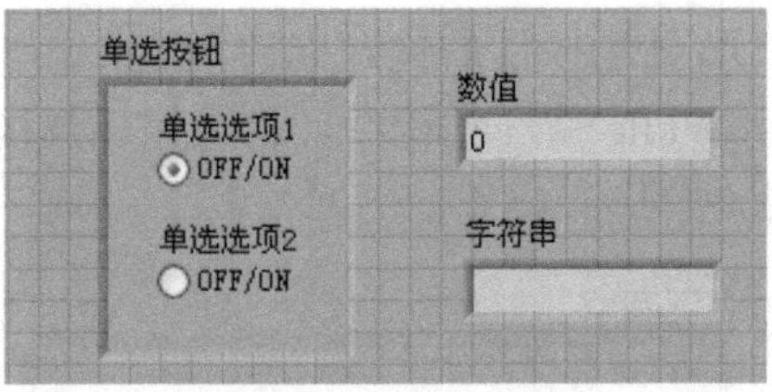

图 2-23　程序前面板

2. 框图程序设计

切换到 LabVIEW 的程序框图窗口，调整控件位置，添加节点与连线。

（1）添加 1 个条件结构：函数→结构→条件结构。

（2）将单选按钮控件的输出端口与条件结构的选择端口“?”相连。此时条件结构的框架标识符发生变化，“真”变为“显示数值”，“假”变为“显示字符串”。

（3）在条件结构“显示数值”选项中添加 1 个数值常量：函数→数值→数值常量。值设为“100”。

（4）将数值显示控件的图标移到条件结构的“显示数值”选项框架中。

（5）将数值常量“100”与数值显示控件的输入端口相连。

（6）在条件结构“显示字符串”选项中添加 1 个字符串常量：函数→字符串→字符串常量。值设为“LabVIEW”。

（7）将字符串显示控件的图标移到条件结构的“显示字符串”选项框架中。

（8）将字符串常量“LabVIEW”与字符串显示控件的输入端口相连。

连线后的框图程序如图 2-24 所示。

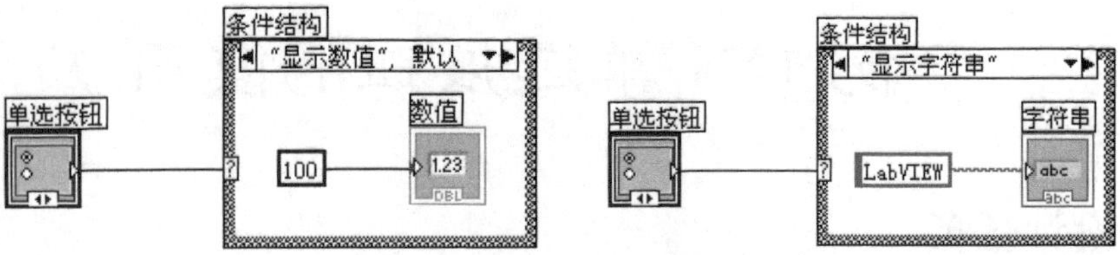

图 2-24　框图程序

3. 运行程序

切换到前面板窗口，单击工具栏“连续运行”按钮，运行程序。

首先显示数值“100”，单击“显示字符串”选项后，显示字符串“LabVIEW”。

程序运行界面如图 2-25 所示。

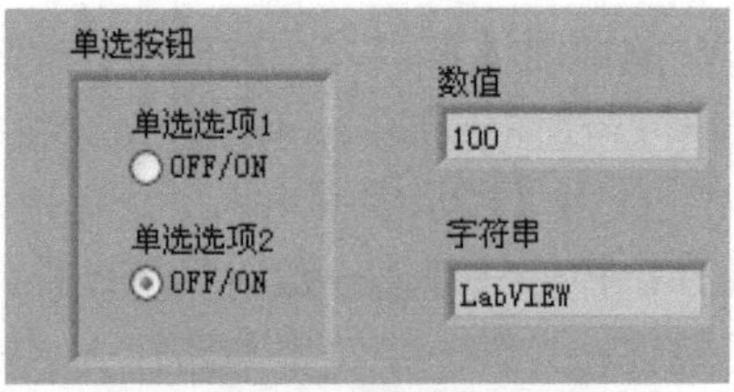

图 2-25　程序运行界面

实例 15　按钮的快捷键设置

用户可以对前面板上的控件分配快捷键，这样可以使用户在不使用鼠标的情况下通过键盘来操控前面板上的控件。在对控件分配快捷键时，可以使用组合键，一般使用 Shift 和 Ctrl 键，但要保证在前面板上控件的快捷键不能重复。当然快捷键只对控制件有效，显示件是不能被分配快捷键的。以下通过实例说明对控件分配快捷键的一般方法。

一、设计任务

给开关按钮分配快捷键“Return（回车键）”。

二、任务实现

1. 程序前面板设计

新建 VI。切换到 LabVIEW 的前面板窗口，通过控件选板给程序前面板添加控件。

（1）添加 1 个开关按钮：控件→布尔→开关按钮。标签为“状态测试”。

（2）添加 1 个字符串显示控件：控件→字符串与路径→字符串显示控件，标签为“命令按钮状态”。

设计的程序前面板如图 2-26 所示。

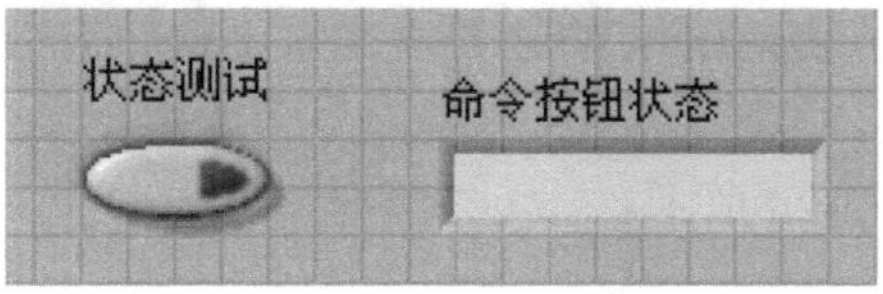

图 2-26　程序前面板

2. 快捷键设置

在前面板右键单击“状态测试”按钮控件，在快捷菜单中选择“高级”→“快捷键”，系统会弹出图 2-27 所示的快捷键设置对话框。在选中列表框中选择回车键“Return”键，就将“状态测试”按钮与回车键绑定。Tab 键动作选项可以禁止键盘的 Tab 键对该控件的访问。单击“确定”按钮确认。

3. 框图程序设计

切换到 LabVIEW 的程序框图窗口，调整控件位置，添加节点与连线。

（1）添加 1 个条件结构：函数→结构→条件结构。

（2）在条件结构的“真”选项中添加 1 个字符串常量：函数→字符串→字符串常量。将值改为“按钮被按下”。

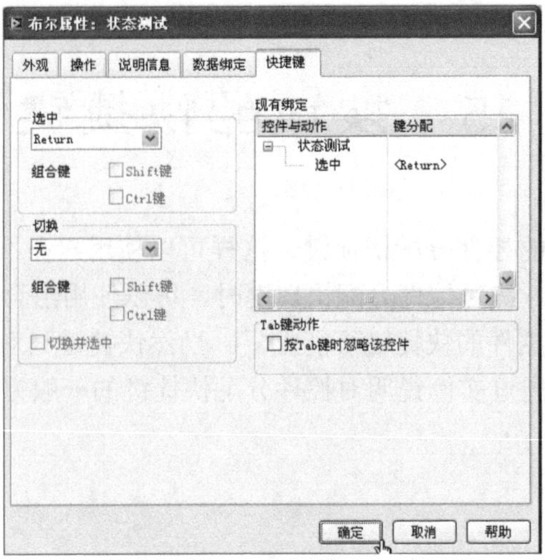

图 2-27　快捷键设置对话框

（3）在条件结构的“假”选项中添加 1 个字符串常量：函数→字符串→字符串常量。将值改为“按钮被松开”。

（4）在条件结构的“假”选项中创建 1 个局部变量：函数→结构→局部变量。

选择局部变量，单击鼠标右键，在弹出菜单的选项中，为局部变量选择关联控件：“命令按钮状态”。

（5）将命令按钮状态显示控件的图标移到条件结构的“真”选项中。

（6）将状态测试按钮控件的输出端口与条件结构的选择端口“？”相连。

（7）在条件结构的“真”选项中，将字符串常量“按钮被按下”与命令按钮状态显示控件的输入端口相连。

（8）在条件结构的“假”选项中，将字符串常量“按钮被松开”与命令按钮状态的局部变量相连。

连线后的框图程序如图 2-28 所示。

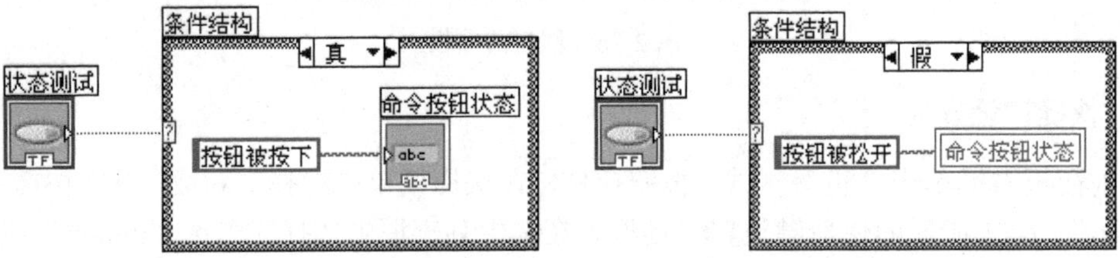

图 2-28　框图程序

4．运行程序

切换到前面板窗口，单击工具栏“连续运行”按钮，运行程序。

首先使用鼠标单击“状态测试”按钮，则文本显示框的内容会根据按钮的状态显示不同的信息。测试快捷键功能，按下回车键，其效果同单击“状态测试”按钮一样。

程序运行界面如图 2-29 所示。

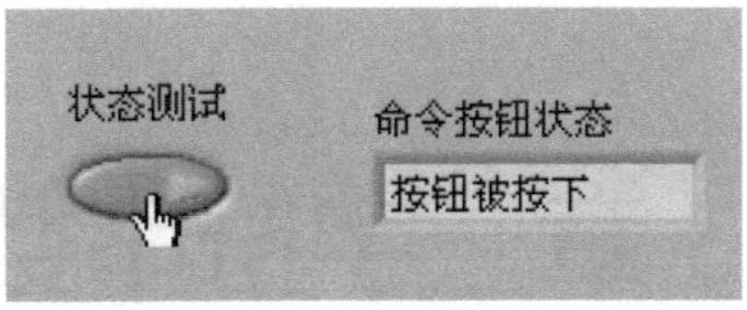

图 2-29　程序运行界面

由于允许键盘的 Tab 键对控件的访问，所以即使不使用快捷键也同样可以控制前面板上的控制件。运行程序，依次按 Tab 键，会发现控制焦点依次停在前面板的控制对象上，让焦点停止在“状态测试”按钮上，回车键的效果和鼠标单击的效果是一样的。如果要禁止 Tab 键对前面板对象的访问，则在快捷键设置对话框中选中“按 Tab 键时忽略该控件”复选框。

第3章　字符串数据

字符串是 LabVIEW 中一种重要的数据类型。字符串、字符串数组和含字符串的簇都是在前面板设计、仪器控制和文件管理等任务中常见的数据结构，也是使用比较灵活复杂的数据结构。

本章通过实例介绍字符串数据的创建和常用字符串函数的使用。

实例基础　字符串数据概述

1．字符串数据的作用

字符串控件就是 LabVIEW 控件选板提供的专用于字符串前面板对象创建与设置的子选板，而字符串节点则是 LabVIEW 功能选板提供的专用于字符串处理与操作的节点。

在 LabVIEW 的编程中，常用到字符串控件或字符串常量，用于显示一些屏幕信息。

字符串是一系列 ASCII 码字符的集合，这些字符可能是可显示的，也可能是不可显示的，如换行符、制表位等。

程序通常在以下情况用到字符串：传递文本信息；用 ASCII 码格式存储数据；与传统仪器的通信。把数值型的数据作为 ASCII 码文件存盘，必须先把它转换为字符串。在仪器控制中，需要把数值型的数据作为字符串传递，然后再转换为数字。

2．字符串数据的创建

在 LabVIEW 的前面板上，与创建字符串数据相关的控件位于控件选板的字符串与路径子选板中，如图 3-1 所示。

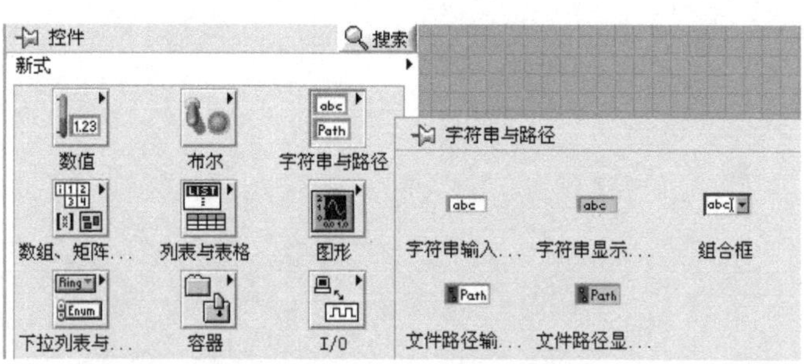

图 3-1　字符串与路径子选板

用得最频繁的字符串控件是字符串输入控件和字符串显示控件，两个控件分别是字符串的输入量和显示量。对于字符串输入控件，可以用工具选板中的使用操作工具或标签工具在字符串控件中输入或修改文本。对于字符串显示控件，则主要用于字符串的显示。如果控件中有多行文本，可以拖动控件边框改变其大小，使文本得以全部显示。

用操作工具或标签工具单击字符串输入控件的显示区，即可在控件显示区的光标位置进行字符串的输入和修改。字符串的输入修改操作与常见的文本编辑操作几乎完全一样，LabVIEW 的一个字符串输入控件就是一个简单的文本编辑器。可以通过双击鼠标并拖动来选定一部分字符，对已选定的文字进行剪切、复制和粘贴等编辑操作，还可改变选定文字的大小、字体和颜色等属性。同样，常用的文本编辑功能键在输入字符串时同样有效，如光标键、换页、退格键和删除键等。

对于不可见的控制字符，如制表符 Tab 和 Esc 等，其输入要依赖于其他输入方法，而不能直接在控件中输入。

当字符输入完毕后，可以单击右键，在弹出菜单中选择“数据操作”→“当前值设置为默认值项保存”，下次重新启动该 VI 时，字符串的内容将保持不变。LabVIEW 的字符串控件可同时输入或输出多行的文本，为了便于观察，可用定位工具来调整显示区大小。

简单字符控件的用法与字符串输入控件的用法一样，只是没有立体装饰边框，常用来在 VI 面板上显示一些说明性的文字。

在 LabVIEW 的后面板上也可以创建字符串数据，创建的方式有两种，一种是通过用于创建字符串的函数及 VI 创建字符串数据，另一种方式是利用函数选板中的相应控件直接创建字符串常量。两种方式用到的函数、VIs 及控件位于函数选板中的字符串子选板中。可以利用该子选板中的字符串常量、空字符串常量等控件在后面板上创建字符串常量。

LabVIEW 提供了大量的用于字符串处理的函数，它们位于函数选板的字符串函数子选板中，如图 3-2 所示。

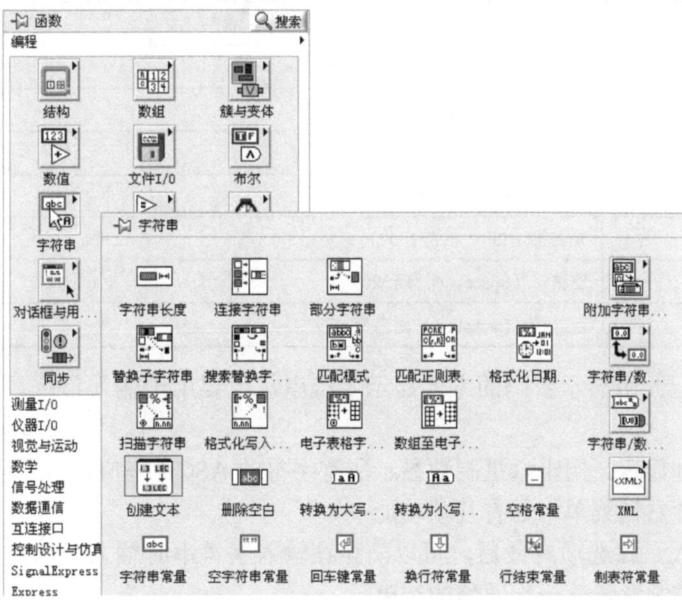

图 3-2　字符串函数子选板

3．设置字符串数据的属性

字符串显示控件可通过右键菜单在不同的显示形式之间进行切换，如图 3-3 所示。

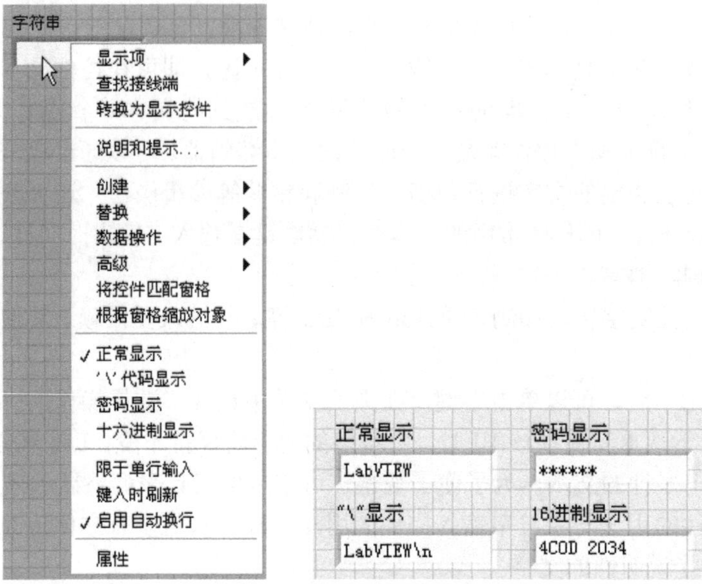

图 3-3　字符串的显示形式

字符串的显示形式有以下几种。

（1）正常显示：正常显示字符串。

（2）“\” 代码显示：控制码显示。对非显示符号加 “\” 代码。其他 “\” 代码参见表 3-1。

表 3-1　LabVIEW 的 “\” 代码

代　码	含　义
\b	退格符（Backspace，相当于\08）
\f	进格符（Formfeed，相当于\0C）
\n	换行符（Linefeed，相当于\0A）
\r	回车符（Return，相当于\0D）
\t	制表符（Tab，相当于\09）
\s	空格符（Space，相当于\20）
\\	反斜线（Backslash，相当于\5C）

（3）密码显示：用显示密码的方式显示字符串，主要用于输入口令。用 “*” 代替所有字符。

（4）十六进制显示：用十六进制数显示所有字符的 ASCII 码值。

在字符串控件右键菜单中还有几项功能：

限于单行输入。该选项有效后，可以防止在输入字符串时输入一个回车符。因为在 VI 通信中，回车符常常意味着一次通信的结束。

键入时刷新。在默认情况下（此选项未被选中），控件只有在字符串输入完全结束后，才会把输入结果传递给其端口。如果此选项有效，则输入或更改每一个字符的结果都会同步地被传递到端口上，即此时它是逐个字符即时更新到程序端口上的。在需要监视用户输入的有效性时，这个选项非常有用。例如，限制用户仅输入有效的数字字符，可先使该选项有效，然后就可以在框图中逐个检查字符的有效性。

字符串输入控件和显示控件的属性，可以通过其属性对话框进行设置。在控件的图标上单击鼠标右键，并从弹出的快捷菜单中选择“属性”，可以打开如图 3-4 所示的属性对话框。

图 3-4　字符串型控件的属性对话框

字符串控件属性对话框包括“外观”“说明信息”“数据绑定”及“快捷键”选项卡。在“外观”选项卡下，用户不仅可以设置标签和标题等属性，而且可以设置文本的显示方式。

在属性对话框中，如果选中“显示垂直滚动条”复选框，则当文本框中的字符串不止一行时会显示滚动条；如果选中“限于单行输入”复选框，那么将限制用户在单行输入字符串，而不能回车换行；如果选中“键入时刷新”复选框，那么文本框的值会随用户输入的字符而实时改变，不会等到用户输入回车后才改变。

实例 16　计算字符串的长度

一、设计任务

计算 1 个字符串的长度。

二、任务实现

1．程序前面板设计

新建 VI。切换到 LabVIEW 的前面板窗口，通过控件选板给程序前面板添加控件。

（1）为了输入字符串，添加 1 个字符串输入控件：控件→字符串与路径→字符串输入控件，将标签改为“字符串”。

（2）为了显示字符串的长度，添加 1 个数值显示控件：控件→数值→数值显示控件，将标签改为“长度”。

设计的程序前面板如图 3-5 所示。

2. 框图程序设计

切换到 LabVIEW 的程序框图窗口，调整控件位置，添加节点与连线。

（1）为了计算字符串的长度，添加 1 个字符串长度函数：函数→字符串→字符串长度。

（2）将字符串输入控件的输出端口与字符串长度函数的输入端口“字符串”相连。

（3）将字符串长度函数的输出端口“长度”与数值显示控件的输入端口相连。

连线后的框图程序如图 3-6 所示。

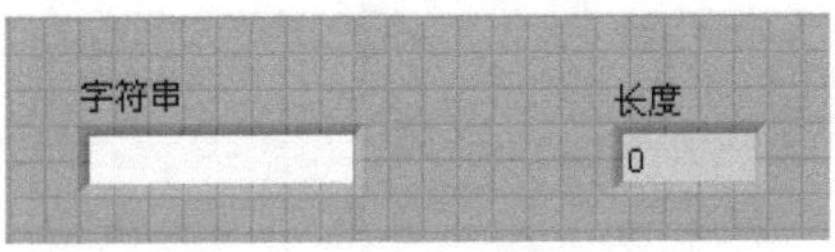

图 3-5 程序前面板

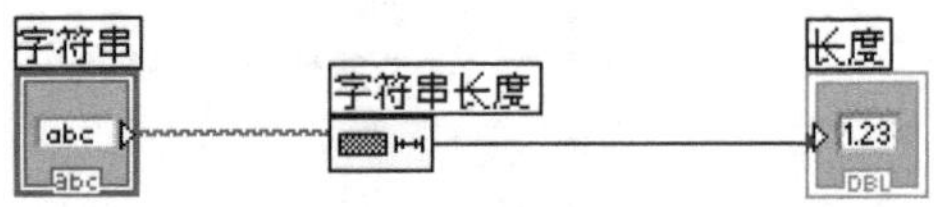

图 3-6 框图程序

3. 运行程序

切换到前面板窗口，单击工具栏“连续运行”按钮，运行程序。

计算字符串“LabVIEW8.2”的长度，结果是“10”；计算字符串“学习 LabVIEW”的长度，结果是“11”。在字符串中，一个英文字符和数字的长度是 1，一个汉字的长度是 2。

程序运行界面如图 3-7 所示。

图 3-7 程序运行界面

实例 17 连接字符串

一、设计任务

将两个字符串连接成一个新的字符串

二、任务实现

1. 程序前面板设计

新建 VI。切换到 LabVIEW 的前面板窗口，通过控件选板给程序前面板添加控件。

（1）为输入字符串，添加两个字符串输入控件：控件→字符串与路径→字符串输入控件，将标签分别改为“字符串 1”和“字符串 2”。

（2）为显示连接后的字符串，添加 1 个字符串显示控件：控件→字符串与路径→字符串显示控件，将标签改为“连接后的字符串”。

设计的程序前面板如图 3-8 所示。

2．框图程序设计

切换到 LabVIEW 的程序框图窗口，调整控件位置，添加节点与连线。

（1）为了将两个字符串连接起来，添加 1 个连接字符串函数：函数→字符串→连接字符串。

（2）将两个字符串输入控件的输出端口分别与连接字符串函数的输入端口“字符串”相连。

（3）将连接字符串函数的输出端口“连接的字符串”与字符串显示控件的输入端口相连。

连线后的框图程序如图 3-9 所示。

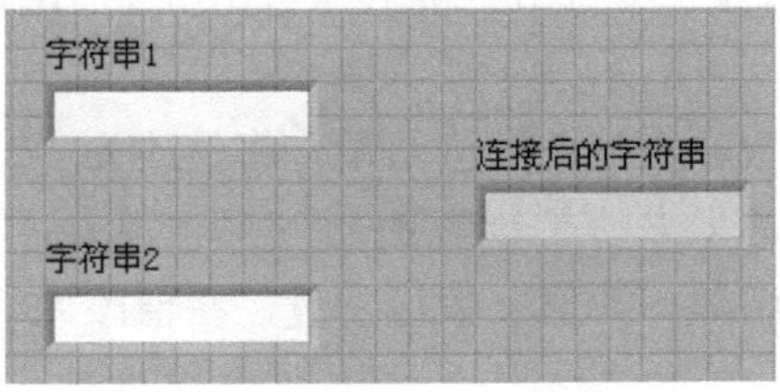

图 3-8　程序前面板

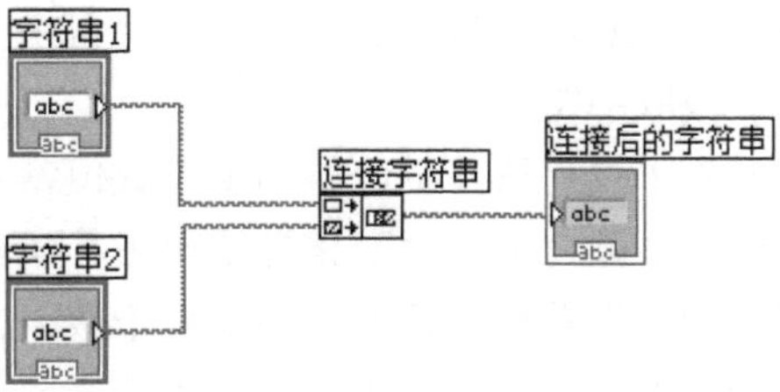

图 3-9　框图程序

3．运行程序

切换到前面板窗口，单击工具栏“连续运行”按钮，运行程序。

将两个字符串“LabVIEW 8.2”和“入门与提高”连接成一个新的字符串“LabVIEW 8.2 入门与提高”，并作为结果显示。

程序运行界面如图 3-10 所示。

图 3-10　程序运行界面

实例 18　截取字符串

一、设计任务

得到 1 个字符串的子字符串。

二、任务实现

1. 程序前面板设计

新建 VI。切换到 LabVIEW 的前面板窗口，通过控件选板给程序前面板添加控件。

（1）为了输入字符串，添加 1 个字符串输入控件：控件→字符串与路径→字符串输入控件，将标签改为“字符串”。

（2）为了显示子字符串，添加 1 个字符串显示控件：控件→字符串与路径→字符串显示控件，将标签改为“子字符串”。

设计的程序前面板如图 3-11 所示。

2. 框图程序设计

切换到 LabVIEW 的程序框图窗口，调整控件位置，添加节点与连线。

（1）为了截取字符，添加 1 个部分字符串函数：函数→字符串→部分字符串（LabVIEW2015 版称为“截取字符串”）。

（2）为了设置偏移量，添加 1 个数值常量：函数→数值→数值常量，将值改为“2”。

说明：参数“偏移量”指定了子字符串在原字符串中的起始位置。

（3）为了设置截取长度，添加 1 个数值常量：函数→数值→数值常量，将值改为“3”。

说明：参数“长度”指定了子字符串的长度。

（4）将字符串输入控件的输出端口与部分字符串函数的输入端口“字符串”相连。

（5）将数值常量“2”“3”分别与部分字符串函数的输入端口“偏移量”“长度”相连。

（6）将部分字符串函数的输出端口“子字符串”与字符串显示控件的输入端口相连。

连线后的框图程序如图 3-12 所示。

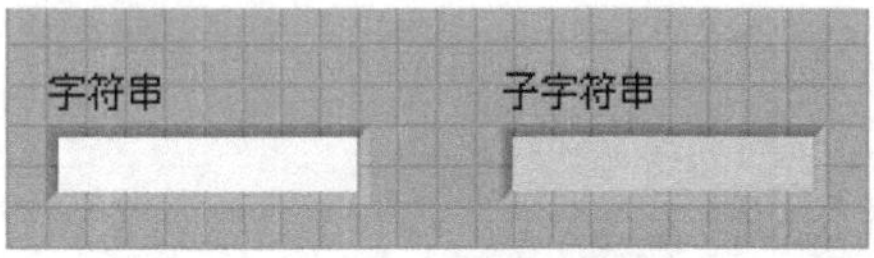

图 3-11　程序前面板

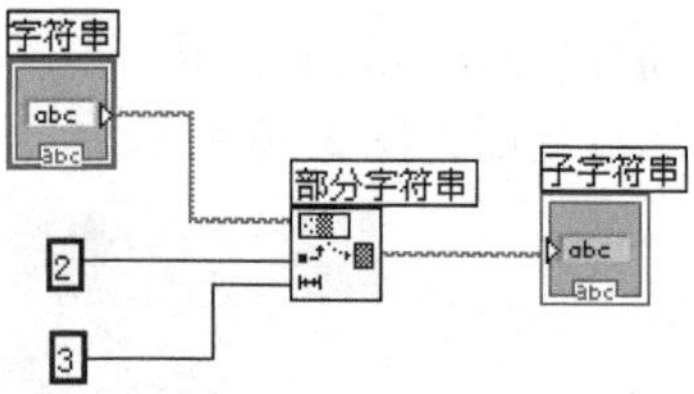

图 3-12　框图程序

3. 运行程序

切换到前面板窗口，单击工具栏“连续运行”按钮，运行程序。

从字符串“LabVIEW8.2”的第 2 位取 3 个字符，得到子字符串“bVI”。

程序运行界面如图 3-13 所示。

图 3-13　程序运行界面

实例 19　字符串大小写转换

一、设计任务

（1）将字符串中的小写字符转换为大写字符。
（2）将字符串中的大写字符转换为小写字符。

二、任务实现

1. 程序前面板设计

新建 VI。切换到 LabVIEW 的前面板窗口，通过控件选板给程序前面板添加控件。

（1）为输入字符串，添加两个字符串输入控件：控件→字符串与路径→字符串输入控件，将标签分别改为“小写字符串”和“大写字符串”。

（2）为显示转换后的字符串，添加两个字符串显示控件：控件→字符串与路径→字符串显示控件，将标签分别改为“大写字符串”和“小写字符串”。

设计的程序前面板如图 3-14 所示。

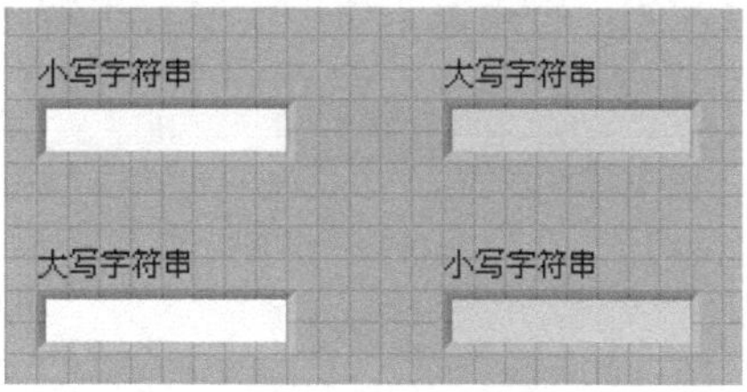

图 3-14　程序前面板

2. 框图程序设计

切换到 LabVIEW 的程序框图窗口，调整控件位置，添加节点与连线。

（1）添加 1 个转换为大写字母函数：函数→字符串→转换为大写字母。

（2）添加 1 个转换为小写字母函数：函数→字符串→转换为小写字母。

（3）将两个字符串输入控件的输出端口分别与转换为大写字母函数、转换为小写字母函数的输入端口“字符串”相连。

（4）将转换为大写字母函数的输出端口“所有大写字母字符串”与大写字符串输出控件的输入端口相连。

（5）将转换为小写字母函数的输出端口“所有小写字母字符串”与小写字符串输出控件的输入端口相连。

连线后的框图程序如图 3-15 所示。

3. 运行程序

切换到前面板窗口，单击工具栏“连续运行”按钮，运行程序。

小写字符串“abcdef”转换为大写字符串“ABCDEF”；大写字符串“QWERTY”转换为小写字符串“qwerty”。

程序运行界面如图 3-16 所示。

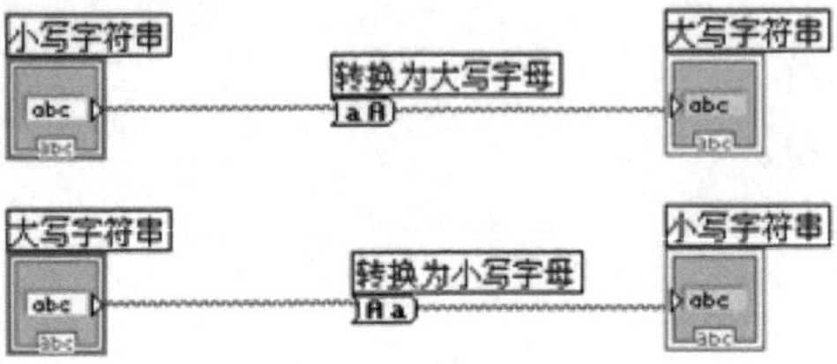

图 3-15　框图程序

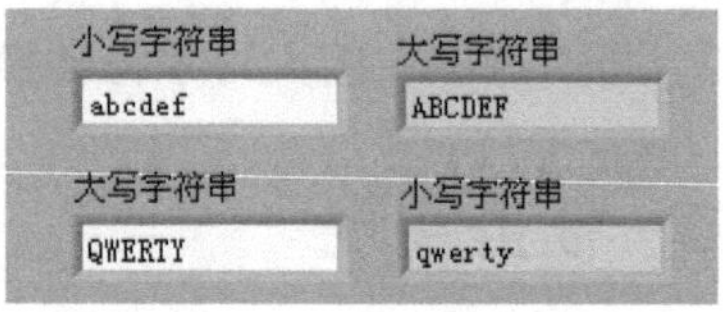

图 3-16　程序运行界面

实例 20　替换指定位置和长度的子字符串

一、设计任务

从原字符串中指定的位置开始，将指定长度的子字符串替换掉。

二、任务实现

1. 程序前面板设计

新建 VI。切换到 LabVIEW 的前面板窗口，通过控件选板给程序前面板添加控件。

为了显示结果字符串，添加两个字符串显示控件：控件→字符串与路径→字符串显示控件，将标签分别改为“替换结果”和“被替换部分”。

设计的程序前面板如图 3-17 所示。

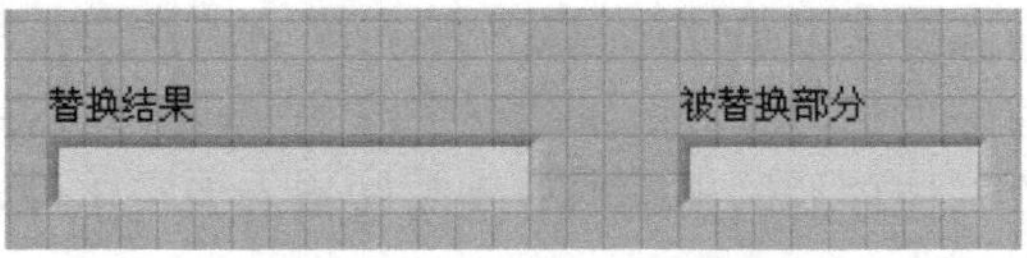

图 3-17　程序前面板

2. 框图程序设计

切换到 LabVIEW 的程序框图窗口，调整控件位置，添加节点与连线。

（1）添加 1 个替换子字符串函数：函数→字符串→替换子字符串。

（2）添加两个字符串常量：函数→字符串→字符串常量，将值分别改为“LabVIEW String Operate Function”和“Array”。

（3）为设置偏移量，添加 1 个数值常量：函数→数值→数值常量，将值改为“8”。

（4）为设置长度，添加 1 个数值常量：函数→数值→数值常量，将值改为“6”。

（5）将字符串常量“LabVIEW String Operate Function”与替换子字符串函数的输入端口“字符串”相连。

（6）将字符串常量“Array”与替换子字符串函数的输入端口“子字符串”相连。

（7）将数值常量“8”“6”分别与替换子字符串函数的输入端口“偏移量”“长度”相连。

（8）将替换子字符串函数的输出端口“结果字符串”与替换结果显示控件的输入端口相连。

（9）将替换子字符串函数的输出端口“替换子字符串”与被替换部分显示控件的输入端口相连。

连线后的框图程序如图 3-18 所示。

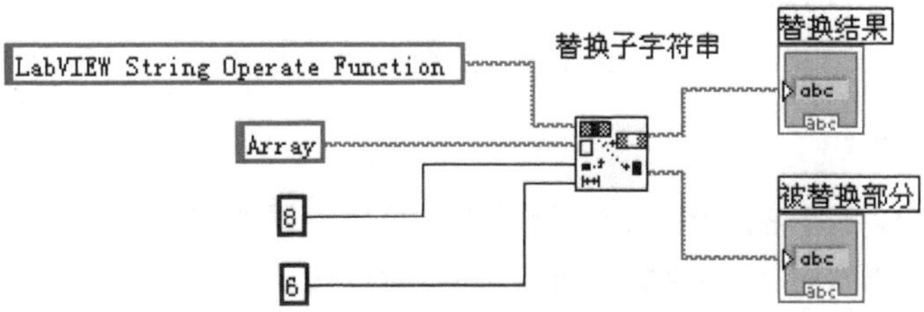

图 3-18　框图程序

3. 运行程序

切换到前面板窗口，单击工具栏“连续运行”按钮，运行程序。

把字符串“LabVIEW String Operate Function”中从第 8 个字符开始长度为 6 的子字符串“String”用指定的子字符串“Array”替换掉。

程序运行界面如图 3-19 所示。

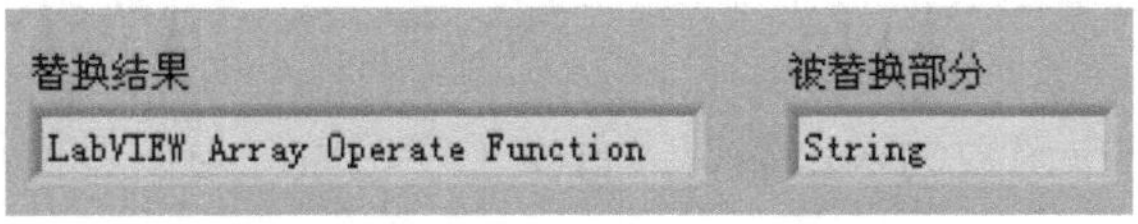

图 3-19　程序运行界面

实例 21　删除指定位置和长度的子字符串

一、设计任务

从原字符串中指定的位置开始，将指定长度的子字符串删除。

二、任务实现

1．程序前面板设计

新建 VI。切换到 LabVIEW 的前面板窗口，通过控件选板给程序前面板添加控件。

为显示结果字符串，添加两个字符串显示控件：控件→字符串与路径→字符串显示控件，将标签分别改为“替换结果”和“被替换部分”。

设计的程序前面板如图 3-20 所示。

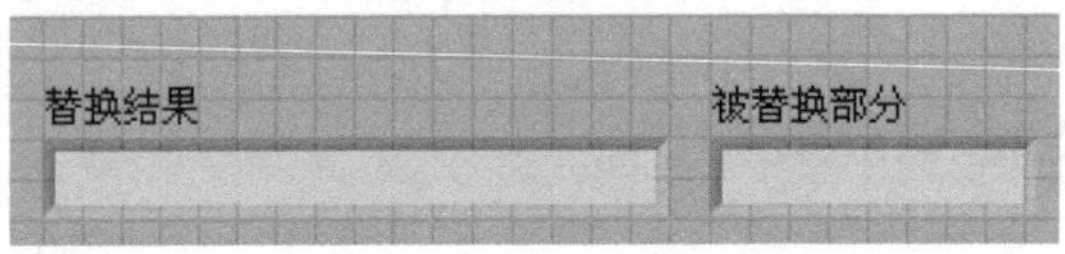

图 3-20　程序前面板

2．框图程序设计

切换到 LabVIEW 的程序框图窗口，调整控件位置，添加节点与连线。

（1）添加 1 个替换子字符串函数：函数→字符串→替换子字符串。

（2）添加 1 个字符串常量：函数→字符串→字符串常量，将值改为“LabVIEW String Operate Function”。

（3）为设置偏移量，添加 1 个数值常量：函数→数值→数值常量，将值改为“8”。

（4）为设置长度，添加 1 个数值常量：函数→数值→数值常量，将值改为“6”。

（5）将字符串常量“LabVIEW String Operate Function”与替换子字符串函数的输入端口“字符串”相连。

（6）将数值常量“8”“6”分别与替换子字符串函数的输入端口“偏移量”“长度”相连。

（7）将替换子字符串函数的输出端口“结果字符串”与替换结果显示控件的输入端口相连。

（8）将替换子字符串函数的输出端口“替换子字符串”与被替换部分显示控件的输入端口相连。

连线后的框图程序如图 3-21 所示。

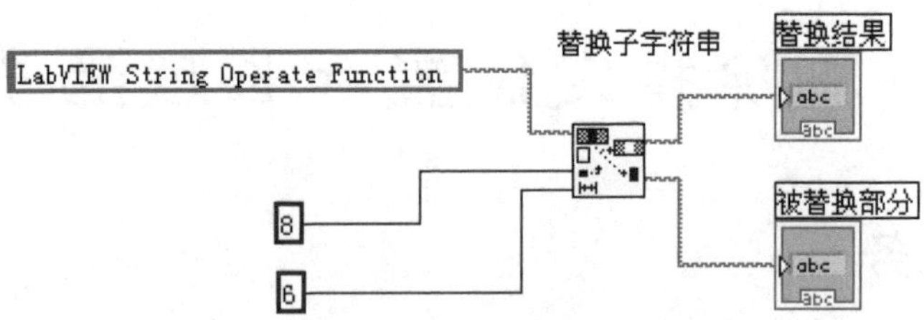

图 3-21　框图程序

3．运行程序

切换到前面板窗口，单击工具栏“连续运行”按钮，运行程序。

把字符串“LabVIEW String Operate Function”中从第 8 个字符开始长度为 6 的子字符串“String”删除掉。

程序运行界面如图 3-22 所示。

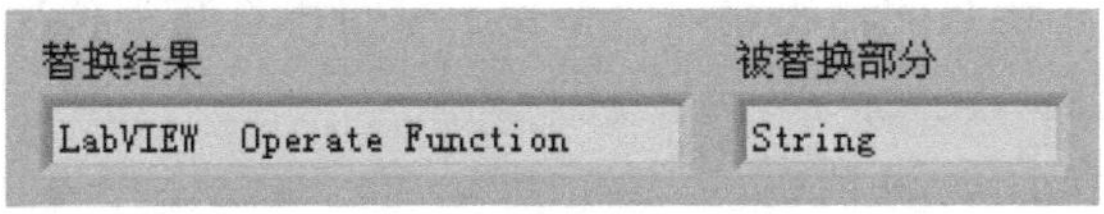

图 3-22　程序运行界面

实例 22　从指定位置插入子字符串

一、设计任务

在原字符串中指定的位置开始插入 1 个字符串。

二、任务实现

1．程序前面板设计

新建 VI。切换到 LabVIEW 的前面板窗口，通过控件选板给程序前面板添加控件。

为了显示结果字符串，添加两个字符串显示控件：控件→字符串与路径→字符串显示控件，将标签分别改为“替换结果”和“被替换部分”。

设计的程序前面板如图 3-23 所示。

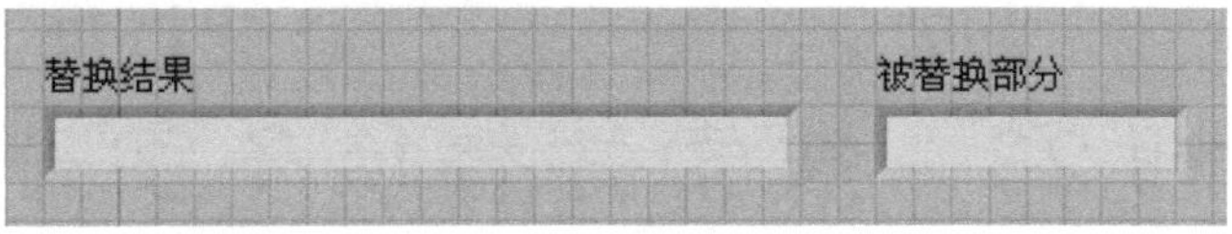

图 3-23　程序前面板

2．框图程序设计

切换到 LabVIEW 的程序框图窗口，调整控件位置，添加节点与连线。

（1）添加 1 个替换子字符串函数：函数→字符串→替换子字符串。

（2）添加两个字符串常量：函数→字符串→字符串常量，将值分别改为“LabVIEW String Operate Function”和“Array”。

（3）为设置偏移量，添加 1 个数值常量：函数→数值→数值常量，将值改为“8”。

（4）为设置长度，添加 1 个数值常量：函数→数值→数值常量，将值改为“0”。

（5）将字符串常量“LabVIEW String Operate Function”与替换子字符串函数的输入端口“字符串”相连。

（6）将字符串常量“Array”与替换子字符串函数的输入端口“子字符串”相连。

（7）将数值常量“8”“0”分别与替换子字符串函数的输入端口“偏移量”“长度”相连。

（8）将替换子字符串函数的输出端口“结果字符串”与替换结果显示控件的输入端口相连。

（9）将替换子字符串函数的输出端口“替换子字符串”与被替换部分显示控件的输入端口相连。

连线后的框图程序如图 3-24 所示。

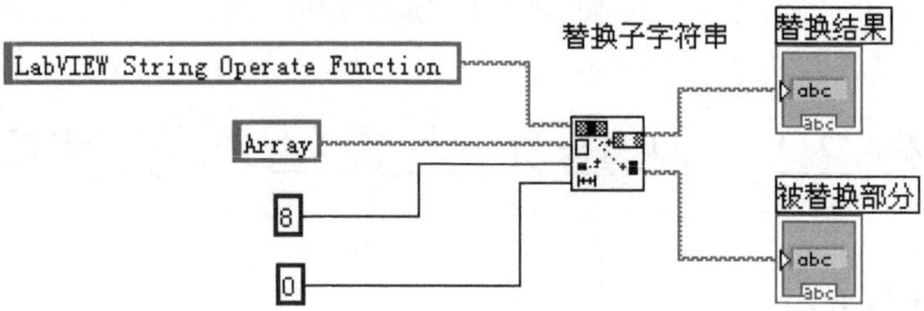

图 3-24　框图程序

3．运行程序

切换到前面板窗口，单击工具栏“连续运行”按钮，运行程序。

把字符串“LabVIEW String Operate Function”中从第 8 个字符开始插入 1 个指定的子字符串“Array”。

程序运行界面如图 3-25 所示。

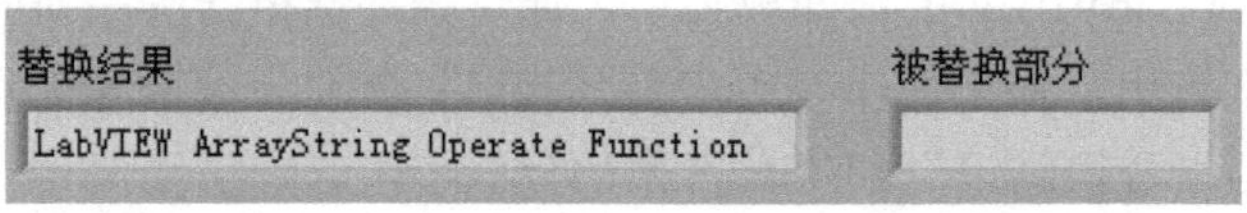

图 3-25　程序运行界面

实例 23　搜索并替换子字符串

一、设计任务

从一个字符串中查找与指定子字符串一致的子字符串，用另一个子字符串替换。

二、任务实现

1．程序前面板设计

新建 VI。切换到 LabVIEW 的前面板窗口，通过控件选板给程序前面板添加控件。

为显示结果字符串，添加 1 个字符串显示控件：控件→字符串与路径→字符串显示控件，将标签改为“替换结果”。

设计的程序前面板如图 3-26 所示。

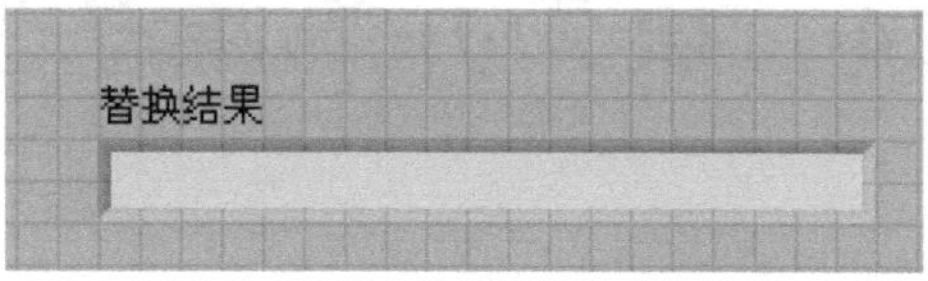

图 3-26　程序前面板

2. 框图程序设计

切换到 LabVIEW 的程序框图窗口，调整控件位置，添加节点与连线。

（1）添加 1 个搜索替换字符串函数：函数→字符串→搜索替换字符串。

（2）添加 3 个字符串常量：函数→字符串→字符串常量，将值分别改为“LabVIEW String Operate Function”“String”和“Array”。

（3）将字符串常量“LabVIEW String Operate Function”与搜索替换字符串函数的输入端口“输入字符串”相连。

（4）将字符串常量“String”与搜索替换字符串函数的输入端口“搜索字符串”相连。

（5）将字符串常量“Array”与搜索替换字符串函数的输入端口“替换字符串”相连。

（6）将搜索替换字符串函数的输出端口“结果字符串”与替换结果显示控件的输入端口相连。

连线后的框图程序如图 3-27 所示。

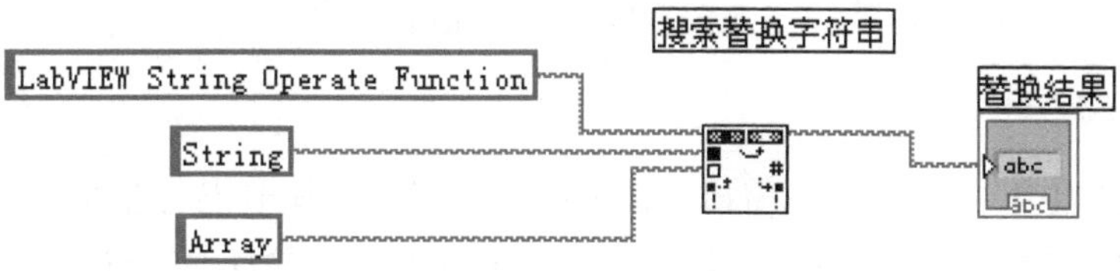

图 3-27　框图程序

3. 运行程序

切换到前面板窗口，单击工具栏“连续运行”按钮，运行程序。

从一个字符串“LabVIEW String Operate Function”中查找与子字符串“String”一致的子字符串，用另一个子字符串“Array”替换。

程序运行界面如图 3-28 所示。

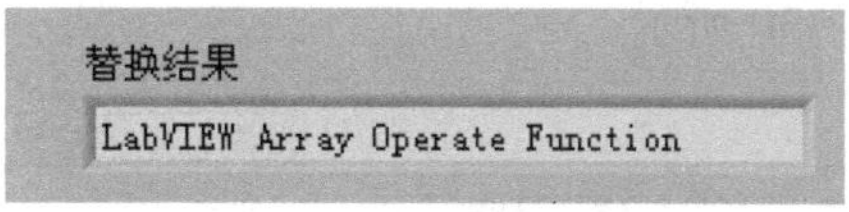

图 3-28　程序运行界面

实例 24　搜索并删除子字符串

一、设计任务

从一个字符串中删除与指定子字符串一致的子字符串。

二、任务实现

1. 程序前面板设计

新建 VI。切换到 LabVIEW 的前面板窗口，通过控件选板给程序前面板添加控件。

为了显示结果字符串，添加 1 个字符串显示控件：控件→字符串与路径→字符串显示控件，将标签改为“替换结果”。

设计的程序前面板如图 3-29 所示。

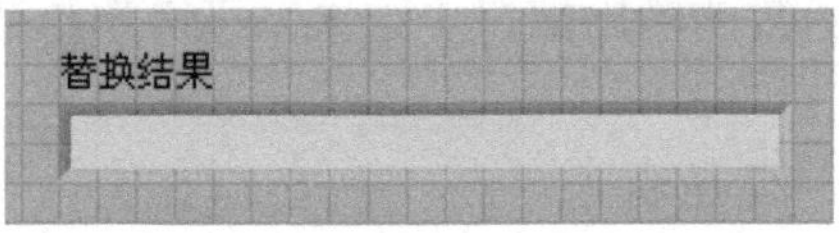

图 3-29　程序前面板

2. 框图程序设计

切换到 LabVIEW 的程序框图窗口，调整控件位置，添加节点与连线。

（1）添加 1 个搜索替换字符串函数：函数→字符串→搜索替换字符串。

（2）添加两个字符串常量：函数→字符串→字符串常量，将值分别改为“LabVIEW String Operate Function”和“String”。

（3）将字符串常量“LabVIEW String Operate Function”与搜索替换字符串函数的输入端口“输入字符串”相连。

（4）将字符串常量“String”与搜索替换字符串函数的输入端口“搜索字符串”相连。

（5）将搜索替换字符串函数的输出端口“结果字符串”与替换结果显示控件的输入端口相连。

连线后的框图程序如图 3-30 所示。

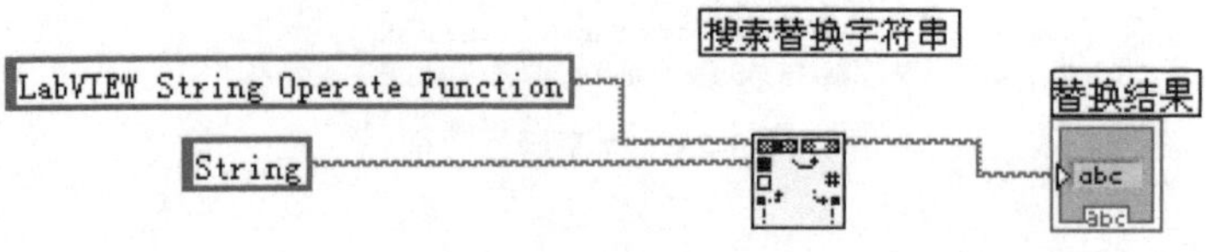

图 3-30　框图程序

3. 运行程序

切换到前面板窗口，单击工具栏“连续运行”按钮，运行程序。

从一个字符串“LabVIEW String Operate Function”中删除与子字符串“String”一致的子字符串。

程序运行界面如图 3-31 所示。

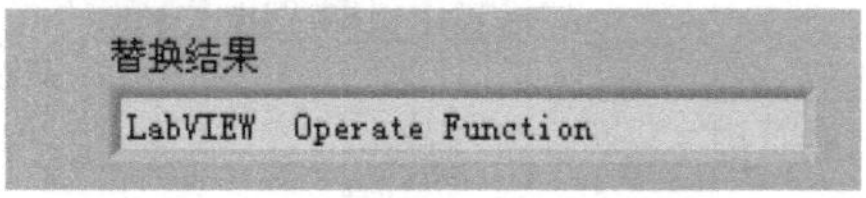

图 3-31　程序运行界面

实例 25　格式化日期/时间字符串

一、设计任务

按指定的格式输出系统时间及日期。

二、任务实现

1. 程序前面板设计

新建 VI。切换到 LabVIEW 的前面板窗口，通过控件选板给程序前面板添加控件。

为了显示结果字符串，添加 1 个字符串显示控件：控件→字符串与路径→字符串显示控件，将标签改为“系统日期与时间”。

设计的程序前面板如图 3-32 所示。

图 3-32　程序前面板

2. 框图程序设计

切换到 LabVIEW 的程序框图窗口，调整控件位置，添加节点与连线。

（1）添加 1 个格式化日期/时间字符串函数：函数→字符串→格式化日期/时间字符串。

（2）添加 1 个字符串常量：函数→字符串→字符串常量，将值改为“%y 年%m 月%d 日%I 时%M 分%S 秒”。

说明：时间格式代码为：%H（24 小时），%I（12 小时），%M（分），%S（秒），%（上、下午），%d（日），%m（月），%y（年份不显示世纪），%Y（年份显示世纪），%a（星期缩写）。

输入时间格式字符串时如果插入其他字符，则将其原样输出。

（3）将字符串常量“%y 年%m 月%d 日 %I 时%M 分%S 秒”与格式化日期/时间字符串函数的输入端口“时间格式化字符串”相连。

（4）将“格式化日期/时间字符串”函数的输出端口“日期/时间字符串”与“系统日期与时间”显示控件的输入端口相连。

连线后的框图程序如图 3-33 所示。

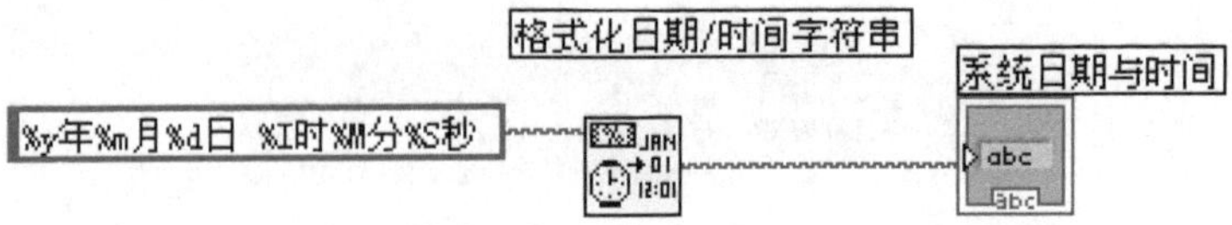

图 3-33　框图程序

3. 运行程序

切换到前面板窗口，单击工具栏“连续运行”按钮，运行程序。

程序运行界面如图 3-34 所示。

图 3-34　程序运行界面

实例 26　格式化写入字符串

一、设计任务

按照指定的格式，将输入数据转换成字符串并连接在一起。

二、任务实现

1. 程序前面板设计

新建 VI。切换到 LabVIEW 的前面板窗口，通过控件选板给程序前面板添加控件。

为了显示结果字符串，添加 1 个字符串显示控件：控件→字符串与路径→字符串显示控件，将标签改为“格式化输出字符串”。

设计的程序前面板如图 3-35 示。

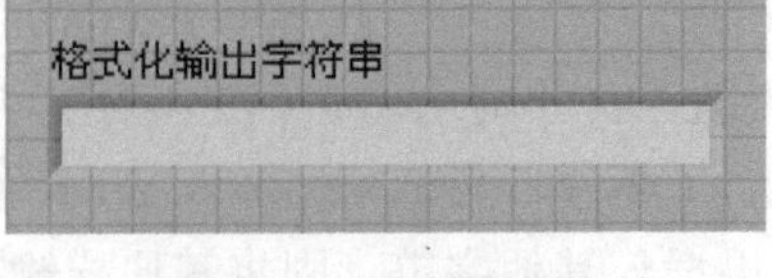

图 3-35　程序前面板

3．运行程序

切换到前面板窗口，单击工具栏“连续运行”按钮，运行程序。

从一个字符串“LabVIEW String Operate Function”中删除与子字符串“String”一致的子字符串。

程序运行界面如图 3-31 所示。

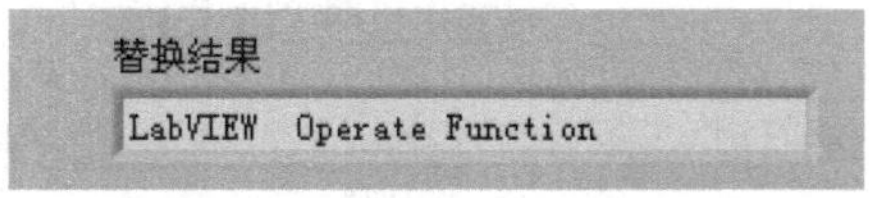

图 3-31　程序运行界面

实例 25　格式化日期/时间字符串

一、设计任务

按指定的格式输出系统时间及日期。

二、任务实现

1．程序前面板设计

新建 VI。切换到 LabVIEW 的前面板窗口，通过控件选板给程序前面板添加控件。

为了显示结果字符串，添加 1 个字符串显示控件：控件→字符串与路径→字符串显示控件，将标签改为“系统日期与时间”。

设计的程序前面板如图 3-32 所示。

图 3-32　程序前面板

2．框图程序设计

切换到 LabVIEW 的程序框图窗口，调整控件位置，添加节点与连线。

（1）添加 1 个格式化日期/时间字符串函数：函数→字符串→格式化日期/时间字符串。

（2）添加 1 个字符串常量：函数→字符串→字符串常量，将值改为“%y 年%m 月%d 日%I 时%M 分%S 秒”。

说明：时间格式代码为：%H（24 小时），%I（12 小时），%M（分），%S（秒），%（上、下午），%d（日），%m（月），%y（年份不显示世纪），%Y（年份显示世纪），%a（星期缩写）。

输入时间格式字符串时如果插入其他字符，则将其原样输出。

（3）将字符串常量“%y 年%m 月%d 日 %I 时%M 分%S 秒”与格式化日期/时间字符串函数的输入端口“时间格式化字符串”相连。

（4）将“格式化日期/时间字符串”函数的输出端口“日期/时间字符串”与“系统日期与时间”显示控件的输入端口相连。

连线后的框图程序如图 3-33 所示。

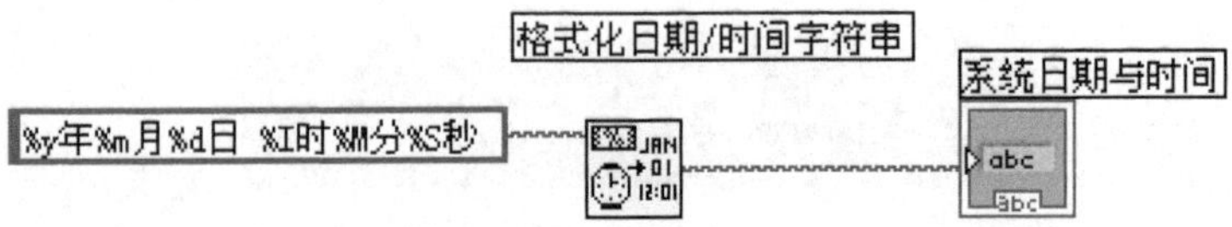

图 3-33　框图程序

3．运行程序

切换到前面板窗口，单击工具栏“连续运行”按钮，运行程序。

程序运行界面如图 3-34 所示。

图 3-34　程序运行界面

实例 26　格式化写入字符串

一、设计任务

按照指定的格式，将输入数据转换成字符串并连接在一起。

二、任务实现

1．程序前面板设计

新建 VI。切换到 LabVIEW 的前面板窗口，通过控件选板给程序前面板添加控件。

为了显示结果字符串，添加 1 个字符串显示控件：控件→字符串与路径→字符串显示控件，将标签改为“格式化输出字符串”。

设计的程序前面板如图 3-35 示。

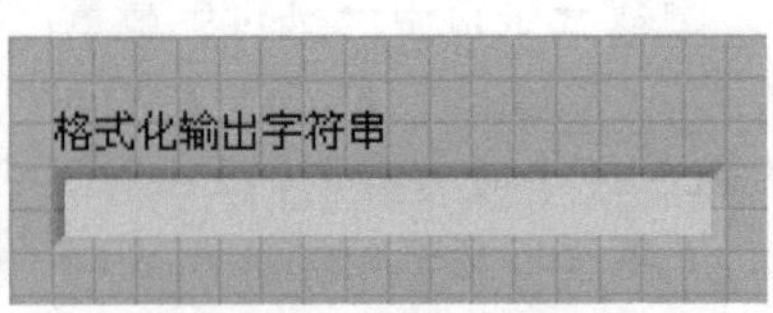

图 3-35　程序前面板

2．框图程序设计

切换到 LabVIEW 的程序框图窗口，调整控件位置，添加节点与连线。

（1）添加 1 个格式化写入字符串函数：函数→字符串→格式化写入字符串。将其输入端口设置为 3 个（选中图标，鼠标放置在下边框矩形框，向下拖拉）。

（2）添加 3 个字符串常量：函数→字符串→字符串常量，将值分别改为“%s %5.2f %s”“String”和“LabVIEW”。

（3）添加 1 个数值常量：函数→数值→数值常量，将值改为“3.141592”。

（4）将字符串常量“%s %5.2f %s”与格式化写入字符串函数的输入端口格式化字符串相连。

（5）将字符串常量“String”“LabVIEW”分别与格式化写入字符串函数的输入端口输入 1 和输入 3 相连。

（6）将数值常量“3.141592”与“格式化写入字符串”函数的输入端口输入 2 相连。

（7）将“格式化写入字符串”函数的输出端口结果字符串与“格式化输出字符串”显示控件相连。

连线后的框图程序如图 3-36 所示。

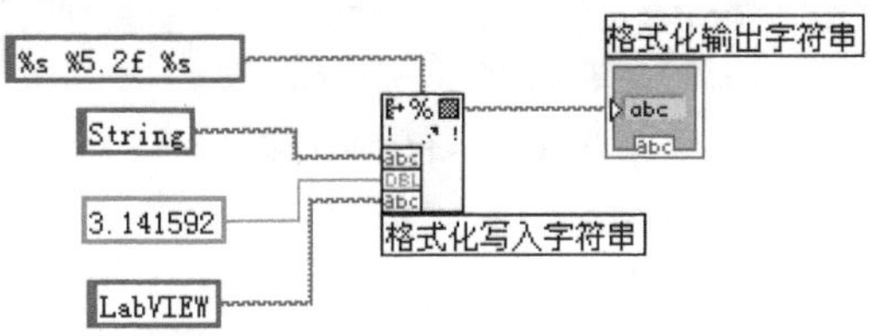

图 3-36　框图程序

3．运行程序

切换到前面板窗口，单击工具栏“连续运行”按钮，运行程序。

把字符串“String”、数字“3.141592”和字符串“LabVIEW”按照指定的格式连接成字符串“String 3.14 LabVIEW”。

程序运行界面如图 3-37 所示。

图 3-37　程序运行界面

实例 27　搜索并拆分字符串

一、设计任务

搜索已有字符串中的字符或字符串，并在该字符处将已有字符串拆分成两个字符串。

二、任务实现

1. 程序前面板设计

新建 VI。切换到 LabVIEW 的前面板窗口，通过控件选板给程序前面板添加控件。

（1）为输入字符串，添加 1 个字符串输入控件：控件→字符串与路径→字符串输入控件，将标签改为“字符串”。

（2）为显示字符串，添加两个字符串显示控件：控件→字符串与路径→字符串显示控件，将标签分别改为“匹配之前的子字符串”和“匹配+剩余字符串”。

（3）为显示偏移量，添加 1 个数值显示控件：控件→数值→数值显示控件，将标签改为“匹配偏移量”。

设计的程序前面板如图 3-38 所示。

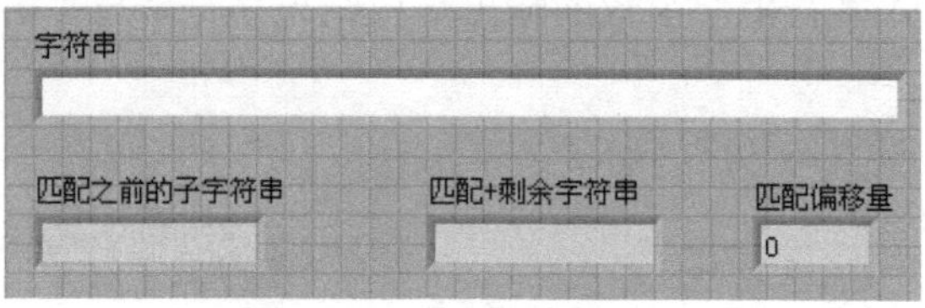

图 3-38　程序前面板

2. 框图程序设计

切换到 LabVIEW 的程序框图窗口，调整控件位置，添加节点与连线。

（1）添加 1 个搜索/拆分字符串函数：函数→字符串→附加字符串函数→搜索/拆分字符串。

说明：该函数“字符串”数据端口连接已有的字符串；“搜索字符串/字符”输入数据端口用于连接搜索的字符或字符串；输出数据端口“匹配之前的子字符串”用于显示字符串被截断处前面的字符串；输出数据端口“匹配+剩余字符串”用于显示字符串被截断处后面的字符串；输出数据端口“匹配偏移量”显示截断字符串的位置。

附加字符串函数选板如图 3-39 所示。

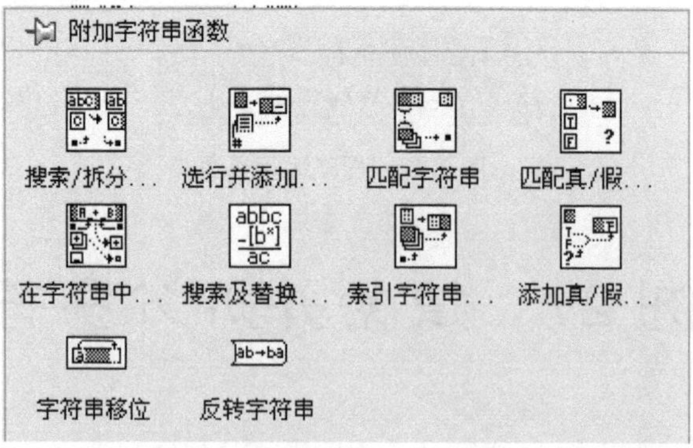

图 3-39　附加字符串函数选板

（2）添加 1 个字符串常量：函数→字符串→字符串常量，将值改为“8.2”。

（3）将字符串输入控件的输出端口与搜索/拆分字符串函数的输入端口“字符串”相连。

（4）将字符串常量“8.2”与搜索/拆分字符串函数的输入端口“搜索字符串/字符”相连。

（5）将搜索/拆分字符串函数的输出端口“匹配之前的子字符串”“匹配+剩余字符串”“匹配偏移量”分别与相应字符串显示控件的输入端口相连。

连线后的框图程序如图 3-40 所示。

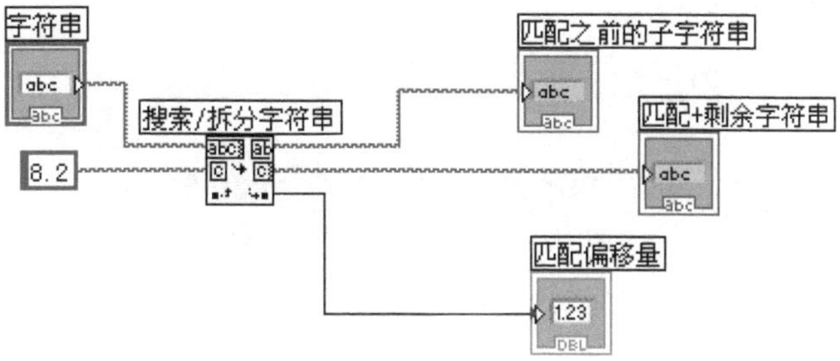

图 3-40　框图程序

3．运行程序

切换到前面板窗口，单击工具栏“连续运行”按钮，运行程序。

从字符串“Study LabVIEW 8.2 从入门到测控应用”中搜索子字符串“8.2”，在该子字符串处将已有字符串拆分成“Study LabVIEW”和“8.2”两个字符串。

程序运行界面如图 3-41 所示。

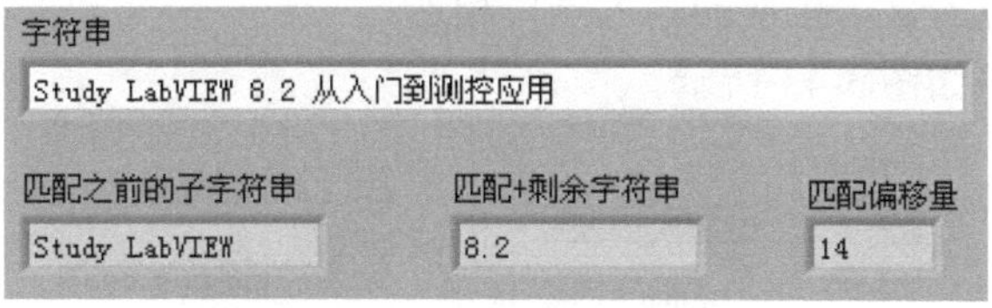

图 3-41　程序运行界面

实例 28　从指定位置拆分字符串

一、设计任务

指定截断字符串的位置，并在该位置将已有的字符串截断成两个子字符串。

二、任务实现

1．程序前面板设计

新建 VI。切换到 LabVIEW 的前面板窗口，通过控件选板给程序前面板添加控件。

（1）为输入字符串，添加 1 个字符串输入控件：控件→字符串与路径→字符串输入控件，将标签改为“字符串”。

（2）为显示字符串，添加两个字符串显示控件：控件→字符串与路径→字符串显示控件，将标签分别改为“匹配之前的子字符串”和“匹配+剩余字符串”。

（3）为显示偏移量，添加 1 个数值显示控件：控件→数值→数值显示控件，将标签改为“匹配偏移量”。

设计的程序前面板如图 3-42 所示。

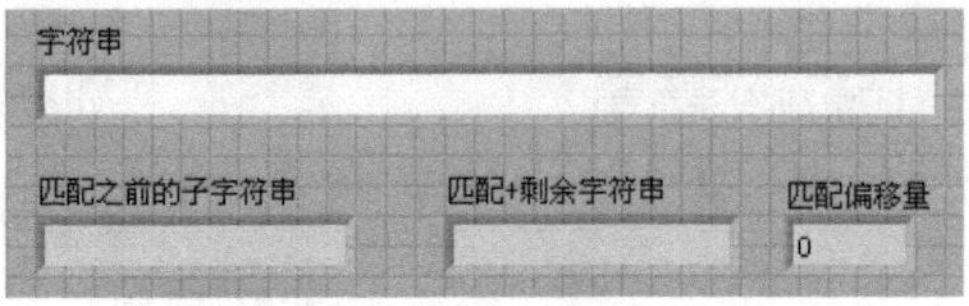

图 3-42　程序前面板

2. 框图程序设计

切换到 LabVIEW 的程序框图窗口，调整控件位置，添加节点与连线。

（1）添加 1 个搜索/拆分字符串函数：函数→字符串→附加字符串函数→搜索/拆分字符串。

（2）添加 1 个数值常量：函数→数值→数值常量，将值改为“18”。

（3）将字符串输入控件的输出端口与搜索/拆分字符串函数的输入端口“字符串”相连。

（4）将数值常量“18”与搜索/拆分字符串函数的输入端口“偏移量”相连。

（5）将搜索/拆分字符串函数的输出端口“匹配之前的子字符串”“匹配+剩余字符串”“匹配偏移量”分别与相应的显示控件的输入端口相连。

连线后的框图程序如图 3-43 所示。

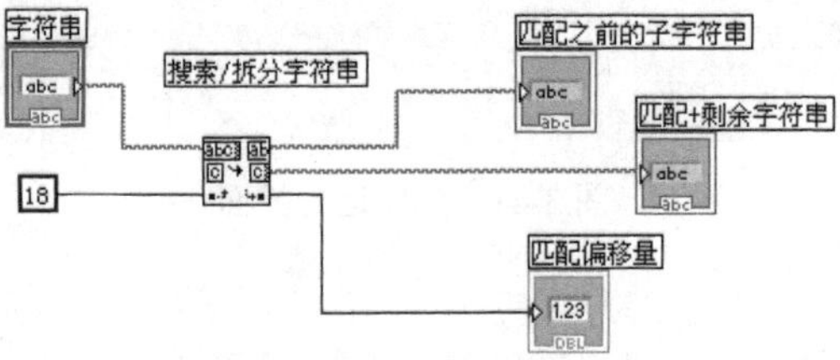

图 3-43　框图程序

3. 运行程序

切换到前面板窗口，单击工具栏“连续运行”按钮，运行程序。

从字符串“Study LabVIEW 8.2 从入门到测控应用”第 18 个字符开始，将该字符串截断成两个子字符串“Study LabVIEW 8.2”和“从入门到测控应用”。

程序运行界面如图 3-44 所示。

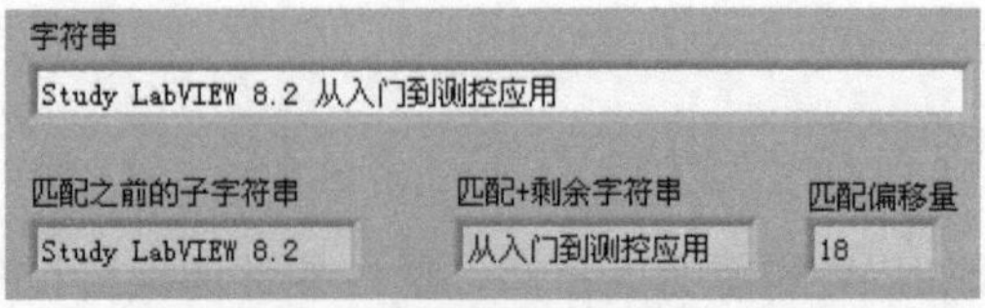

图 3-44　程序运行界面

实例 29　选行并添加至字符串

一、设计任务

从一个多行的字符串中获得某一行，作为一个新的字符串，并且和另外一个字符串进行拼接，重新构成一个字符串。

二、任务实现

1. 程序前面板设计

新建 VI。切换到 LabVIEW 的前面板窗口，通过控件选板给程序前面板添加控件。

（1）为输入字符串，添加 1 个字符串输入控件：控件→字符串与路径→字符串输入控件，将标签改为“字符串”。输入字符串“LabVIEW8.2 测控程序设计”，分成两行。

（2）为显示字符串，添加 1 个字符串显示控件：控件→字符串与路径→字符串显示控件，将标签改为“输出字符串”。

设计的程序前面板如图 3-45 所示。

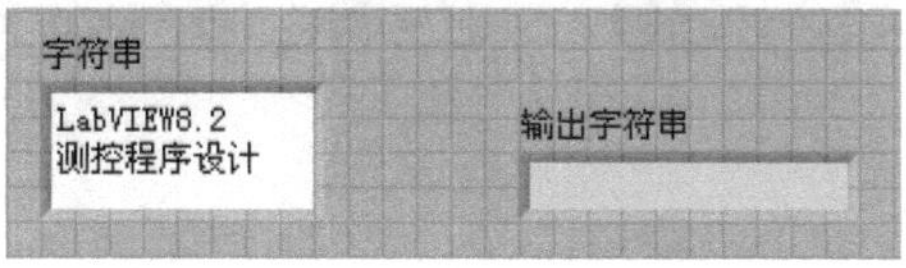

图 3-45　程序前面板

2. 框图程序设计

切换到 LabVIEW 的程序框图窗口，调整控件位置，添加节点与连线。

（1）添加 1 个选行并添加至字符串函数：函数→字符串→附加字符串函数→选行并添加至字符串。

（2）添加 1 个字符串常量：函数→字符串→字符串常量，将值改为“学习”。

（3）添加 1 个数值常量：函数→数值→数值常量，将值改为“0”。

（4）将字符串常量“学习”与选行并添加至字符串函数的输入端口“字符串”相连。

（5）将字符串输入控件的输出端口与选行并添加至字符串函数的输入端口“多行字符串”相连。

（6）将数值常量“0”与选行并添加至字符串函数的输入端口“行索引”相连。

（7）将选行并添加至字符串函数的输出端口“输出字符串”与字符串显示控件的输入端口相连。

连线后的框图程序如图 3-46 所示。

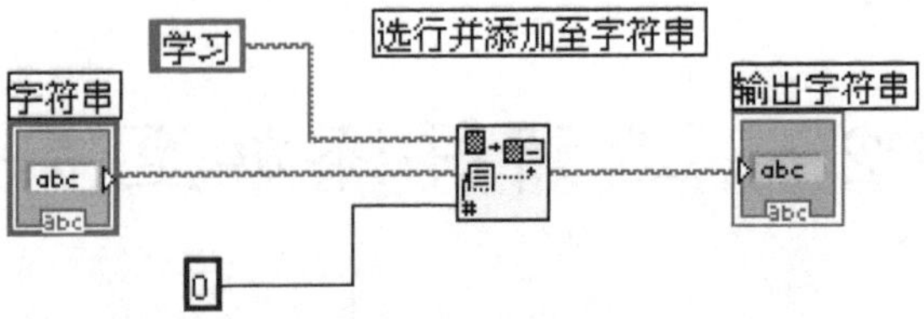

图 3-46　框图程序

3. 运行程序

切换到前面板窗口，单击工具栏“连续运行”按钮，运行程序。

将字符串“LabVIEW8.2 测控程序设计”的第一行“LabVIEW8.2”取出，作为一个新的字符串，并和“学习”字符串进行拼接，将拼接后的结果作为另外一个新的字符串“学习LabVIEW8.2”输出。

程序运行界面如图 3-47 所示。

图 3-47　程序运行界面

实例 30　匹配字符串

一、设计任务

比较一个字符串数组中的每一个字符串，找到数组中与指定字符串相同字符串元素的位置。

二、任务实现

1. 程序前面板设计

新建 VI。切换到 LabVIEW 的前面板窗口，通过控件选板给程序前面板添加控件。

（1）为了输入字符串数组，添加 1 个数组控件：控件→数组、矩阵与簇→数组，标签为“数组”。

再往数组控件中放入字符串输入控件，将数组元素设置为 4 个。

（2）为了显示匹配的字符串位置，添加 1 个数值显示控件：控件→数值→数值显示控件，将标签改为“位置”。

设计的程序前面板如图 3-48 所示。

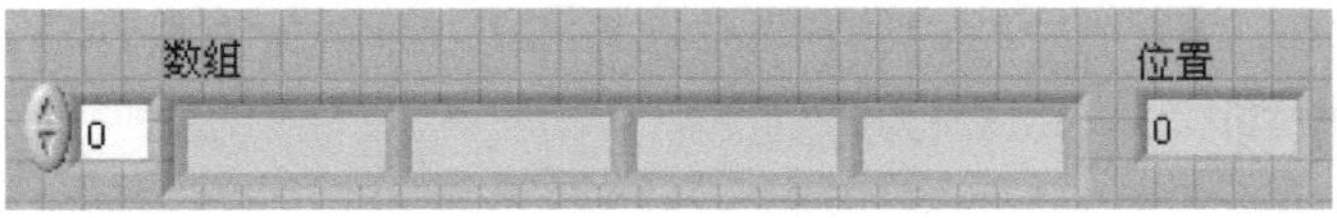

图 3-48　程序前面板

2. 框图程序设计

切换到 LabVIEW 的程序框图窗口，调整控件位置，添加节点与连线。

（1）添加 1 个匹配字符串函数：函数→字符串→附加字符串函数→匹配字符串。

（2）添加 1 个字符串常量：函数→字符串→字符串常量，将值改为“字符串”。

（3）将字符串常量“字符串”与匹配字符串函数的输入端口“字符串”相连。

（4）将数组控件的输出端口与匹配字符串函数的输入端口“字符串数组”相连。

（5）将匹配字符串函数的输出端口“索引”与数值显示控件的输入端口相连。

连线后的框图程序如图 3-49 所示。

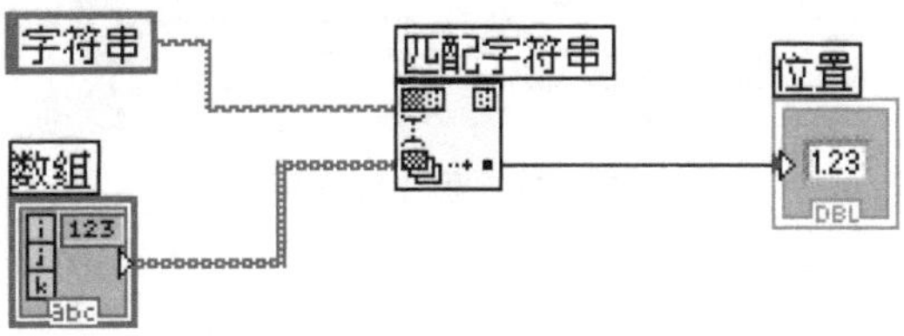

图 3-49　框图程序

3. 运行程序

切换到前面板窗口，单击工具栏“连续运行”按钮，运行程序。

在本程序中，数组包含“数组”“字符串”“簇”和“波形数据”4 个元素，其中“字符串”处于第 1 个位置（第一个元素的位置为 0），因而位置输出为“1”。

程序运行界面如图 3-50 所示。

图 3-50　程序运行界面

实例 31　匹配真/假字符串

一、设计任务

判断已有的字符串与其他两个字符串中的哪一个匹配。即用一个字符串与其他两个字符串相比较，如果和第一个字符串匹配，那么给出“真”信息，反之，给出“假”信息。

二、任务实现

1. 程序前面板设计

新建 VI。切换到 LabVIEW 的前面板窗口，通过控件选板给程序前面板添加控件。

（1）为了输入字符串，添加 3 个字符串输入控件：控件→字符串与路径→字符串输入控件，将标签分别改为“字符串”“字符串 1”和“字符串 2”。

（2）为了显示比较结果，添加 1 个指示灯控件：控件→布尔→圆形指示灯，将标签改为“结果”。

设计的程序前面板如图 3-51 所示。

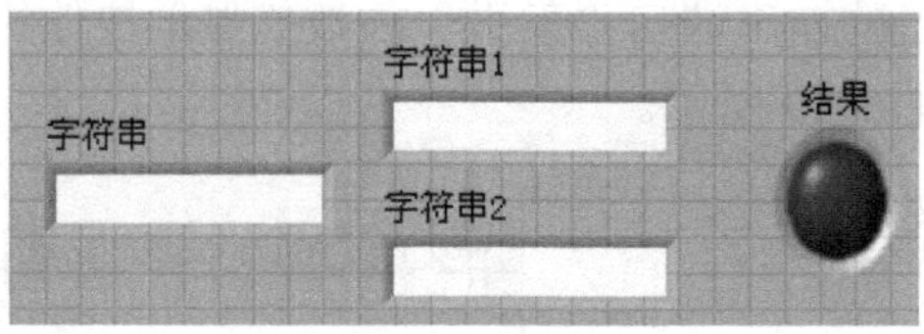

图 3-51　程序前面板

2. 框图程序设计

切换到 LabVIEW 的程序框图窗口，调整控件位置，添加节点与连线。

（1）添加 1 个匹配真/假字符串函数：函数→字符串→附加字符串函数→匹配真/假字符串。

（2）将字符串、字符串 1、字符串 2 输入控件的输出端口分别与匹配真/假字符串的输入端口“字符串”“真字符串”“假字符串”相连。

（3）将匹配真/假字符串函数的输出端口“选择”与指示灯控件的输入端口相连。

连线后的框图程序如图 3-52 所示。

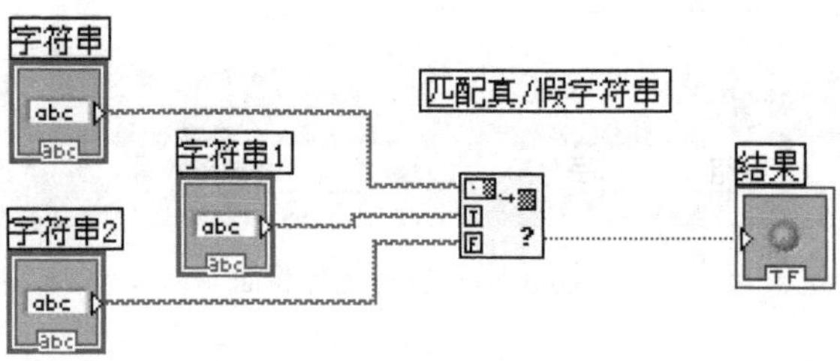

图 3-52　框图程序

3. 运行程序

切换到前面板窗口，单击工具栏“连续运行”按钮，运行程序。

字符串“LabVIEW 8.2”与“LabVIEW 8.2”“LabVIEW7.1”两个字符串相比较，字符串“LabVIEW 8.2”与“LabVIEW7.1”分别连接函数的“真字符串”和“假字符串”两个输入数据端口，原有的字符串和连接“真字符串”的字符串相匹配，并给出“真”信息，指示灯颜色变化。

程序运行界面如图 3-53 所示。

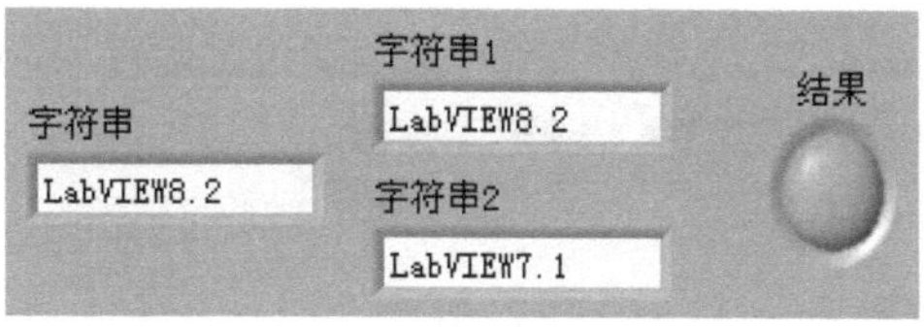

图 3-53　程序运行界面

实例 32　组合框

一、设计任务

通过组合框下拉列表选择不同的字符串，以不同的方式显示。

二、任务实现

1. 程序前面板设计

新建 VI。切换到 LabVIEW 的前面板窗口，通过控件选板给程序前面板添加控件。

（1）添加 1 个组合框控件用于输入选择：控件→字符串与路径→组合框。标签为“组合框”。

（2）添加 1 个字符串显示控件用于字符串正常显示：控件→字符串与路径→字符串显示控件。将标签改为“字符串正常显示”。

（3）添加 1 个字符串显示控件用于字符串密码形式显示：控件→字符串与路径→字符串显示控件。将标签改为“密码形式显示”。右击该字符串显示控件，在弹出的快捷菜单中选择“密码显示”。

设计的程序前面板如图 3-54 所示。

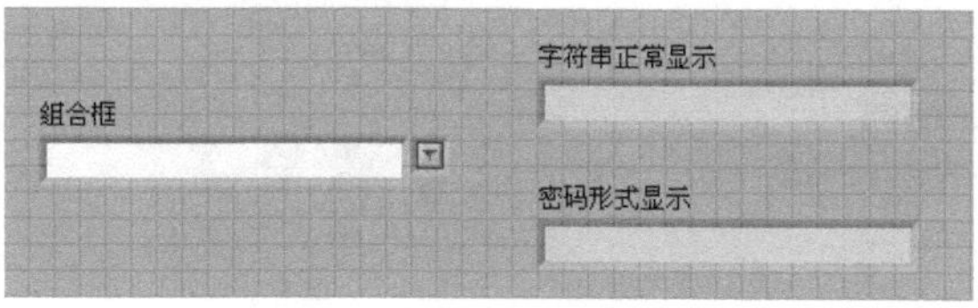

图 3-54　程序前面板

2. 组合框编辑

右击前面板组合框控件，在弹出的快捷菜单中选择“编辑项”命令，出现“组合框属性”对话框，如图 3-55 所示。

单击“Insert”（“插入”）按钮，在左侧输入“LabVIEW”，再重复单击 “Insert”（“插入”）按钮 2 次，分别输入“2015”和“登录密码”。选择字符串，单击“上移”或“下移”按钮可调整字符串位置。下拉列表编辑完成后，单击“确定”按钮确认。

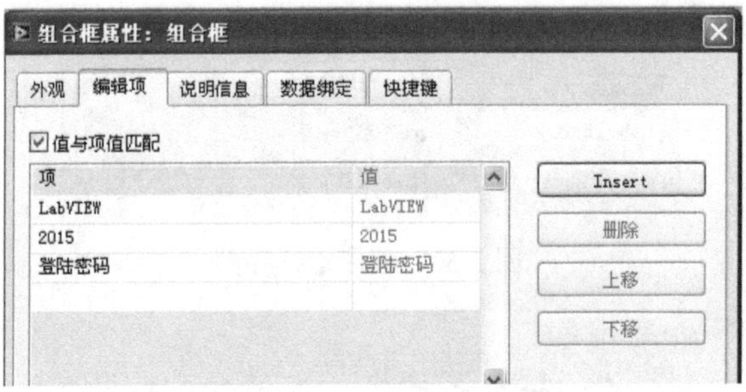

图 3-55　组合框属性设置

3．框图程序设计

切换到 LabVIEW 的程序框图窗口，调整控件位置。

将组合框控件的输出端口分别与“字符串正常显示”控件、“密码形式显示”控件的输入端口相连。

连线后的框图程序如图 3-56 所示。

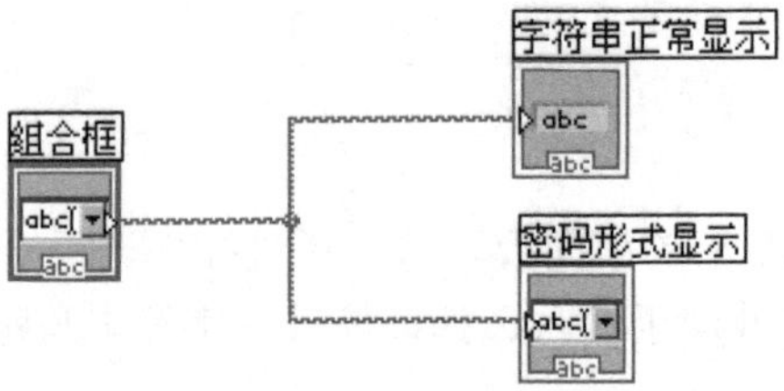

图 3-56　框图程序

4．运行程序

切换到前面板窗口，单击工具栏“连续运行”按钮，运行程序。

单击组合框右侧的箭头出现一下拉列表，选择不同的值，分别正常显示和密码显示。

程序运行界面如图 3-57 所示。

图 3-57　程序运行界面

第 4 章　数组数据与矩阵

在程序设计语言中，“数组”是一种常用的数据类型，是相同数据类型的数据的集合，是一种存储和组织相同类型数据的良好方式。

本章通过实例介绍了数组数据的创建和常用数组函数的使用，还介绍了矩阵的应用。

实例基础　数组数据概述

1．数组数据的组成

LabVIEW 中的数组是由同一类型数据元素组成的大小可变的集合，这些元素可以是数值型、布尔型、字符型等各种类型，也可以是簇，但是不能是数组。这些元素必须同时都是控件或同时都是指示器。在前面板的数组对象往往由一个盛放数据的容器和数据本身构成，在后面板上则体现为一个一维或多维矩阵。

数组可以是一维的，也可以是多维的。一维数组是一行或一列数据，可以描绘平面上的一条曲线。二维数组是由若干行和列数据组成的，可以在一个平面上描绘多条曲线。三维数组由若干页组成，每一页是一个二维数组。

LabVIEW 是图形化编程语言，因此，LabVIEW 中数组的表现形式与其他语言有所不同，数组由 3 部分组成：数据类型、数据索引和数据，其中数据类型隐含在数据中，如图 4-1 所示。

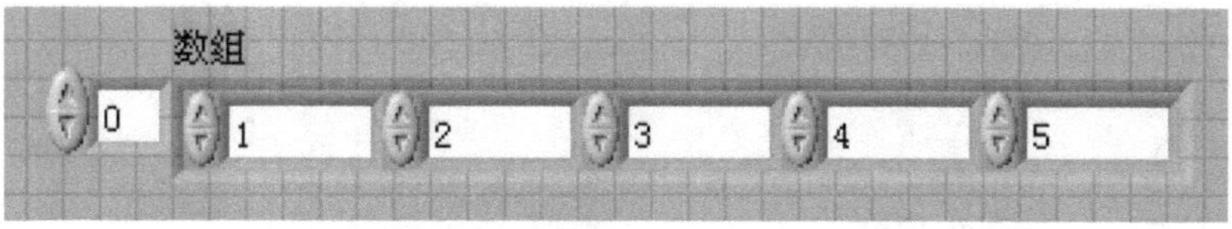

图 4-1　一维数组的组成

在数组中，数组元素位于右侧的数组框架中，按照元素索引由小到大的顺序，从左至右或从上至下排列，图 4-1 仅显示了数组元素由左至右排列时的情形。数组左侧为索引显示，其中的索引值是位于数组框架中最左面或最上面元素的索引值，这样做是由于数组中能够显示的数组元素个数是有限的，用户通过索引显示可以很容易地查看数组中的任何一个元素。

对数组成员的访问是通过数组索引进行的，数组中的每一个元素都有其唯一的索引数值，可以通过索引值来访问数组中的数据。索引值的范围是 $0\sim n-1$，n 是数组成员的数目。每一个数组成员有一个唯一的索引值，数组索引值从 0 开始，到 $n-1$ 结束。例如，图 4-2 中二维数组里的数值 9 的行索引值是 1，列索引值是 3。

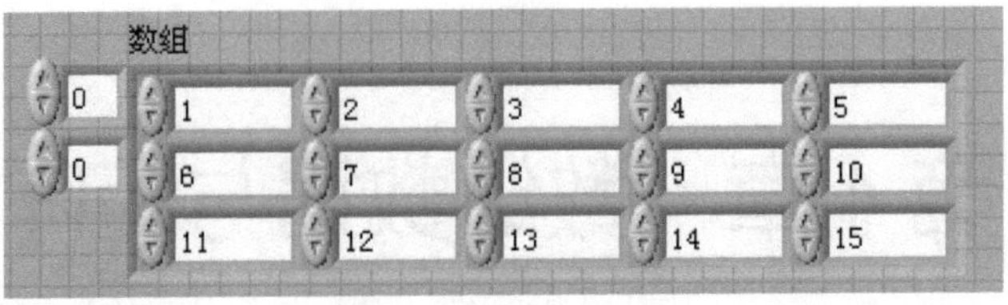

图 4-2　二维数组的组成

LabVIEW 中的数组比其他编程语言灵活。如 C 语言，在使用一个数组时，必须首先定义该数组的长度，但 LabVIEW 却不必如此，它会自动确定数组的长度。数组中元素的数据类型必须完全相同，如都是无符号 16 位整数，或都是布尔型等。

2. 数组数据的创建

在 LabVIEW 中，可以用多种方法来创建数组数据。其中常用的有以下三种方式：第一，在前面板上创建数组数据；第二，在框图程序中创建数组数据；第三，用函数、VIs 及 Express VIs 动态生成数组数据。

1）在前面板上创建数组

在前面板设计时，数组的创建分两步进行：

（1）从控件选板的数组、矩阵与簇子选板中选择数组框架，如图 4-3（b）所示。注意，此时创建的只是一个数组框架，不包含任何内容，对应在框图程序中的端口只是一个黑色中空的矩形图标。

（2）根据需要将相应数据类型的前面板对象放入数组框架中。可以直接从控件选板中选择对象放进数组框架内，也可以把前面板上已有的对象拖进数组框架内。这个数组的数据类型以及它是控件还是指示器，完全取决于放入的对象。

图 4-3（c）所示的是将一个数值量输入控件放入数组框架，这样就创建了一个数值类型数组（数组的属性为输入）。从图 4-3（c）中可以看出，当数组创建完成之后，数组在框图程序中相应的端口就变为相应颜色和数据类型的图标了。

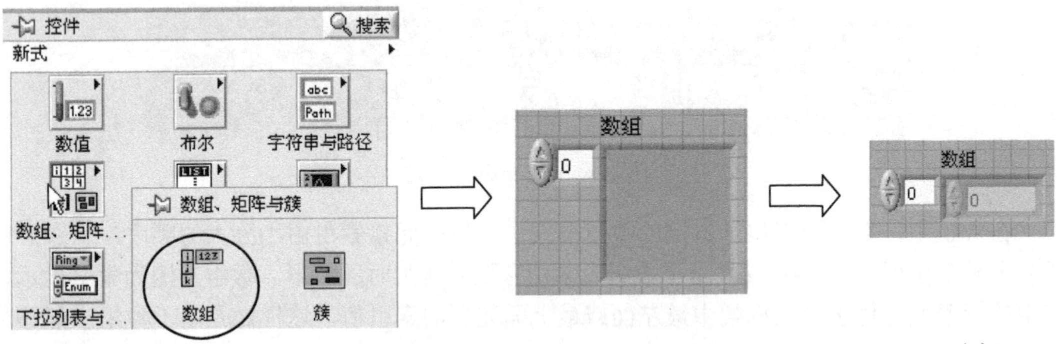

(a)　　(b)　　(c)

图 4-3　在前面板上创建数组

数组在创建之初都是一维数组，如果需要创建一个多维数组，则需要把定位工具放在数组索引框任意一角轻微移动，向上或向下拖动鼠标增加索引框数量就可以增加数组的维数，如图 4-4（a）所示；或者在索引框上的弹出菜单中选择“添加维度”命令，图 4-4（b）所示为已经变为二维数组。

在图 4-4（b）中有两个索引框，上面一个是行索引，下面一个是列索引。光标放在数组索引框左侧时不仅可以上下拖动增加索引框数量，还可以向左拖动扩大索引框面积。刚刚创建的数组只显示一个成员，如果需要显示更多的数组成员，则需要把定位工具放在数组数据显示区任意一角，当光标形状变成网状折角时，向任意方向拖动增加数组成员数量就可以显示更多数据，如图 4-4（b）所示。数组索引框中的数值是显示在左上角的数组成员的索引值。

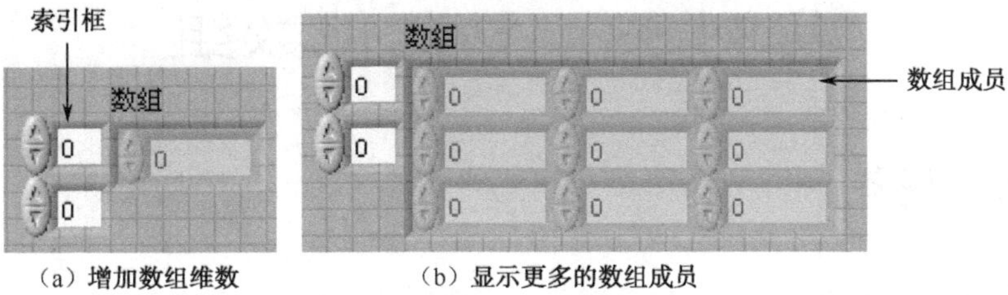

图 4-4　增加数组成员

2）在框图程序中创建数组常量

在框图程序中创建数组常量最一般的方法类似于在前面板上创建数组。

先从函数选板的数组子选板中选择数组常量对象放到框图程序窗口中，然后根据需要选择一个数据常量放到空数组中。图 4-5 中选择了一个字符型常量，然后用标签工具给它赋值 abc。

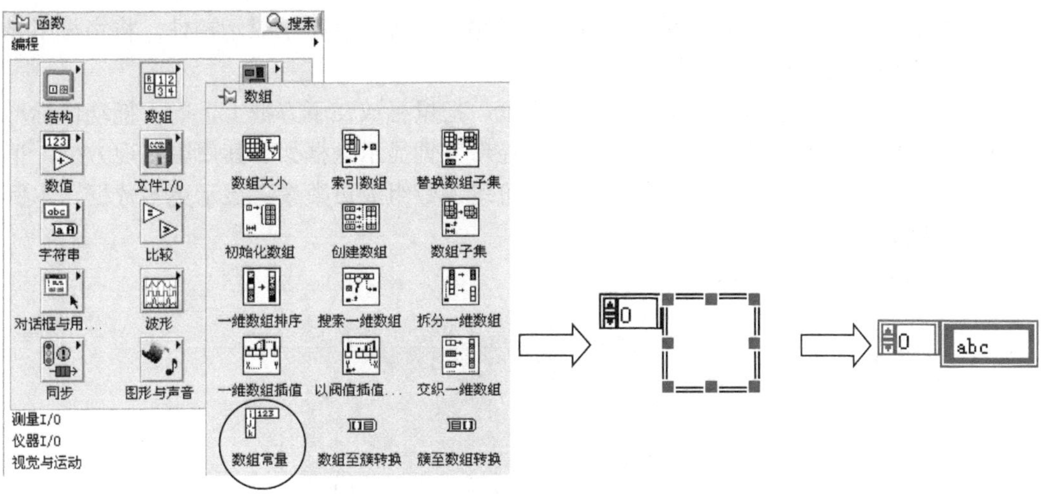

图 4-5　在框图程序中创建数组常量

3）数组成员赋值

用上述方法创建的数组是空的，从外观上看数组成员都显示为灰色，根据需要用操作工具或定位工具为数组成员逐个赋值。若跳过前面的成员为后面的成员赋值，则前面成员根据数据类型自动赋一个空值，例如，0、F 或空字符串。数组赋值后，在赋值范围以外的成员显示仍然是灰色的。

其他创建数组的方法包括：用数组函数创建数组；用某些 VI 的输出参数创建数组；用程序结构创建数组。

3. 数组数据的使用

在框图程序设计中，对一个数组进行操作，无非是求数组的长度、对数据排序、取出数组中的元素、替换数组中的元素或初始化数组等各种运算。传统编程语言主要依靠各种数组函数来实现这些运算，而在 LabVIEW 中，这些函数是以功能函数节点的形式来表现的。

实例 33　初始化数组

一、设计任务

使用初始化数组函数建立一个所有成员全部相同的数组。

二、任务实现

1. 程序前面板设计

新建 VI。切换到 LabVIEW 的前面板窗口，通过控件选板给程序前面板添加控件。

（1）添加 1 个数组控件：控件→数组、矩阵与簇→数组。标签为“数组”。

（2）添加 1 个字符串显示控件：控件→字符串与路径→字符串显示控件。将字符串显示控件移到数组控件数据显示区框架中。

（3）选中数组控件索引框，其周围出现方框，把鼠标放在下方框上，向下拖动鼠标增加索引框数量，将数组维数设置为 2；选中数组控件数据显示区框架，其周围出现方框，把鼠标放在下方框或右方框上，向下和向右拖动就可增加数组成员数量，显示更多数据，本例将成员数量设置为 3 行 4 列。

设计的程序前面板如图 4-6 所示。

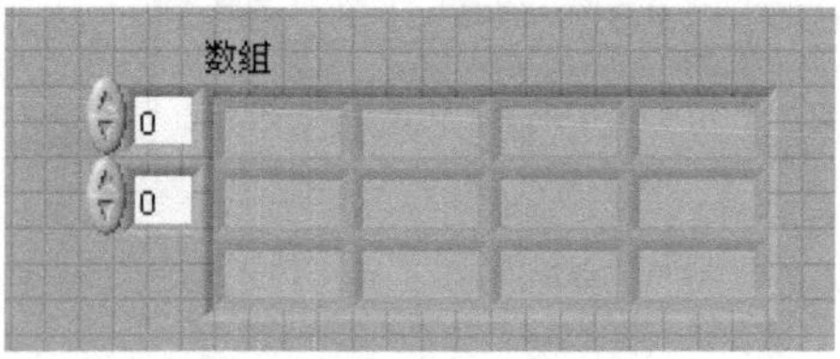

图 4-6　程序前面板

2. 框图程序设计

切换到 LabVIEW 的程序框图窗口，添加节点与连线。

（1）添加 1 个初始化数组函数：函数→数组→初始化数组。把鼠标放在函数节点下方框上，向下拖动将输入端口“维数大小”设置为 2 个。

（2）添加 1 个字符串常量：函数→字符串→字符串常量。将值设为“a”。

（3）添加 2 个数值常量：函数→数值→数值常量。将值分别设为“3”和“4”。

（4）将字符串常量“a”与初始化数组函数的输入端口“元素”相连。
（5）将数值常量“3”“4”分别与初始化数组函数的 2 个输入端口“维数大小”相连。
（6）将初始化数组函数的输出端口“初始化的数组”与数组控件的输入端口相连。
连线后的框图程序如图 4-7 所示。

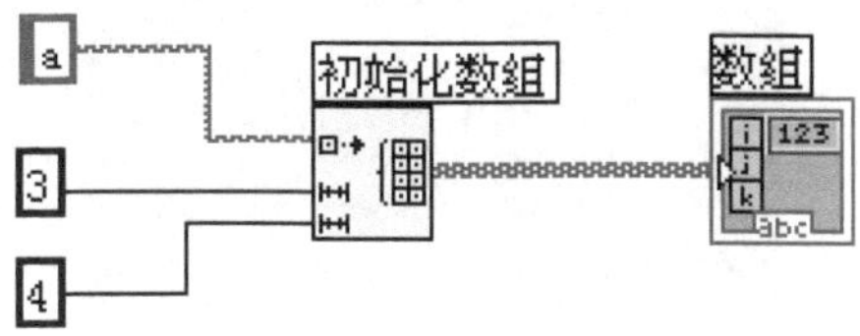

图 4-7　框图程序

3. 运行程序

切换到前面板窗口，单击工具栏“运行”按钮，运行程序。
本例创建了一个 3 行 4 列、所有成员都是“a”的字符串常量数组。
程序运行界面如图 4-8 所示。

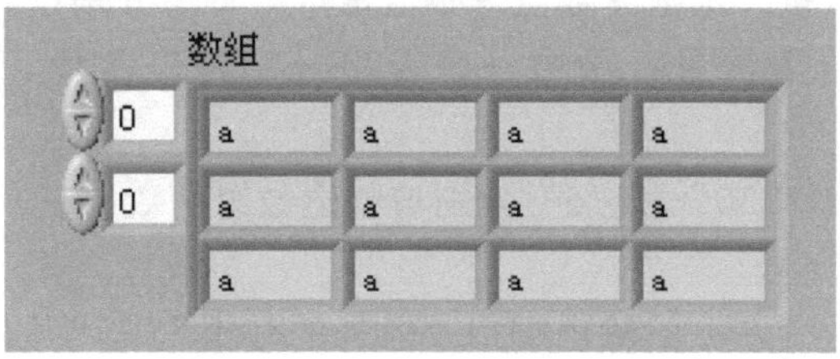

图 4-8　程序运行界面

实例 34　创建一维数组

一、设计任务

将多个数值或字符串创建成一个一维数组。

二、任务实现

1. 程序前面板设计

新建 VI。切换到 LabVIEW 的前面板窗口，通过控件选板给程序前面板添加控件。
（1）添加 1 个数组控件：控件→数组、矩阵与簇→数组。标签为“数值数组”。
（2）添加 1 个数值显示控件：控件→数值→数值显示控件。将数值显示控件移到“数值数组”控件数据显示区框架中。将“数值数组”成员数量设置为 3 列。
（3）添加 1 个数组控件：控件→数组、矩阵与簇→数组。标签为“字符串数组”。

（4）添加 1 个字符串显示控件：控件→字符串与路径→字符串显示控件。将字符串显示控件移到“字符串数组”控件数据显示区框架中。将“字符串数组”成员数量设置为 3 列。

设计的程序前面板如图 4-9 所示。

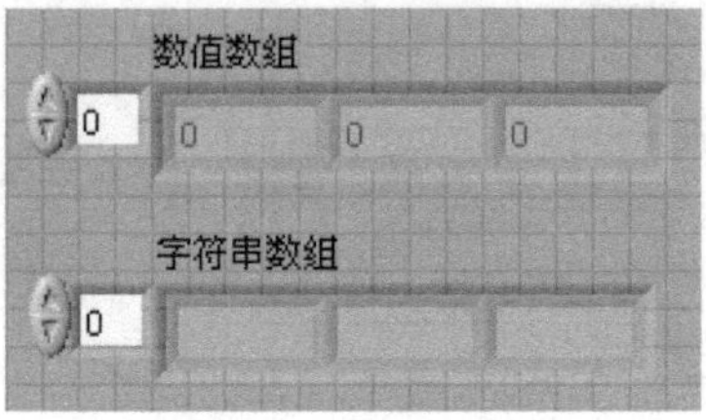

图 4-9　程序前面板

2. 框图程序设计

切换到 LabVIEW 的程序框图窗口，调整控件位置，添加节点与连线。

（1）添加 2 个创建数组函数：函数→数组→创建数组。把鼠标放在函数节点下方框上，向下拖动将输入端口“元素”设置为 3 个。

（2）添加 3 个数值常量：函数→数值→数值常量。将值分别设为“12”“30”和“5”。

（3）添加 3 个字符串常量：函数→字符串→字符串常量。将值分别设为“Study”“LabVIEW”和“2015”。

（4）将数值常量“12”“30”和“5”分别与创建数组函数（左）的 3 个输入端口“元素”相连。

（5）将创建数组函数（左）的输出端口“添加的数组”与“数值数组”控件的输入端口相连。

（6）将字符串常量“Study”“LabVIEW”和“2015”分别与创建数组函数（右）的 3 个输入端口“元素”相连。

（7）将创建数组函数（右）的输出端口“添加的数组”与“字符串”数组控件的输入端口相连。

连线后的框图程序如图 4-10 所示。

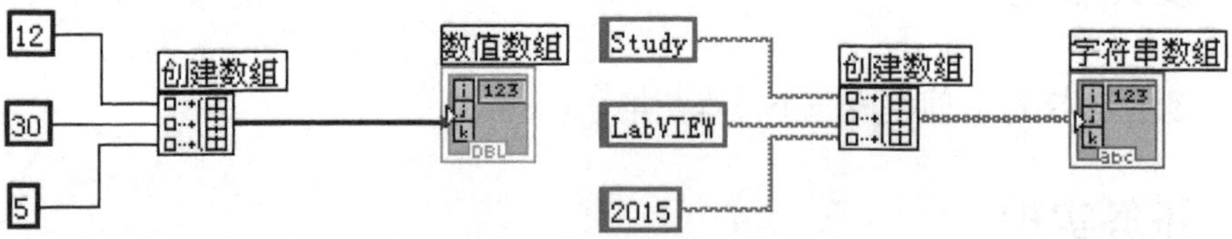

图 4-10　框图程序

3. 运行程序

切换到前面板窗口，单击工具栏“运行”按钮，运行程序。

本例中将 3 个数值形成一个一维数值数组，将 3 个字符串形成一个一维字符串数组。

程序运行界面如图 4-11 所示。

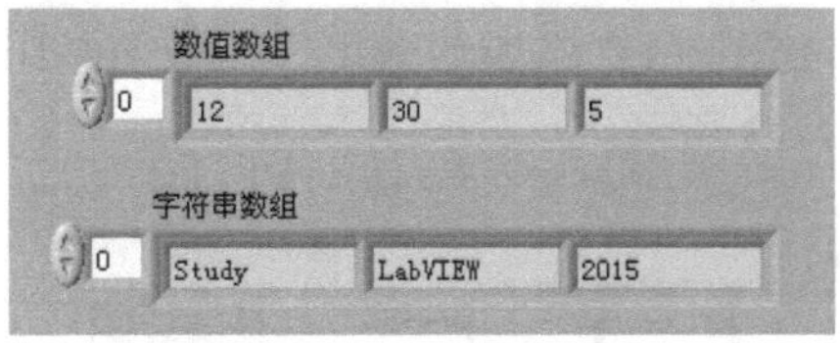

图 4-11　程序运行界面

实例 35　创建二维数组

一、设计任务

将多个一维数组创建成一个二维数组。

二、任务实现

1．程序前面板设计

新建 VI。切换到 LabVIEW 的前面板窗口，通过控件选板给程序前面板添加控件。

（1）添加 1 个数组控件：控件→数组、矩阵与簇→数组。标签为“数组”。

（2）添加 1 个数值显示控件：控件→数值→数值显示控件。将数值显示控件移到数组控件数据显示区框架中。先将数组维数设置为 2，再将成员数量设置为 2 行 3 列。

设计的程序前面板如图 4-12 所示。

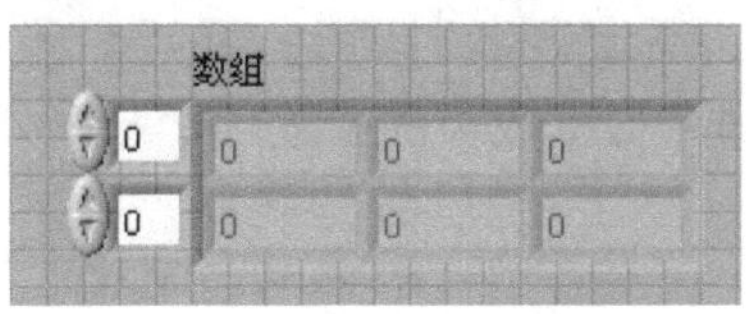

图 4-12　程序前面板

2．框图程序设计

切换到 LabVIEW 的程序框图窗口，添加节点与连线。

（1）添加 1 个创建数组函数：函数→数组→创建数组。把鼠标放在函数节点下方框上，向下拖动将输入端口“元素”设置为 2 个。

（2）添加 1 个数组常量：函数→数组→数组常量。向数组常量数据显示框架中添加数值常量。把鼠标放在数组常量右侧方框上，向右拖动将数组常量列数设置为 3，分别输入数值“1”“2”和“3”。

（3）再添加 1 个数组常量：函数→数组→数组常量。向数组常量数据显示框架中添加数值常量。把鼠标放在数组常量右侧方框上，向右拖动将数组常量列数设置为 3，分别输入数值“4”“5”和“6”。

（4）将 2 个数组常量分别与创建数组函数的 2 个输入端口“元素”相连。

（5）将创建数组函数的输出端口“添加的数组”与数值数组控件的输入端口相连。
连线后的框图程序如图 4-13 所示。

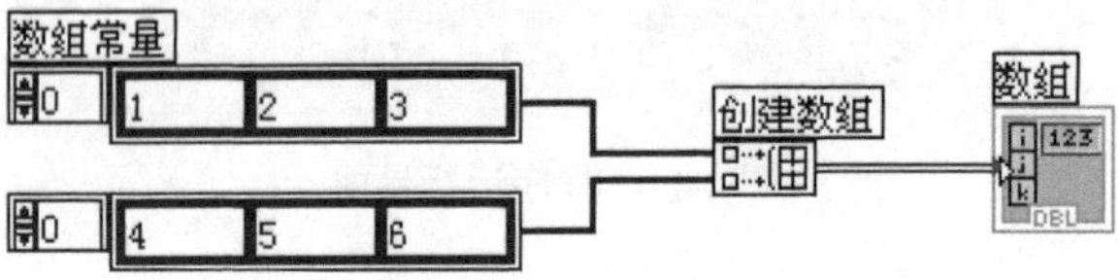

图 4-13 框图程序

3. 运行程序

切换到前面板窗口，单击工具栏“运行”按钮，运行程序。
本例将两个一维数组合成一个二维数组。
程序运行界面如图 4-14 所示。

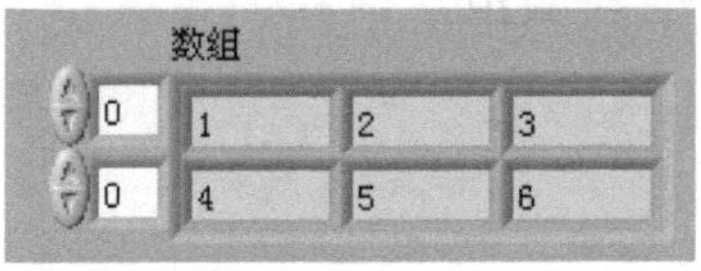

图 4-14 程序运行界面

实例 36 计算数组大小

一、设计任务

计算一维或二维数组每一维中数据成员的个数。

二、任务实现

1. 程序前面板设计

新建 VI。切换到 LabVIEW 的前面板窗口，通过控件选板给程序前面板添加控件。
（1）添加 1 个数值显示控件：控件→数值→数值显示控件，将标签改为“一维数组大小”。
（2）添加 1 个数组控件：控件→数组、矩阵与簇→数组，将标签改为“二维数组大小”。
将数值显示控件放入数组框架中，将成员数量设置为 2 列。
设计的程序前面板如图 4-15 所示。

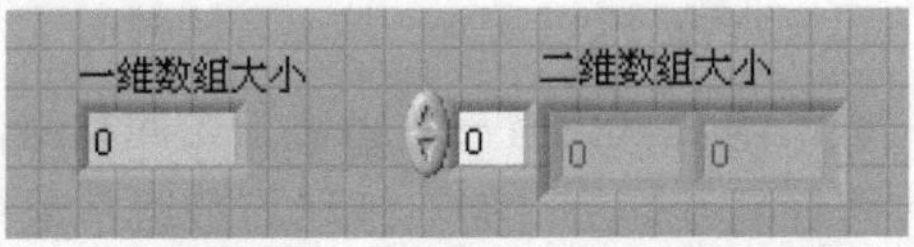

图 4-15 程序前面板

2. 框图程序设计

切换到 LabVIEW 的程序框图窗口，调整控件位置，添加节点与连线。

（1）添加两个计算数组大小函数：函数→数组→数组大小。

（2）添加两个数组常量：函数→数组→数组常量。

向第一个数组常量中添加数值常量，成员数量设置为 1 行 7 列，并输入 7 个数值。

向第二个数组常量中添加字符串常量，将维数设置为 2，成员数量设置为 2 行 8 列，并输入字符串。

（3）将数值数组常量与第一个数组大小函数的输入端口“数组”相连。

（4）将字符串数组常量与第二个数组大小函数的输入端口“数组”相连。

（5）将第一个数组大小函数的输出端口“大小”与一维数组大小显示控件的输入端口相连。

（6）将第二个数组大小函数的输出端口“大小”与二维数组大小显示控件的输入端口相连。

连线后的框图程序如图 4-16 所示。

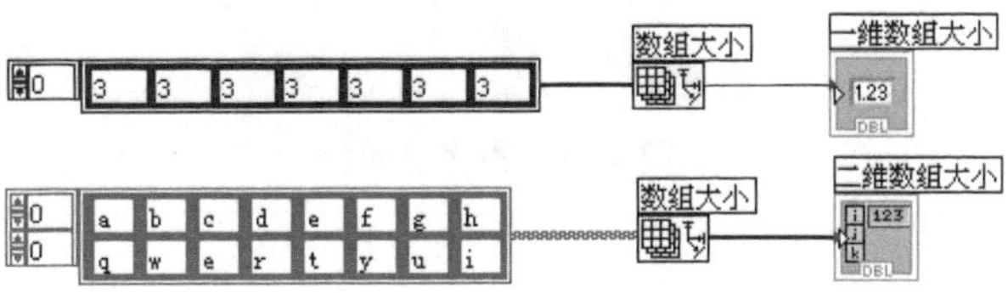

图 4-16　框图程序

3. 运行程序

切换到前面板窗口，单击工具栏“运行”按钮，运行程序。

给数组大小函数连接一维数组时，它返回一个数值 7，表示数组有 7 个成员；给它连接二维数组时，它返回一个一维数组，前一个数值表示输入的二维数组有 2 行，后一个数值表示输入的二维数组有 8 列。

程序运行界面如图 4-17 所示。

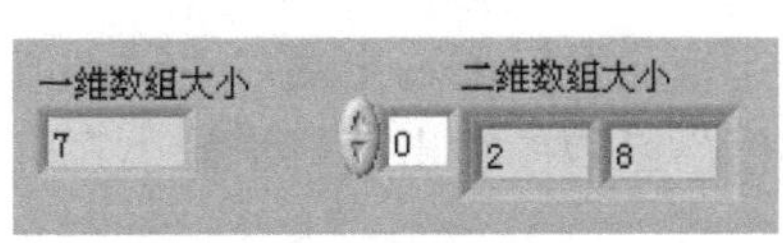

图 4-17　程序运行界面

实例 37　求数组最大值与最小值

一、设计任务

找出数组中元素的最大值和最小值及其所在位置的索引值。

二、任务实现

1. 程序前面板设计

新建 VI。切换到 LabVIEW 的前面板窗口，通过控件选板给程序前面板添加控件。

（1）添加两个数值显示控件：控件→数值→数值显示控件，将标签分别改为“最大值”和“最小值”。

（2）添加两个数组控件：控件→数组、矩阵与簇→数组，将标签分别改为“最大值索引”和“最小值索引”。

将数值显示控件放入两个数组框架中，将成员数量均设置为 2 列。

设计的程序前面板如图 4-18 所示。

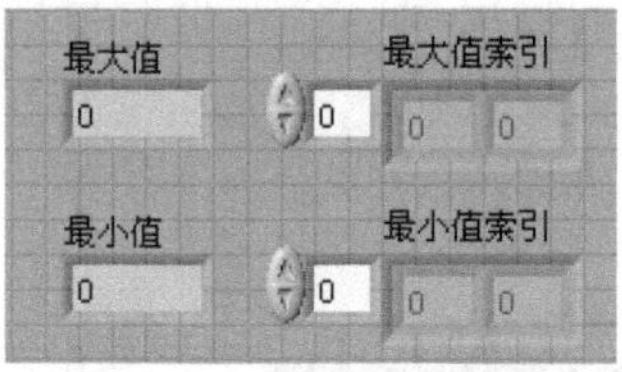

图 4-18　程序前面板

2. 框图程序设计

切换到 LabVIEW 的程序框图窗口，调整控件位置，添加节点与连线。

（1）添加 1 个数组最大值与最小值函数：函数→数组→数组最大值与最小值。

（2）添加 1 个数组常量：函数→数组→数组常量。往数组常量中添加数值常量，将维数设置为 2，成员数量设置为 5 行 7 列，并输入数值。

（3）将数值数组常量与“数组最大值与最小值”函数的输入端口“数组”相连。

（4）将“数组最大值与最小值”函数的输出端口“最大值”与最大值显示控件输入端口相连，将“数组最大值与最小值”函数的输出端口“最大索引”与最大值索引显示控件输入端口相连。

（5）将“数组最大值与最小值函数”的输出端口“最小值”和最小值显示控件输入端口相连，将“数组最大值与最小值”函数的输出端口“最小索引”和最小值索引显示控件输入端口相连。

连线后的框图程序如图 4-19 所示。

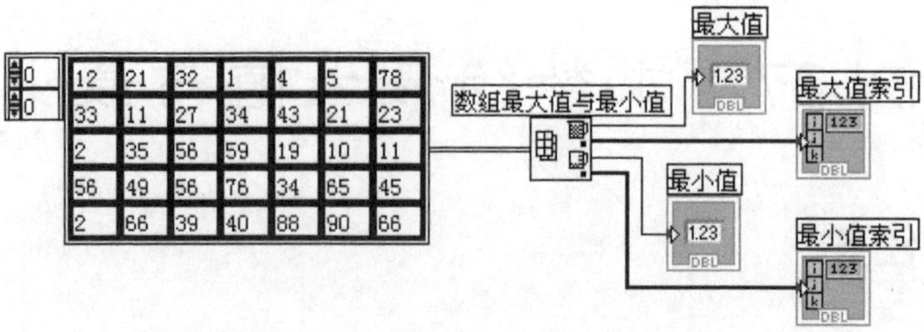

图 4-19　框图程序

3．运行程序

切换到前面板窗口，单击工具栏“运行”按钮，运行程序。

本例是一个二维数组，其最大值是 90，在第 4 行第 5 列；最小值是 1，在第 0 行第 3 列。

如果在一个数组中有多个相同的最大值和最小值，则索引值为第一个最大值或最小值的索引值。

程序运行界面如图 4-20 所示。

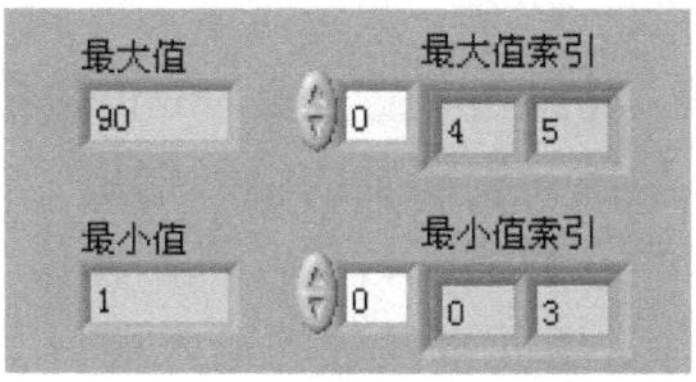

图 4-20　程序运行界面

实例 38　删除数组元素

一、设计任务

从一个数组中删除一些行或一些列。

二、任务实现

1．程序前面板设计

新建 VI。切换到 LabVIEW 的前面板窗口，通过控件选板给程序前面板添加控件。

添加 2 个数组控件：控件→数组、矩阵与簇→数组，将标签分别改为“被删除的数组”和“被删除后的数组”。

将数值显示控件放入两个数组框架中，将维数均设置为 2，成员数量均设置为 4 行 6 列。

设计的程序前面板如图 4-21 所示。

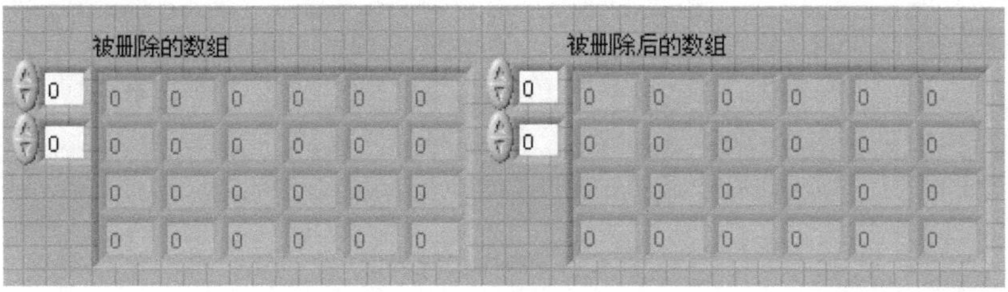

图 4-21　程序前面板

2. 框图程序设计

切换到 LabVIEW 的程序框图窗口，调整控件位置，添加节点与连线。

（1）添加 1 个删除数组元素函数：函数→数组→删除数组元素。

说明： 其中输入数据端口“长度”用于指定删除行或列的个数，输入数据端口“索引”用来确定删除的行或列的位置。两个输出数据端口“已删除元素的数组子集”和“已删除的部分”则分别用于显示输出的数组和被删除的数组。

（2）添加 1 个数组常量：函数→数组→数组常量。

向数组常量中添加数值常量，将维数设置为 2，成员数量设置为 4 行 6 列，并输入数值。

（3）将数值数组常量与删除数组元素函数的输入端口“数组”相连。

（4）添加两个数值常量：函数→数值→数值常量，将值分别改为“2”“1”。

（5）将数值常量“2”与删除数组元素函数的输入端口“长度”相连；将数值常量“1”与删除数组元素函数的输入端口“索引”相连。

（6）将删除数组元素函数的输出端口“已删除元素的数组子集”与被删除后的数组控件的输入端口相连；将删除数组元素函数的输出端口“已删除的部分”与被删除的数组控件的输入端口相连。

连线后的框图程序如图 4-22 所示。

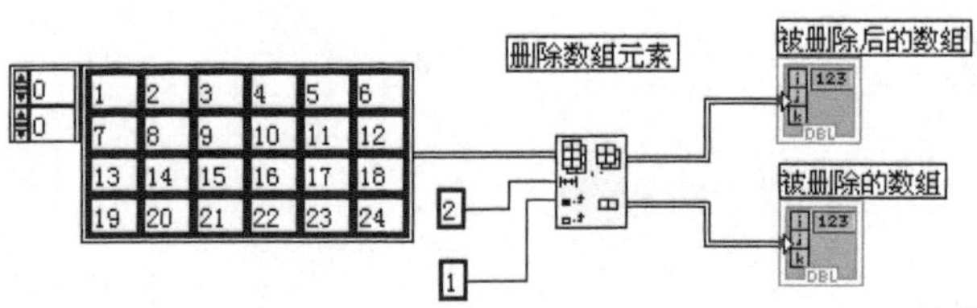

图 4-22　框图程序

3. 运行程序

切换到前面板窗口，单击工具栏“运行”按钮，运行程序。

本例中，原数组的第 1 行和第 2 行被删除，程序中显示了被删除的数组和被删除后的数组。

程序运行界面如图 4-23 所示。

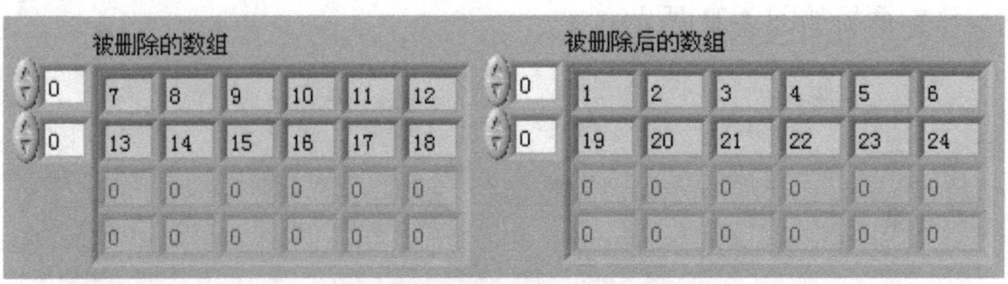

图 4-23　程序运行界面

实例 39　数组索引

一、设计任务

用数组索引函数获得数组中每一个数值。

二、任务实现

1．程序前面板设计

新建 VI。切换到 LabVIEW 的前面板窗口，通过控件选板给程序前面板添加控件。

（1）添加 1 个数组控件：控件→数组、矩阵与簇→数组，标签为“数组”。将数值显示控件放入数组框架中，将维数设置为 2，成员数量设置为 3 行 3 列。

（2）添加两个数值输入控件：控件→数值→数值输入控件，将标签分别改为“行索引”和“列索引”。

（3）添加 1 个数值显示控件：控件→数值→数值显示控件，将标签改为“元素”。

设计的程序前面板如图 4-24 所示。

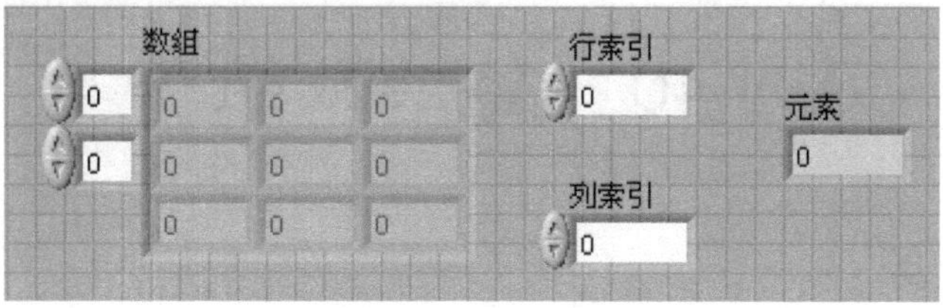

图 4-24　程序前面板

2．框图程序设计

切换到 LabVIEW 的程序框图窗口，调整控件位置，添加节点与连线。

（1）添加 1 个索引数组函数：函数→数组→索引数组。

说明：其中输入数据端口“数组”连接被索引的数组，数据端口“索引”表示数组的索引值。输出数据端口“元素”是用行索引值和列索引值索引后得到的子数组或元素。

（2）添加 1 个数组常量：函数→数组→数组常量。向数组常量中添加数值常量，将维数设置为 2，成员数量设置为 3 行 3 列，并输入数值。

（3）将数值数组常量与索引数组函数的输入端口“数组”相连，将数值数组常量与数组显示控件的输入端口相连。

（4）将行索引数值输入控件的输出端口与索引数组函数的输入端口“索引（行）”相连。

（5）将列索引数值输入控件的输出端口与索引数组函数的输入端口“索引（列）”相连。

（6）将索引数组函数的输出端口“元素”与元素数值显示控件的输入端口相连。

连线后的框图程序如图 4-25 所示。

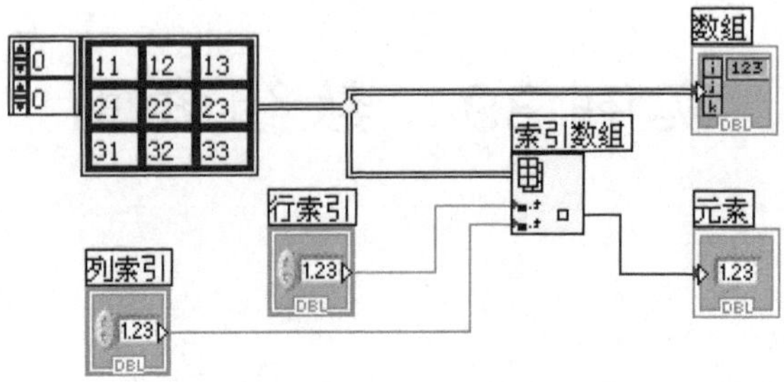

图 4-25　框图程序

3. 运行程序

切换到前面板窗口，单击工具栏“连续运行”按钮，运行程序。

改变行索引号（如 1）及列索引号（如 1），得到第 2 行第 2 列元素 22。

程序运行界面如图 4-26 所示。

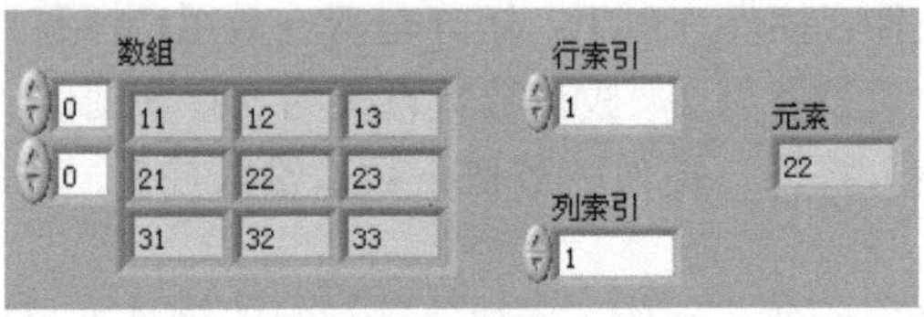

图 4-26　程序运行界面

实例 40　替换数组子集

一、设计任务

将原数组某一位置的元素或子数组用另一个元素或子数组替换。

二、任务实现

1. 程序前面板设计

新建 VI。切换到 LabVIEW 的前面板窗口，通过控件选板给程序前面板添加控件。

（1）添加 1 个数组控件：控件→数组、矩阵与簇→数组，标签改为“输出数组”。将数值显示控件放入数组框架中，将维数设置为 2，成员数量设置为 3 行 3 列。

（2）添加两个数值输入控件：控件→数值→数值输入控件，将标签分别改为“行索引”和“列索引”。

设计的程序前面板如图 4-27 所示。

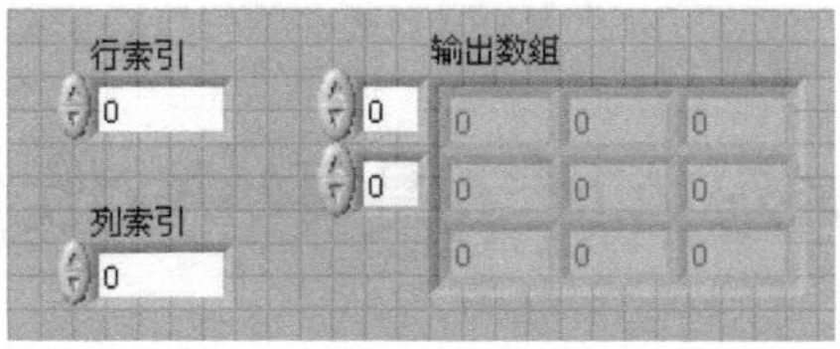

图 4-27　程序前面板

2. 框图程序设计

切换到 LabVIEW 的程序框图窗口，调整控件位置，添加节点与连线。

（1）添加 1 个替换数组子集函数：函数→数组→替换数组子集。

说明：其中输入数据端口“新元素/子数组”为要替换的元素或子数组，输出数据端口“输出数组”为替换后的新数组。

（2）添加 1 个数组常量：函数→数组→数组常量。往数组常量中添加数值常量，将维数设置为 2，成员数量设置为 3 行 3 列，并输入数值。

（3）将数值数组常量与替换数组子集函数的输入端口“数组”相连。

（4）将行索引数值输入控件的输出端口与替换数组子集函数的输入端口“索引（行）”相连。

（5）将列索引数值输入控件的输出端口与替换数组子集函数的输入端口“索引（列）”相连。

（6）添加 1 个数值常量：函数→数值→数值常量，将值改为“10”。

（7）将数值常量“10”与替换数组子集函数的输入端口“新元素/子数组”相连。

（8）将替换数组子集函数的输出端口“输出数组”与输出数组显示控件的输入端口相连。

连线后的框图程序如图 4-28 所示。

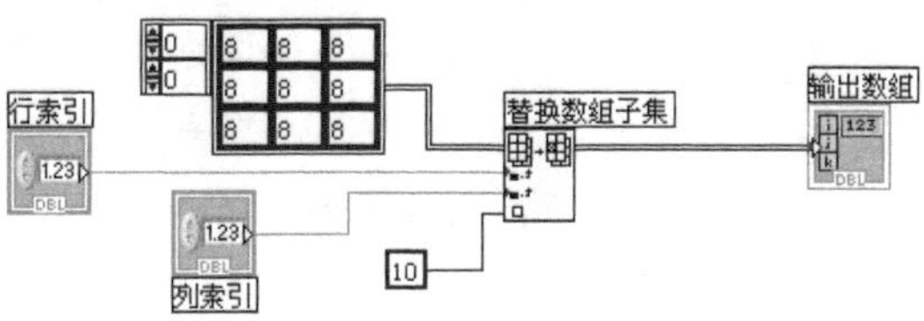

图 4-28　框图程序

3. 运行程序

切换到前面板窗口，单击工具栏“连续运行”按钮，运行程序。

改变行索引号（如 1）及列索引号（如 1），将该位置的原数值 8 用新数值 10 替换。

程序运行界面如图 4-29 所示。

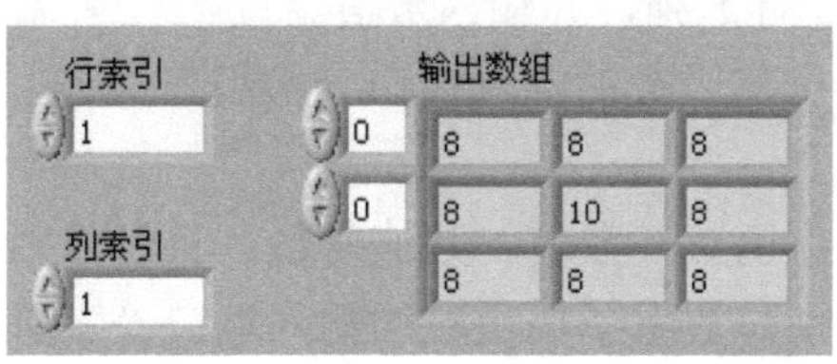

图 4-29　程序运行界面

实例 41　提取子数组

一、设计任务

用数组子集函数得到原来数组的子数组。

二、任务实现

1．程序前面板设计

新建 VI。切换到 LabVIEW 的前面板窗口，通过控件选板给程序前面板添加控件。

（1）添加 1 个数组显示控件：控件→数组、矩阵与簇→数组，标签为“数组”。将数值显示控件放入数组框架中，将维数设置为 2，成员数量设置为 5 行 5 列。

（2）添加 1 个数组控件：控件→数组、矩阵与簇→数组，标签为“子数组”。将数值显示控件放入数组框架中，将维数设置为 2，成员数量设置为 2 行 2 列。

设计的程序前面板如图 4-30 所示。

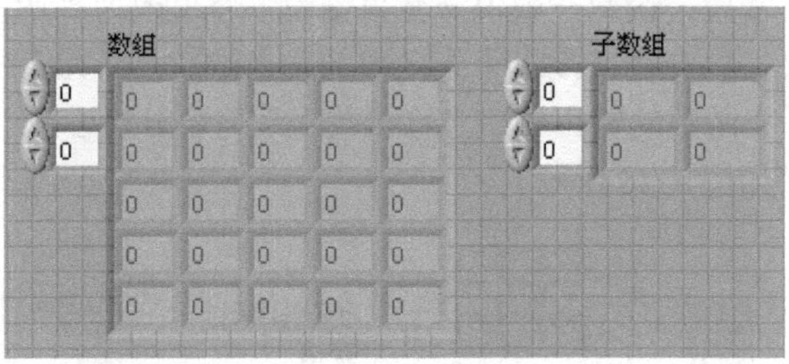

图 4-30　程序前面板

2．框图程序设计

切换到 LabVIEW 的程序框图窗口，调整控件位置，添加节点与连线。

（1）添加 1 个数组子集函数：函数→数组→数组子集。将索引和长度端口各设置为两个。

说明：在使用这个函数时只要用其行索引数据端口和列索引数据端口确定子数组的位置，用“长度”数据端口确定子数组的行数和列数，就可以得到原数组的子数组。

（2）添加 1 个数组常量：函数→数组→数组常量。向数组常量中添加数值常量，将维数设置为 2，成员数量设置为 5 行 5 列，并输入数值。

（3）将数组常量与数组子集函数的输入端口“数组”相连，再与数组显示控件的输入端口相连。

（4）添加 4 个数值常量：函数→数值→数值常量，将值分别改为“0”“2”“1”“2”。

（5）将 4 个数值常量分别与数组子集函数的输入端口“索引”和“长度”相连。

（6）将数组子集函数的输出端口“子数组”与子数组显示控件的输入端口相连。

连线后的框图程序如图 4-31 所示。

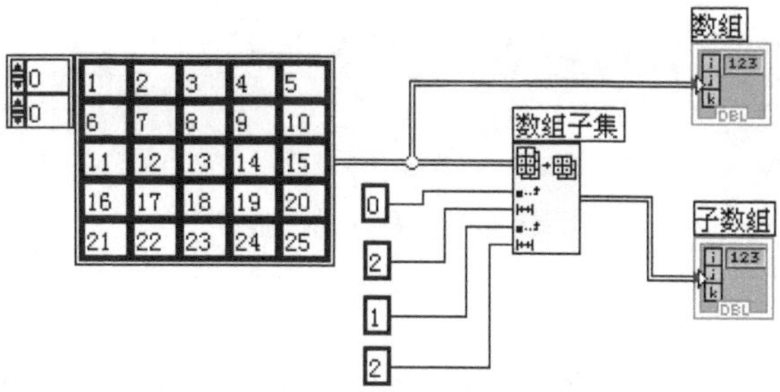

图 4-31　框图程序

3. 运行程序

切换到前面板窗口，单击工具栏“运行”按钮，运行程序。

本例中将原数组从第 0 行第 1 列开始的两行、两列元素取出，作为一个新的数组输出。

程序运行界面如图 4-32 所示。

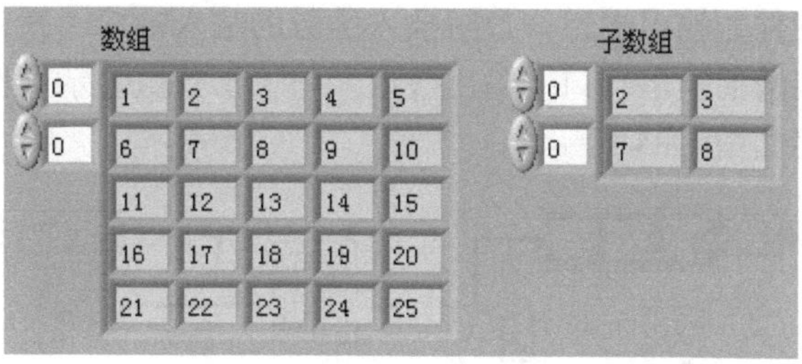

图 4-32　程序运行界面

实例 42　数组插入

一、设计任务

在原数组中指定的位置插入新的元素或子数组构成新的数组。

二、任务实现

1. 程序前面板设计

新建 VI。切换到 LabVIEW 的前面板窗口，通过控件选板给程序前面板添加控件。

（1）添加 1 个数组控件：控件→数组、矩阵与簇→数组，标签为“数组”。将数值输入控件放入数组框架中，将成员数量设置为 3 列。

（2）添加 1 个数组控件：控件→数组、矩阵与簇→数组，标签为“输出数组”。将数值显示控件放入数组框架中，将成员数量设置 6 列。

设计的程序前面板如图 4-33 所示。

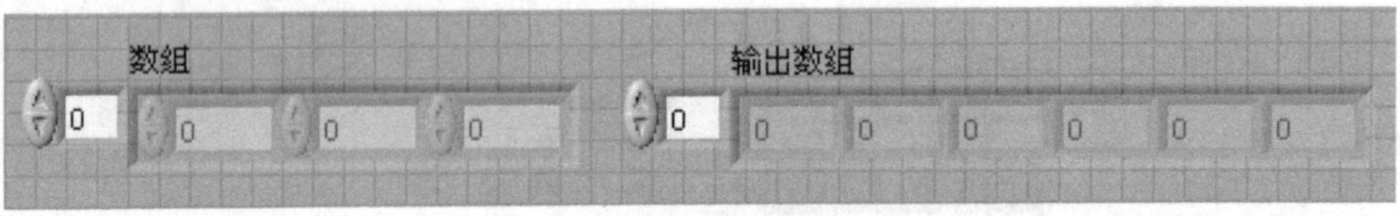

图 4-33　程序前面板

2. 框图程序设计

切换到 LabVIEW 的程序框图窗口，调整控件位置，添加节点与连线。

（1）添加 1 个数组插入函数：函数→数组→数组插入。

（2）添加 1 个数组常量：函数→数组→数组常量。向数组常量中添加数值常量，将成员数量设置为 3 列，并输入数值。

（3）将数组常量与数组插入函数的输入端口“数组”相连。

（4）添加 1 个数值常量：函数→数值→数值常量，将值改为“2”。

（5）将数值常量与数组插入函数的输入端口“索引”相连。

（6）将数组输入控件的输出端口与数组插入函数的输入端口“新元素/子数组”相连。

（7）将数组插入函数的输出端口“输出数组”与输出数组显示控件的输入端口相连。

连线后的框图程序如图 4-34 所示。

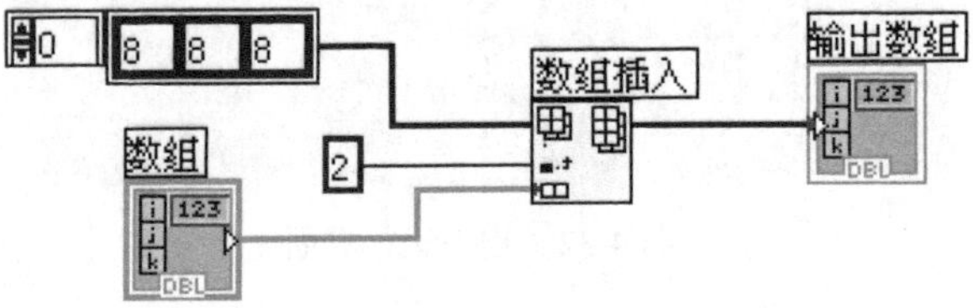

图 4-34　框图程序

3. 运行程序

切换到前面板窗口，单击工具栏“连续运行”按钮，运行程序。

改变数组各列的值，如（1,2,3），在原数组（8,8,8）第 2 个位置开始插入数组（1,2,3），得到新的数组（8,8,1,2,3,8）。

程序运行界面如图 4-35 所示。

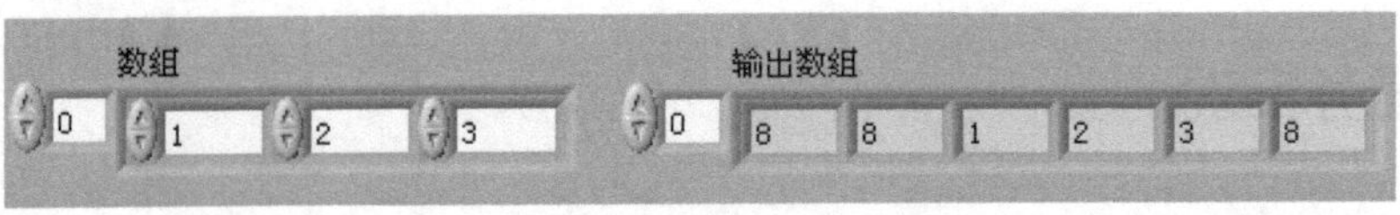

图 4-35　程序运行界面

实例 43　拆分一维数组

一、设计任务

将原数组从指定的位置开始拆分成为两个子数组。

二、任务实现

1．程序前面板设计

新建 VI。切换到 LabVIEW 的前面板窗口，通过控件选板给程序前面板添加控件。

添加 3 个数组控件：控件→数组、矩阵与簇→数组，将标签分别改为“数组”“第 1 个数组”和“第 2 个数组”。

将数值显示控件放入 3 个数组框架中，将成员数量均设置 6 列。

设计的程序前面板如图 4-36 所示。

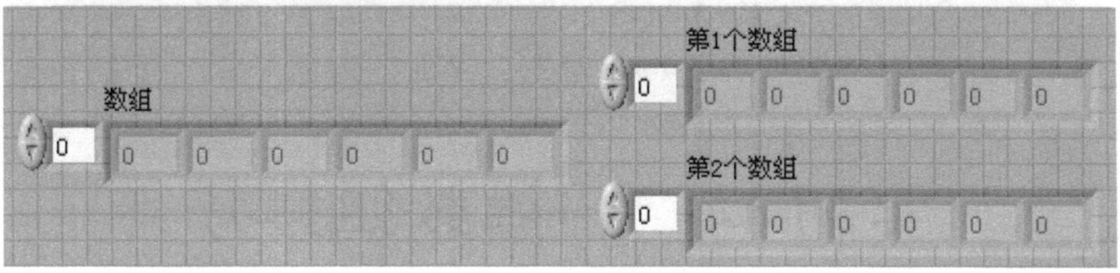

图 4-36　程序前面板

2．框图程序设计

切换到 LabVIEW 的程序框图窗口，调整控件位置，添加节点与连线。

（1）添加 1 个拆分一维数组函数：函数→数组→拆分一维数组。

（2）添加 1 个数组常量：函数→数组→数组常量。往数组常量中添加数值常量，将成员数量设置为 6 列，并输入数值。

（3）将数组常量与拆分一维数组函数的输入端口“数组”相连，再与数组显示控件的输入端口相连。

（4）添加 1 个数值常量：函数→数值→数值常量，将值改为“2”。

（5）将数值常量与拆分一维数组函数的输入端口“索引”相连。

（6）将拆分一维数组函数的输出端口“第一个子数组”与第 1 个数组显示控件的输入端口相连，将输出端口“第二个子数组”与第 2 个数组显示控件的输入端口相连。

连线后的框图程序如图 4-37 所示。

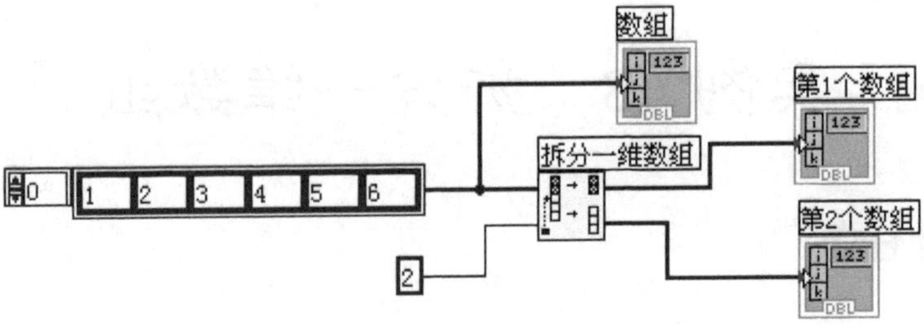

图 4-37 框图程序

3. 运行程序

切换到前面板窗口，单击工具栏“运行”按钮，运行程序。

本例中，在数组（1,2,3,4,5,6）第 2 个位置开始分成两个数组（1,2）和（3,4,5,6）。

程序运行界面如图 4-38 所示。

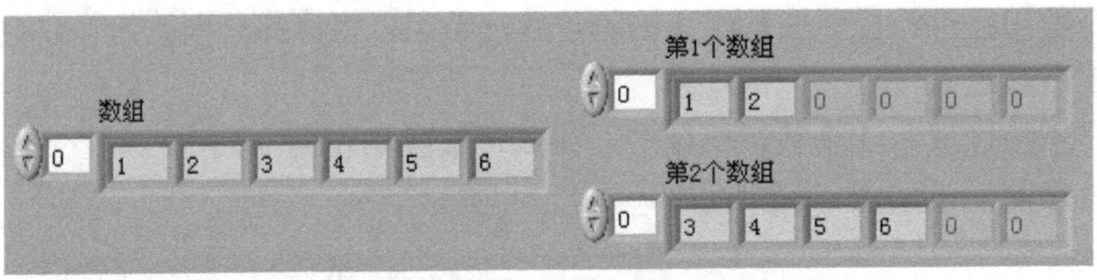

图 4-38 程序运行界面

实例 44 一维数组排序

一、设计任务

将一维数组各元素从小到大排序后输出。

二、任务实现

1. 程序前面板设计

新建 VI。切换到 LabVIEW 的前面板窗口，通过控件选板给程序前面板添加控件。

添加两个数组控件：控件→数组、矩阵与簇→数组，将标签分别改为“原数组”和“排序后的数组”。

将数值显示控件放入两个数组框架中，将成员数量均设置为 5 列。

设计的程序前面板如图 4-39 所示。

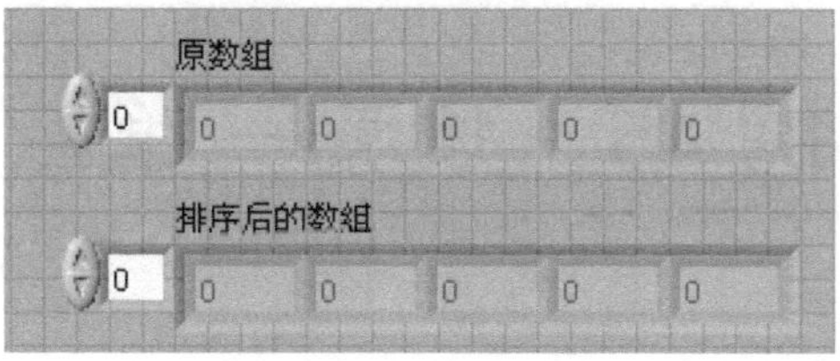

图 4-39　程序前面板

2. 框图程序设计

切换到 LabVIEW 的程序框图窗口，调整控件位置，添加节点与连线。

（1）添加 1 个一维数组排序函数：函数→数组→一维数组排序。

（2）添加 1 个数组常量：函数→数组→数组常量。向数组常量中添加数值常量，将成员数量设置为 5 列，并输入数值。

（3）将数组常量与一维数组排序函数的输入端口“数组”相连，再与原数组显示控件的输入端口相连。

（4）将一维数组排序函数的输出端口“已排序的数组”与排序后的数组显示控件的输入端口相连。

连线后的框图程序如图 4-40 所示。

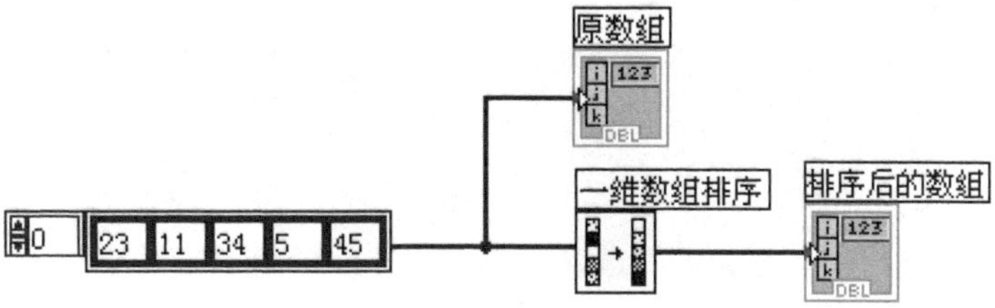

图 4-40　框图程序

3. 运行程序

切换到前面板窗口，单击工具栏“运行”按钮，运行程序。

本例中，将数组（23,11,34,5,45）从小到大排序后得到（5,11,23,34,45）。

程序运行界面如图 4-41 所示。

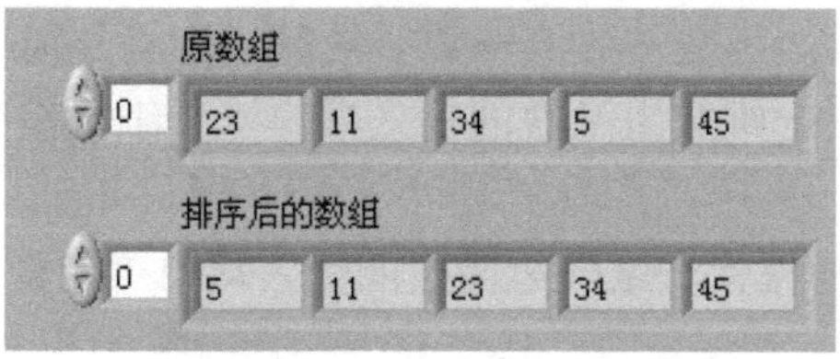

图 4-41　程序运行界面

实例 45　搜索一维数组

一、设计任务

从一维数组各元素中找到指定的元素。

二、任务实现

1．程序前面板设计

新建 VI。切换到 LabVIEW 的前面板窗口，通过控件选板给程序前面板添加控件。

（1）添加 1 个数组控件：控件→数组、矩阵与簇→数组，标签为“数组”。

将数值显示控件放入数组框架中，将成员数量设置为 6 列。

（2）添加两个数值显示控件：控件→数值→数值显示控件，将标签分别改为“搜索元素”和“位置”。

设计的程序前面板如图 4-42 所示。

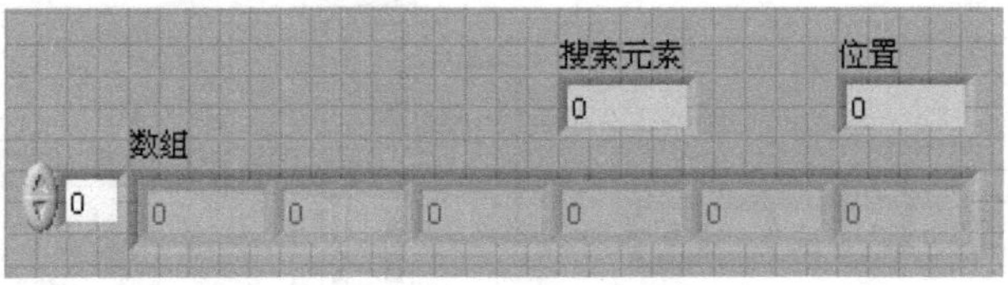

图 4-42　程序前面板

2．框图程序设计

切换到 LabVIEW 的程序框图窗口，调整控件位置，添加节点与连线。

（1）添加 1 个搜索一维数组函数：函数→数组→搜索一维数组。

（2）添加 1 个数组常量：函数→数组→数组常量。

向数组常量中添加数值常量，将成员数量设置为 6 列，并输入数值。

（3）添加两个数值常量：函数→数值→数值常量。将值分别改为“5”和“1”。

（4）将数组常量与搜索一维数组函数的输入端口“一维数组”相连，再与数组显示控件的输入端口相连。

（5）将数值常量“5”与搜索一维数组函数的输入端口“元素”相连，再与搜索元素显示控件的输入端口相连。

（6）将数值常量“1”与搜索一维数组函数的输入端口“开始索引”相连。

（7）将搜索一维数组函数的输出端口“元素索引”与位置显示控件的输入端口相连。

连线后的框图程序如图 4-43 所示。

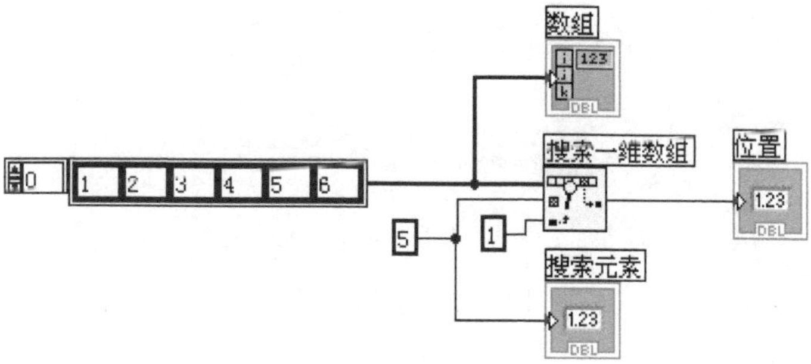

图 4-43 框图程序

3. 运行程序

切换到前面板窗口，单击工具栏“运行”按钮，运行程序。

本例中，从数组（1,2,3,4,5,6）中搜索元素 5，该元素位置是 4（从 0 开始算）。

程序运行界面如图 4-44 所示。

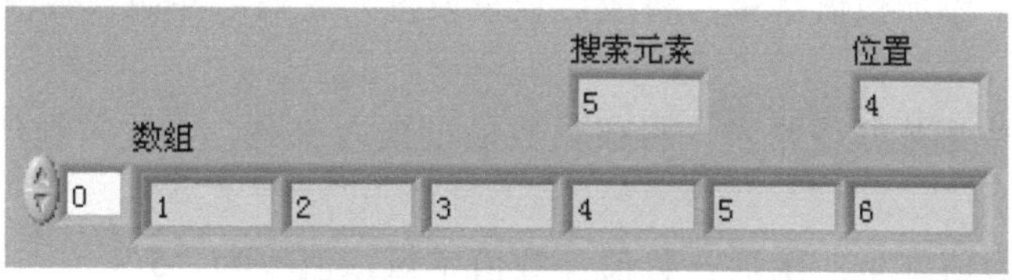

图 4-44 程序运行界面

实例 46 数组数据基本运算 1

一、设计任务

数组常量与数值常量相加；数组常量与数组常量相加。

二、任务实现

1. 程序前面板设计

新建 VI。切换到 LabVIEW 的前面板窗口，通过控件选板给程序前面板添加控件。

添加 2 个数组控件：控件→数组、矩阵与簇→数组，标签分别为“数组运算结果 1”和“数组运算结果 2”。

将数值显示控件放入 2 个数组框架中，将成员数量均设置为 5 列。

设计的程序前面板如图 4-45 所示。

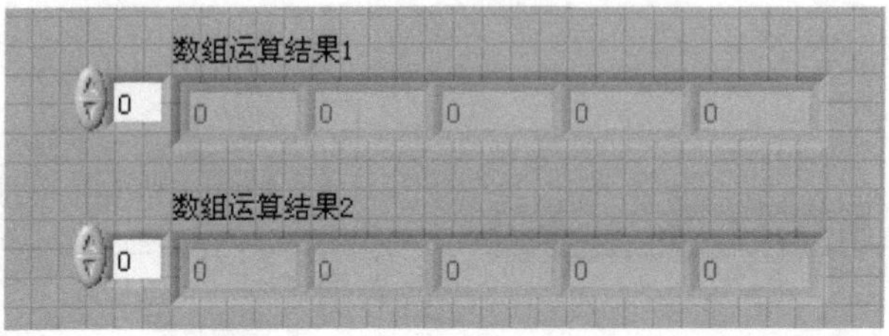

图 4-45　程序前面板

2．框图程序设计

切换到 LabVIEW 的程序框图窗口，调整控件位置，添加节点与连线。

（1）添加 3 个数组常量：函数→数组→数组常量，标签分别为“数组常量 1”“数组常量 2”和“数组常量 3”。

往数组常量 1 中添加数值常量，将成员数量设置为 5 列，并输入数值“1”“2”“3”“4”和“5”。

往数组常量 2 中添加数值常量，将成员数量设置为 5 列，并输入数值“6”“7”“8”“9”和“10”。

往数组常量 3 中添加数值常量，将成员数量设置为 5 列，并输入数值“11”“12”“13”“14”和“15”。

（2）添加 1 个数值常量：函数→数值→数值常量，值改为“5”。

（3）添加 2 个加函数：函数→数值→加，标签分别为“加函数 1”和“加函数 2”。

（4）将数值常量“5”与加函数 1 的输入端口“x”相连。

（5）将数组常量 1 与加函数 1 的输入端口“y”相连。

（6）将加函数 1 的输出端口“x+y”与数组运算结果 1 显示控件的输入端口相连。

（7）将数组常量 2 与加函数 2 的输入端口“x”相连。

（8）将数组常量 3 与加函数 2 的输入端口“y”相连。

（9）将加函数 2 的输出端口“x+y”与数组运算结果 2 显示控件的输入端口相连。

连线后的框图程序如图 4-46 所示。

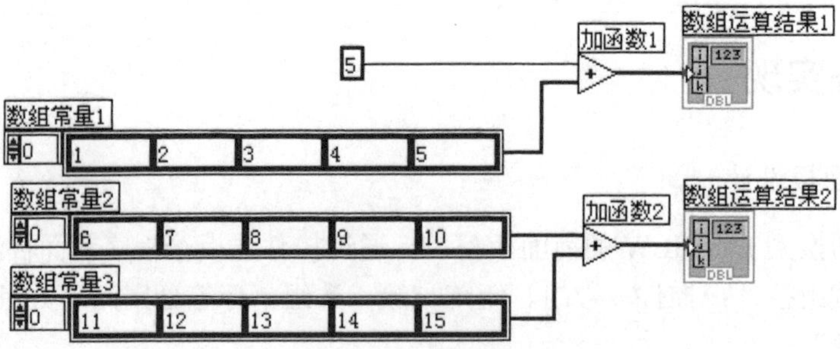

图 4-46　框图程序

3．运行程序

切换到前面板窗口，单击工具栏“运行”按钮，运行程序。

数组运算结果 1 显示数组常量与数值常量相加的结果，数组运算结果 2 显示两个数组常量各元素相加的结果。

程序运行界面如图 4-47 所示。

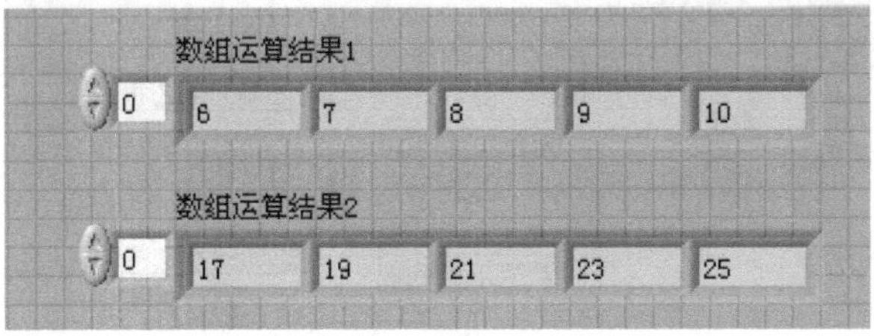

图 4-47　程序运行界面

实例 47　数组数据基本运算 2

一、设计任务

将一维数组中各元素相加或相乘，并输出结果。

二、任务实现

1．程序前面板设计

新建 VI。切换到 LabVIEW 的前面板窗口，通过控件选板给程序前面板添加控件。

（1）添加 1 个数组控件：控件→数组、矩阵与簇→数组，标签为“数组”。

将数值输入控件放入数组框架中，将成员数量设置为 4 列。

（2）添加两个数值显示控件：控件→数值→数值显示控件，标签分别为“数组元素之和”和“数组元素之积”。

设计的程序前面板如图 4-48 所示。

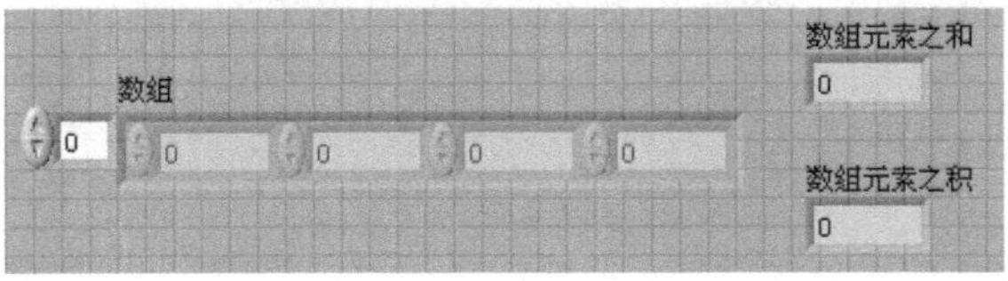

图 4-48　程序前面板

2．框图程序设计

切换到 LabVIEW 的程序框图窗口，调整控件位置，添加节点与连线。

（1）添加 1 个数组元素相加函数：函数→数值→数组元素相加。

（2）添加 1 个数组元素相乘函数：函数→数值→数组元素相乘。

（3）将数组控件与数组元素相加函数的输入端口“数值数组”相连，再与数组元素相乘函数的输入端口“数值数组”相连。

（4）将数组元素相加函数的输出端口“和”与数组元素之和显示控件的输入端口相连。

（5）将数组元素相乘函数的输出端口“积”与数组元素之积显示控件的输入端口相连。

连线后的框图程序如图 4-49 所示。

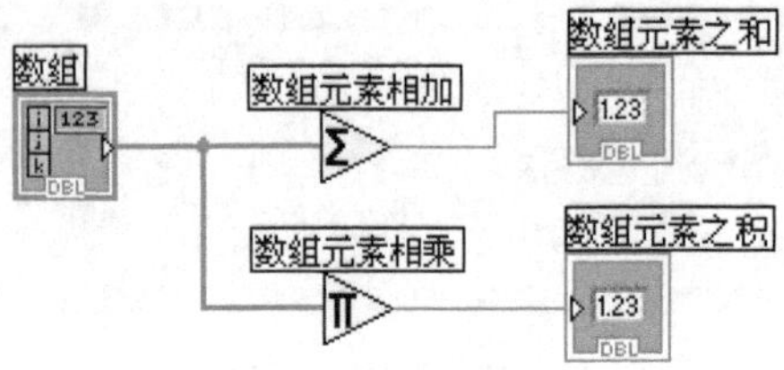

图 4-49　框图程序

3. 运行程序

切换到前面板窗口，单击工具栏“连续运行”按钮，运行程序。

改变数组控件中各元素值，将各元素相加和相乘并输出结果。

程序运行界面如图 4-50 所示。

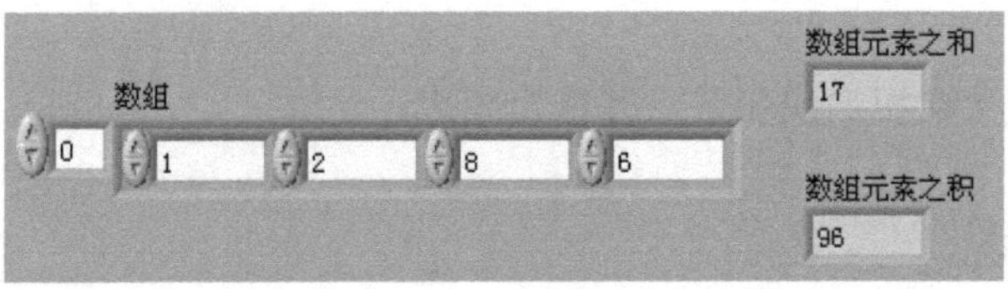

图 4-50　程序运行界面

实例 48　矩阵的基本运算

一、设计任务

数组常量与数值常量相加；数组常量与数组常量相加。

二、任务实现

1. 程序前面板设计

新建 VI。切换到 LabVIEW 的前面板窗口，通过控件选板给程序前面板添加控件。

（1）添加 2 个矩阵控件：控件→数组、矩阵与簇→实数矩阵，标签分别为“实数矩阵 1”和“实数矩阵 2”。给 2 个矩阵赋初始值。

（2）添加 1 个矩阵控件：控件→数组、矩阵与簇→实数矩阵，标签为“矩阵相加结果”。右击矩阵框架，弹出快捷菜单，选择“转换为显示控件”。

设计的程序前面板如图 4-51 所示。

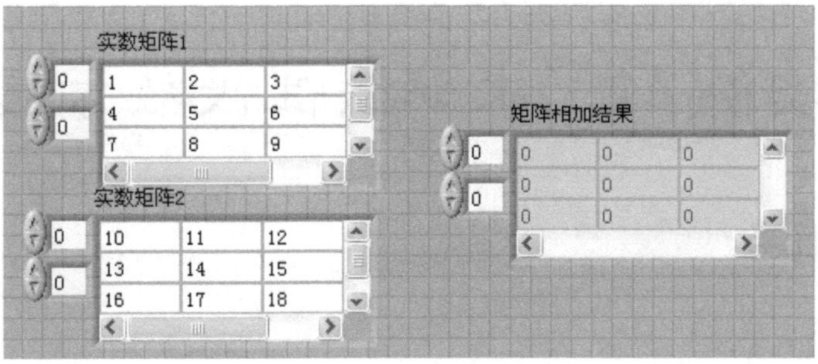

图 4-51　程序前面板

2. 框图程序设计

切换到 LabVIEW 的程序框图窗口，调整控件位置，添加节点与连线。

（1）添加 1 个加函数：函数→数值→加。

（2）将实数矩阵 1 的输出端口与加函数的输入端口“x”相连。

（3）将实数矩阵 2 的输出端口与加函数的输入端口“y”相连。

（4）将加函数的输出端口“x+y”与矩阵相加结果显示控件的输入端口相连。

连线后的框图程序如图 4-52 所示。

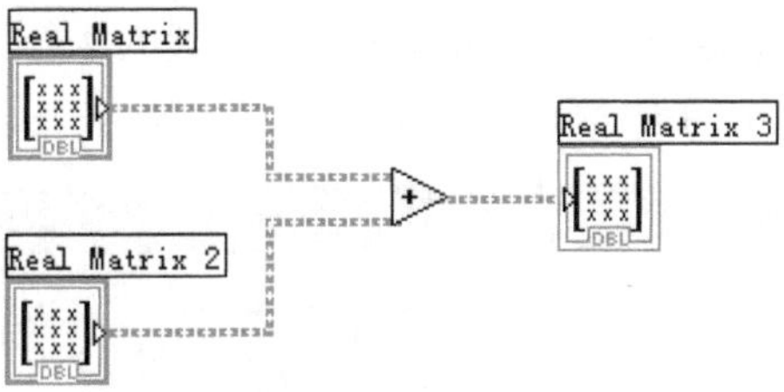

图 4-52　框图程序

3. 运行程序

切换到前面板窗口，单击工具栏“运行”按钮，运行程序。

程序界面显示 2 个实数矩阵相加的结果。程序运行界面如图 4-53 所示。

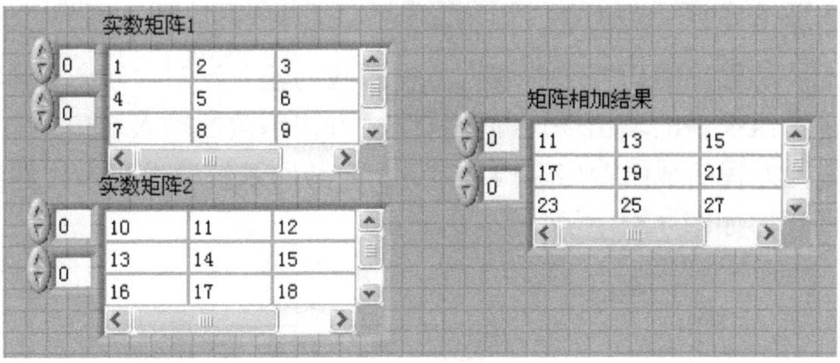

图 4-53　程序运行界面

实例 49　求解线性代数方程

一、设计任务

求解线性代数方程。

二、任务实现

1. 程序前面板设计

新建 VI。切换到 LabVIEW 的前面板窗口，通过控件选板给程序前面板添加控件。

（1）添加 1 个矩阵控件：控件→数组、矩阵与簇→实数矩阵，标签为“实数矩阵”。将矩阵设置为 4 行 4 列，给矩阵赋值。

（2）添加两个数组控件：控件→数组、矩阵与簇→数组，标签分别为“右端项”和“向量解”。将数值输入控件放入“右端项”数组框架中，将成员数量设置为 4 行，并赋值。将数值显示控件放入“向量解”数组框架中，将成员数量设置为 4 行。

设计的程序前面板如图 4-54 所示。

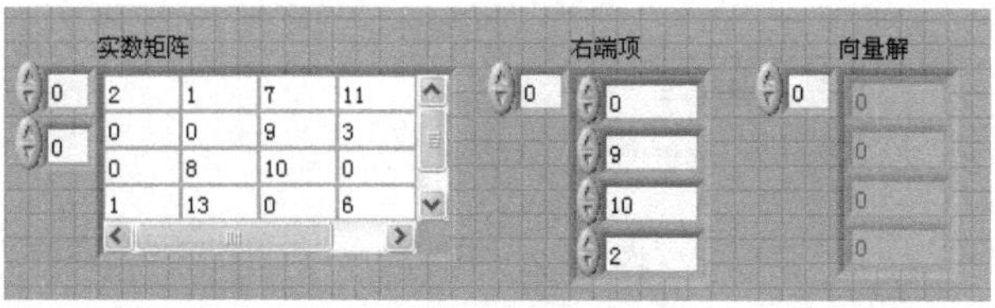

图 4-54　程序前面板

2. 框图程序设计

切换到 LabVIEW 的程序框图窗口，调整控件位置，添加节点与连线。

（1）添加 1 个求解线性方程函数：函数→数学→线性代数→求解线性方程。

（2）将实数矩阵的输出端口与求解线性方程函数的输入端口“输入矩阵”相连。

（3）将右端项数组控件的输出端口与求解线性方程函数的输入端口“右端项”相连。

（4）将求解线性方程函数的输出端口“向量解”与向量解数组显示控件的输入端口相连。

连线后的框图程序如图 4-55 所示。

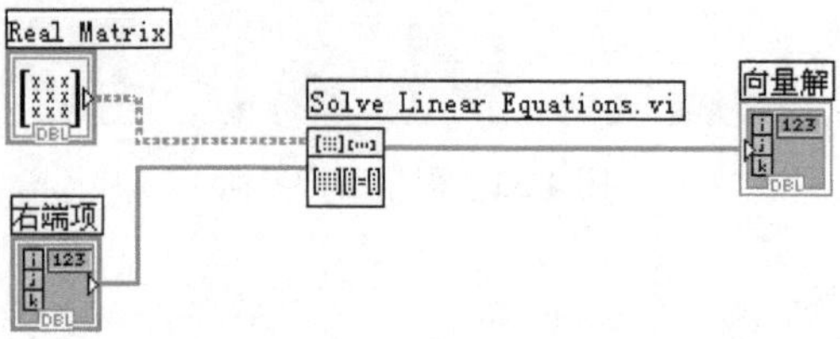

图 4-55　框图程序

3. 运行程序

切换到前面板窗口，单击工具栏“运行”按钮，运行程序。

程序界面显示线性方程运算出的向量解。程序运行界面如图 4-56 所示。

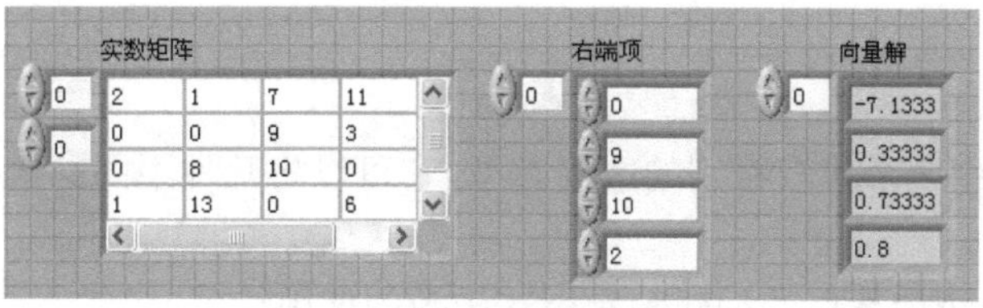

图 4-56　程序运行界面

第5章 簇数据

簇是 LabVIEW 中一个比较特别的数据类型，它可以将几种不同的数据类型集中到一个单元中形成一个整体。

本章通过实例介绍簇数据的创建和常用簇函数的使用。

实例基础 簇数据概述

1. 簇数据的组成

在程序设计时，仅有整型、浮点型、布尔型、字符串型和数组型数据是不够的，有时为便于引用，还需要将不同的数据类型组合成一个有机的整体。例如，一个学生的学号、姓名、性别、年龄、成绩和家庭地址等数据项，这些数据项都与某一个学生相联系。如果将这些数据项分别定义为相互独立的简单变量，是难以反映它们之间的内在联系的。应当把它们组成一个组合项，在组合项中再包含若干个类型不同（当然也可以相同）的数据项。簇就是这样一种数据结构。

簇是一种类似数组的数据结构，用于分组数据。一个簇就是一个由若干不同数据类型的成员组成的集合体，类似于 C 语言中的结构体。可以把簇想象成一束通信电缆线，电缆中每一根线就是簇中一个不同的数据元素。

使用簇可以为编程带来以下便利：

（1）簇通常可将框图程序中多个地方的相关数据元素集中到一起，这样只需一条数据连线即可把多个节点连接到一起，减少了数据连线。

（2）子程序有多个不同数据类型的参数输入/输出时，把它们攒成一个簇以减少连接板上端口的数量。

（3）某些控件和函数必须要簇这种数据类型的参数。

簇的成员有一种逻辑上的顺序，这是由它们放进簇的先后顺序决定的，与它们在簇中摆放的位置无关。前面的簇成员被删除时，后面的成员会递补。

改变簇成员逻辑顺序的方法是在簇的弹出菜单上，选择“重新排序簇中控件...”命令，弹出一个对话框，依次为簇成员指定新的逻辑顺序。

簇的成员可以是任意的数据类型，但是必须同时都是控件或同时都是指示器。

2. 簇数据的创建

1）在前面板上创建簇

在前面板设计时，簇的创建类似于数组的创建。首先在控件选板数组、矩阵与簇子选板中创建簇的框架，然后向框架中添加所需的元素，最后根据编程需要更改簇和簇中各元素的名称。这个簇的数据类型以及它是控件还是指示器完全取决于放入的对象。

在簇中添加一个数值型控件、一个字符串型控件以及一个布尔型控件，如图 5-1 所示。

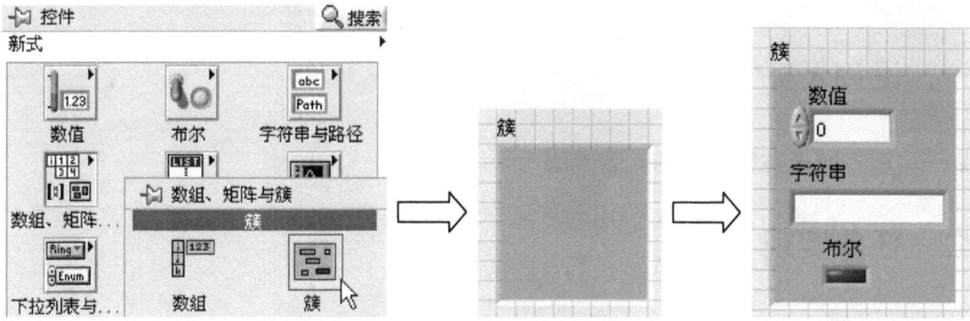

图 5-1　在前面板创建簇

在 LabVIEW 中，簇只能包含控件和指示器中的一种，不能既包含控件又包含指示器。但可以用修饰子选板中的图形元素将二者集中在一起，但这种集中仅是位置上的集中。若确实需要对一个簇既读又写，那么可用簇的本地变量解决，但并不推荐用本地变量对簇进行连续读、写。使用簇时应当遵循一个原则：在一个高度交互的面板中，不要把一个簇既作为输入元素又作为输出元素。

2）在框图程序中创建簇常量

在程序框图中创建簇常量类似于在前面板上创建数组。先从簇与变体函数子选板中选择簇常量的框架放到程序框图中，然后根据需要选择一些数据常量放到空簇中。图 5-2 选择了一个数值型常量、一个字符串型常量及一个布尔型常量。也可以把前面板上的簇控件拖动或复制到框图窗口中产生一个簇常量。只有数值型成员的簇边框是棕色的，其他为粉红色。

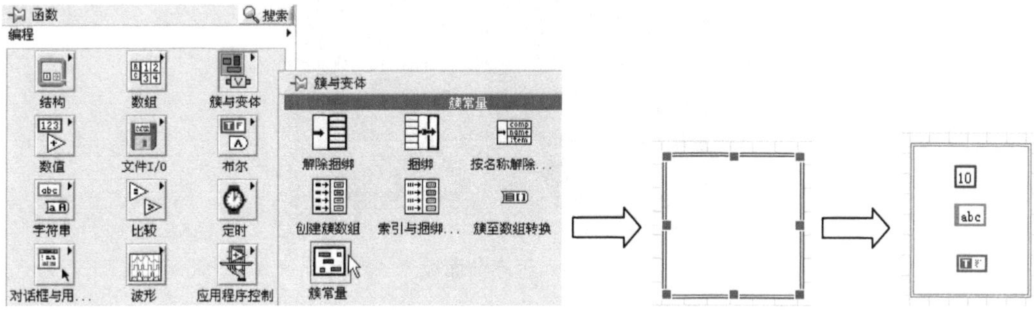

图 5-2　在框图程序中创建簇常量

用上述方法创建的簇常量，其成员还没有有效的值，从外观上看都显示为灰色。可根据需要用操作工具或定位工具为簇成员逐个赋值。

簇成员按照它们放入簇的先后顺序排序，簇框架中的第一个对象标记为 0，放入的第二个对象标记为 1，以此类推。如果要访问簇中的单个元素，必须记住簇顺序，因为簇中的单个元素是按顺序而不是按名字访问的。

在框图程序设计中，用户在使用一个簇时，主要是访问簇中的各个元素，或将不同类型但相互关联的数据组成一个簇。

实例 50　将基本数据捆绑成簇数据

一、设计任务

将一些基本数据类型的数据元素合成一个簇数据。

二、任务实现

1．程序前面板设计

新建 VI。切换到 LabVIEW 的前面板窗口，通过控件选板给程序前面板添加控件。

（1）添加 1 个旋钮控件：控件→数值→旋钮。标签为"旋钮"。

（2）添加 1 个开关控件：控件→布尔→翘板开关。标签为"布尔"。

（3）添加 1 个字符串输入控件：控件→字符串与路径→字符串输入控件，标签为"字符串"。

（4）添加 1 个簇控件：控件→数组、矩阵与簇→簇。标签为"簇"。将簇控件框架放大。

（5）分别将 1 个数值显示控件、1 个圆形指示灯控件、1 个字符串显示控件放入簇控件框架中。

设计的程序前面板如图 5-3 所示。

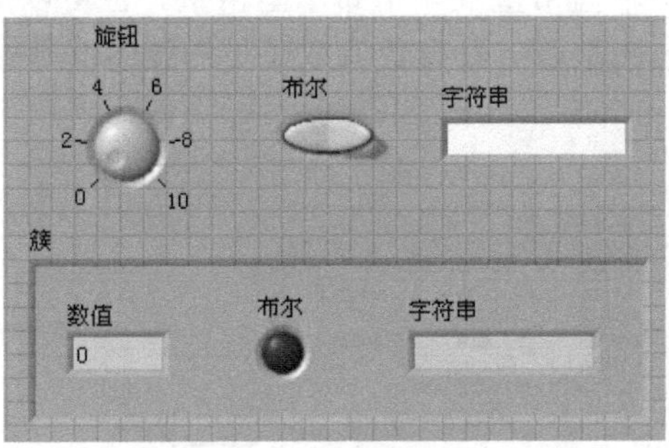

图 5-3　程序前面板

2．框图程序设计

切换到 LabVIEW 的程序框图窗口，调整控件位置，添加节点与连线。

（1）添加 1 个捆绑函数：函数→簇与变体→捆绑，其位置如图 5-4 所示。把鼠标放在函数节点下方框上，向下拖动将输入端口"元素"设置为 3 个。

（2）将旋钮控件、开关控件、字符串输入控件分别与捆绑函数的 3 个输入端口相连。此时，捆绑函数的 3 个输入端口数据类型发生变化，自动与连接的数据类型保持一致。

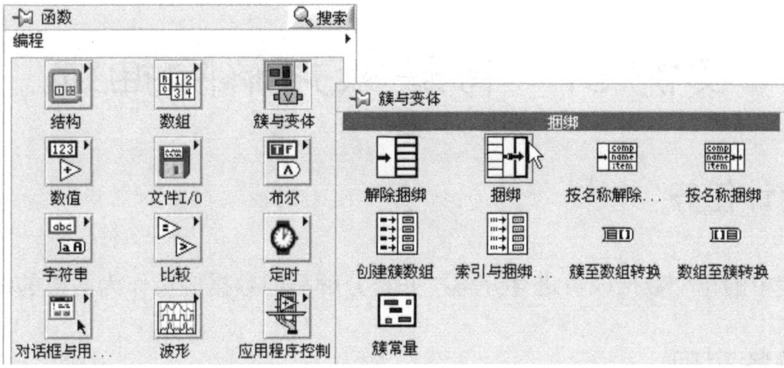

图 5-4　簇数据操作函数的位置

（3）将捆绑函数的输出端口“输出簇”与簇控件的输入端口相连。
连线后的框图程序如图 5-5 所示。

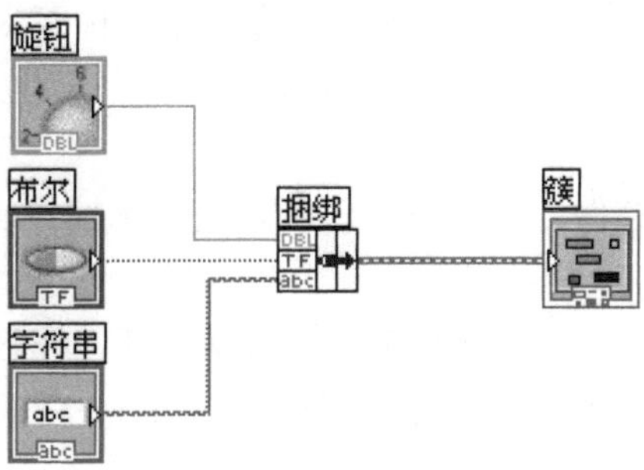

图 5-5　框图程序

3. 运行程序

切换到前面板窗口，单击工具栏“连续运行”按钮，运行程序。
转动旋钮，单击布尔开关，输入字符串，单击界面空白处，在簇数据中显示变化结果。
程序运行界面如图 5-6 所示。

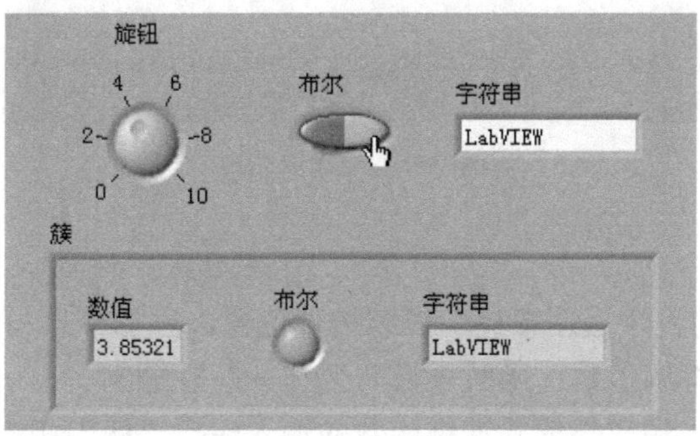

图 5-6　程序运行界面

实例 51　将簇数据解除捆绑

一、设计任务

将一个簇中的每个数据成员进行分解，并将分解后的数据成员作为函数的结果输出。

二、任务实现

1. 程序前面板设计

新建 VI。切换到 LabVIEW 的前面板窗口，通过控件选板给程序前面板添加控件。

（1）添加 1 个簇控件：控件→数组、矩阵与簇→簇。标签为“簇”。将簇控件框架放大。

（2）分别将 1 个旋钮控件、1 个数值输入控件、1 个布尔开关控件、1 个字符串输入控件放入簇控件框架中。

（3）添加 2 个数值显示控件：控件→数值→数值显示控件。标签分别改为“旋钮输出”“数值输出”。

（4）添加 1 个指示灯控件：控件→布尔→圆形指示灯。标签改为“布尔输出”。

（5）添加 1 个字符串显示控件：控件→字符串与路径→字符串显示控件。标签改为“字符串输出”。

设计的程序前面板如图 5-7 所示。

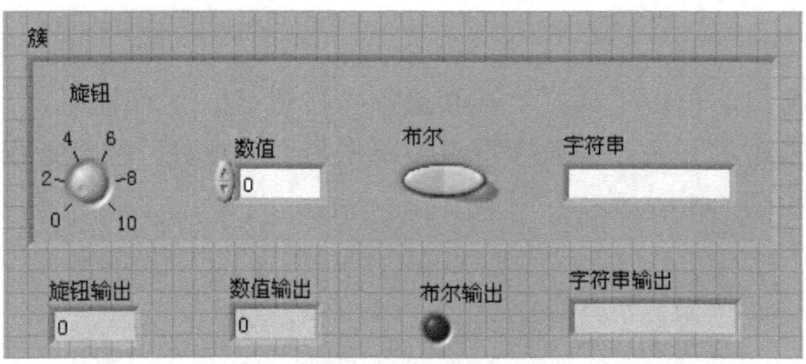

图 5-7　程序前面板

2. 框图程序设计

切换到 LabVIEW 的程序框图窗口，调整控件位置，添加节点与连线。

（1）添加 1 个解除捆绑函数：函数→簇与变体→解除捆绑。

（2）将簇控件的输出端口与解除捆绑函数的输入端口“簇”相连。

说明：当一个簇数据与解除捆绑函数的输入端口相连时，其输出端口数量和数据类型自动与簇数据成员一一对应。

解除捆绑函数刚放进程序框图时，有一个输入端口和两个输出端口。连接一个输入簇以后，端口数量自动增/减到与簇的成员数一致，而且不能再改变。每个输出端口对应一个簇成员，端口上显示出这个成员的数据类型。各个簇成员在端口上出现的顺序与它的逻辑顺序一致，连接几个输出是任意的。

（3）将解除捆绑函数的输出端口“旋钮”“数值”“布尔”“字符串”分别与“旋钮输出”控件、“数值输出”控件、“布尔输出”控件、“字符串输出”控件的输入端口相连。

连线后的框图程序如图 5-8 所示。

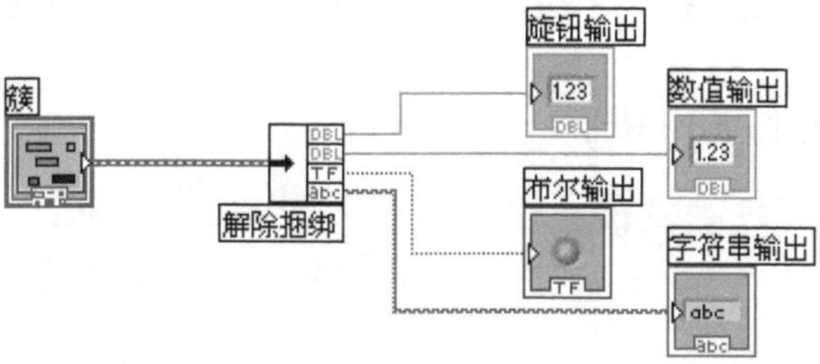

图 5-8　框图程序

3. 运行程序

切换到前面板窗口，单击工具栏“连续运行”按钮，运行程序。

在簇数据中转动旋钮、改变数值大小、单击布尔开关、输入字符串，单击界面空白处，旋钮输出值、数值输出值、布尔输出值、字符串输出值发生同样变化。

程序运行界面如图 5-9 所示。

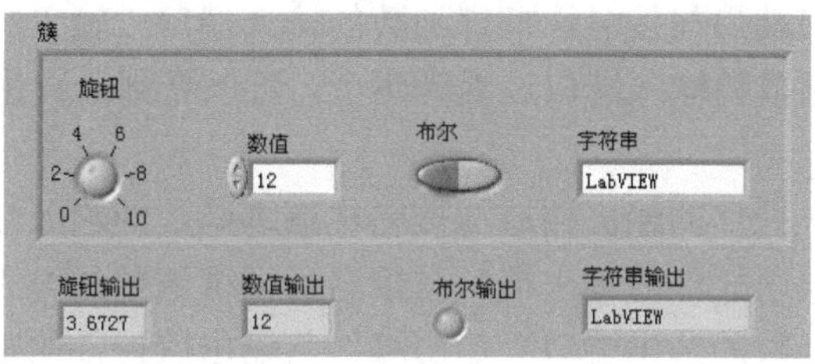

图 5-9　程序运行界面

实例 52　按名称捆绑

一、设计任务

按照元素的名称替换掉原有簇中相应数据类型的数据，并合成一个新的簇对象。

二、任务实现

1. 程序前面板设计

新建 VI。切换到 LabVIEW 的前面板窗口，通过控件选板给程序前面板添加控件。

（1）添加 1 个簇控件：控件→数组、矩阵与簇→簇，标签为“簇”。将 1 个数值输入控件、1 个字符串输入控件放入簇框架中。

（2）再添加 1 个簇控件：控件→数组、矩阵与簇→簇，标签为“输出簇”。将 1 个数值显示控件、1 个字符串显示控件放入簇框架中。

（3）添加 1 个数值输入控件：控件→数值→数值输入控件，标签改为“替换数值”。

（4）添加 1 个字符串输入控件：控件→字符串与路径→字符串输入控件，标签为“替换字符串”。

设计的程序前面板如图 5-10 所示。

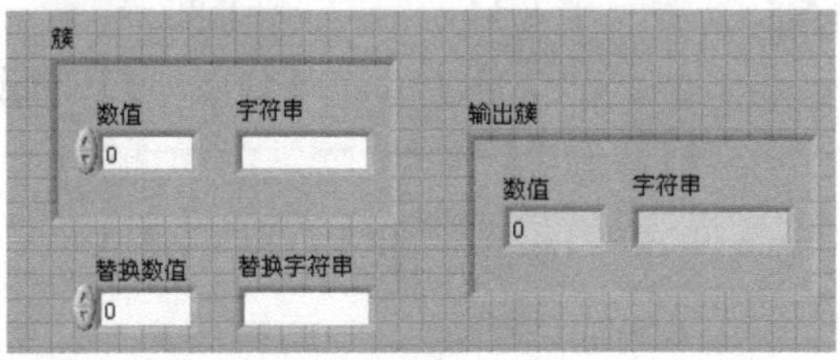

图 5-10 程序前面板

2．框图程序设计

切换到 LabVIEW 的程序框图窗口，调整控件位置，添加节点与连线。

（1）添加 1 个按名称捆绑函数：函数→簇与变体→按名称捆绑。

（2）将簇控件的输出端口与按名称捆绑函数的输入端口“输入簇”相连。

（3）将按名称捆绑函数的输入端口设置为两个。可以看到函数出现“数值”和“字符串”输入端口。

（4）将替换数值输入控件的输出端口与按名称捆绑函数的输入端口“数值”相连。

（5）将替换字符串输入控件的输出端口与按名称捆绑函数的输入端口“字符串”相连。

（6）将按名称捆绑函数的输出端口“输出簇”与输出簇控件的输入端口相连。

连线后的框图程序如图 5-11 所示。

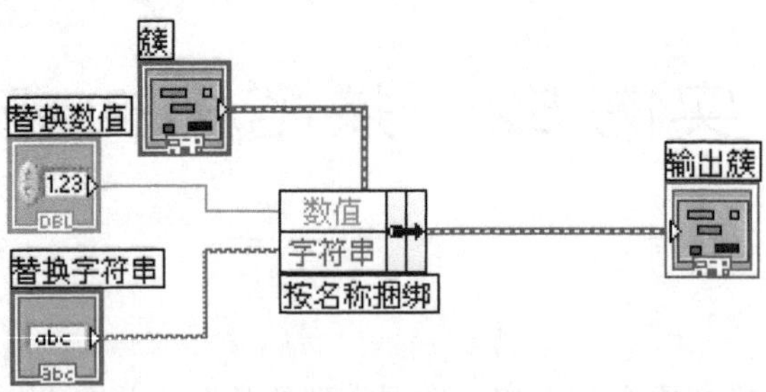

图 5-11 框图程序

3．运行程序

切换到前面板窗口，单击工具栏“连续运行”按钮，运行程序。

在簇数据中改变数值大小，输入 1 个字符串；改变替换数值大小，在替换字符串中输入另一字符串，输出簇中数值和字符串发生相应变化（被替换）。

程序运行界面如图 5-12 所示。

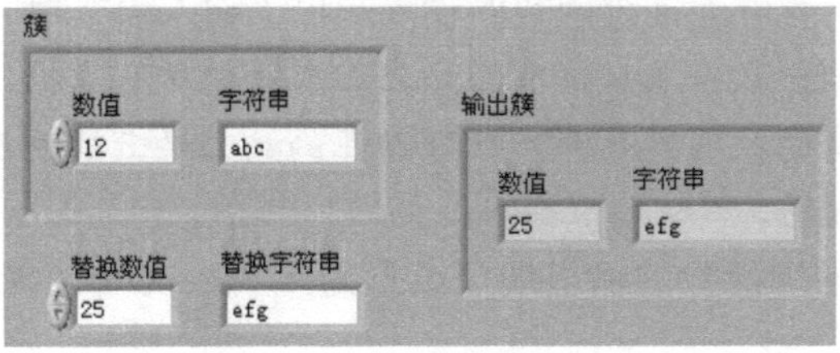

图 5-12　程序运行界面

实例 53　按名称解除捆绑

一、设计任务

按照簇中所包含的数据的名称将簇分解成组成簇的各个元素。

二、任务实现

1. 程序前面板设计

新建 VI。切换到 LabVIEW 的前面板窗口，通过控件选板给程序前面板添加控件。

（1）添加 1 个簇控件：控件→数组、矩阵与簇→簇，标签为“簇”。将 1 个数值输入控件、1 个指示灯控件、1 个字符串输入控件放入簇框架中。

（2）添加 1 个数值显示控件：控件→数值→数值显示控件，标签改为“数值输出”。

（3）添加 1 个指示灯控件：控件→布尔→圆形指示灯，标签为“布尔输出”。

（4）添加 1 个字符串输出控件：控件→字符串与路径→字符串输出控件，标签为“字符串输出”。

设计的程序前面板如图 5-13 所示。

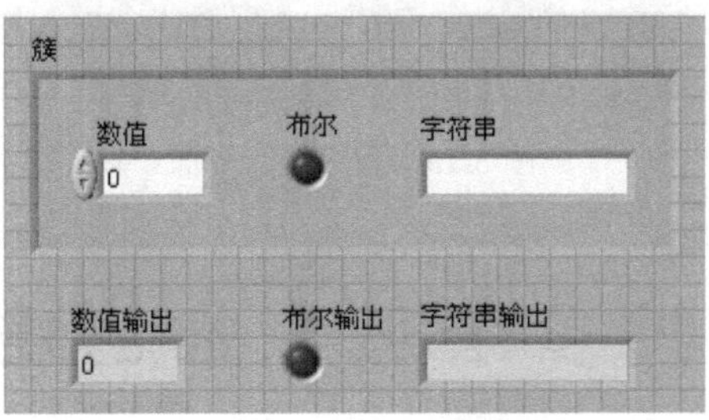

图 5-13　程序前面板

2. 框图程序设计

切换到 LabVIEW 的程序框图窗口，调整控件位置，添加节点与连线。

（1）添加 1 个按名称解除捆绑函数：函数→簇与变体→按名称解除捆绑。

（2）将簇控件与按名称解除捆绑函数的输入端口“输入簇”相连。

说明：假如函数的输出数据端口没有显示出组成簇的所有数据，那么可以拖动函数图标的下沿，使其显示出所有的数据。此外，也可以在函数上单击鼠标左键，选择簇数据的某个元素，作为函数的输出数据。

本例将按名称解除捆绑函数的输出端口设置为 3 个，以显示数值、布尔、字符串输出端口。

（3）将按名称解除捆绑函数的输出端口“数值”“布尔”“字符串”分别与数值输出控件、布尔输出控件、字符串输出控件的输入端口相连。

连线后的框图程序如图 5-14 所示。

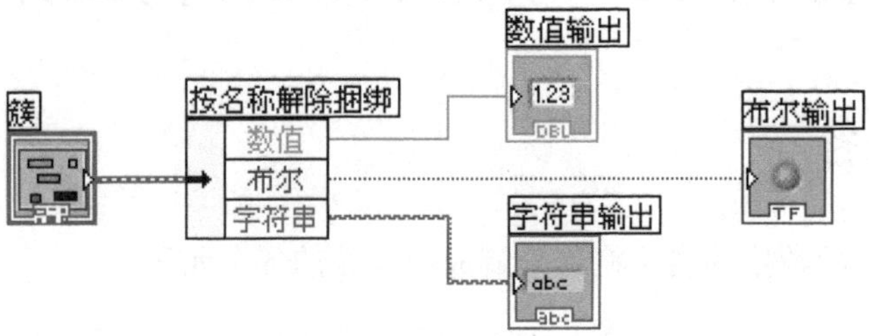

图 5-14　框图程序

3．运行程序

切换到前面板窗口，单击工具栏“连续运行”按钮，运行程序。

在簇数据中改变数值大小、单击布尔指示灯、输入字符串，则数值输出值、布尔输出值、字符串输出值发生同样变化。

程序运行界面如图 5-15 所示。

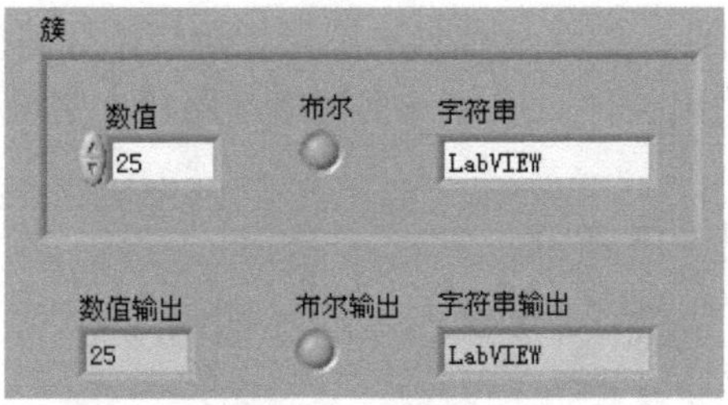

图 5-15　程序运行界面

实例 54　将多个簇数据创建成簇数组

一、设计任务

将输入的多个簇数据转换为以簇为元素的数组数据，并作为该函数的输出。

二、任务实现

1．程序前面板设计

新建 VI。切换到 LabVIEW 的前面板窗口，通过控件选板给程序前面板添加控件。

（1）添加 1 个簇控件：控件→数组、矩阵与簇→簇，标签为“簇”。将 1 个数值输入控件、1 个按钮控件、1 个字符串输入控件放入簇框架中。

（2）添加 1 个数组控件：控件→数组、矩阵与簇→数组，将标签改为“簇数组”。将 1 个簇控件放入数组框架中，再将 1 个数值显示控件、1 个指示灯控件和 1 个字符串显示控件放入簇框架中（如果是输入控件，单击右键转换为显示控件）。将数组成员数量设置为 2 列。

设计的程序前面板如图 5-16 所示。

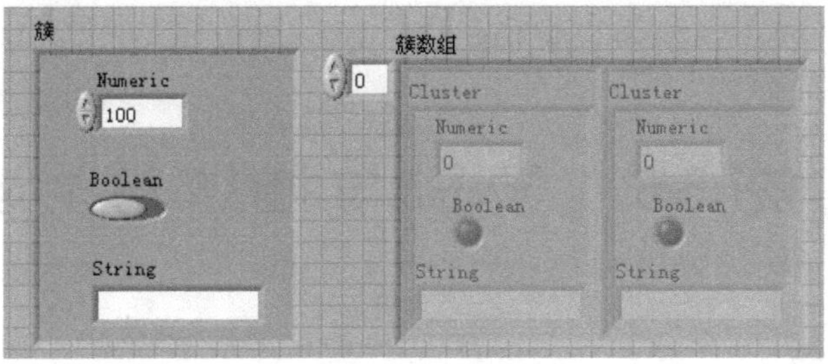

图 5-16　程序前面板

2．框图程序设计

切换到 LabVIEW 的程序框图窗口，调整控件位置，添加节点与连线。

（1）添加 1 个创建簇数组函数：函数→簇与变体→创建簇数组。将输入端口设置为两个。

说明：创建簇数组函数只要求输入数据类型全一致，不管它们是什么数据类型，一律转换成簇，然后连成一个数组。

（2）添加 1 个簇常量：函数→簇与变体→簇常量。往簇常量中添加 1 个数值常量（值为 532）、1 个布尔真常量和 1 个字符串常量（值为 LabVIEW）。

（3）将簇控件的输出端口与创建簇数组的输入端口“组件元素”相连。

（4）将簇常量与创建簇数组的输入端口“组件元素”相连。

（5）将创建簇数组的输出端口“簇数组”与簇数组控件的输入端口相连。

连线后的框图程序如图 5-17 所示。

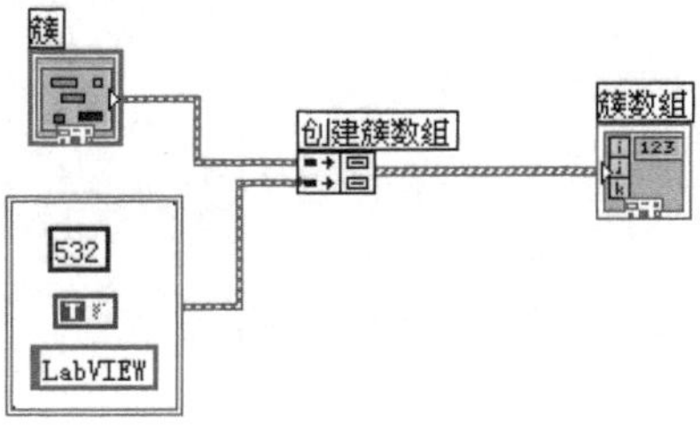

图 5-17　框图程序

3. 运行程序

切换到前面板窗口，单击工具栏“连续运行”按钮，运行程序。

本例中，前面板中的簇数据与框图程序中的簇常量构成一个簇数组。

程序运行界面如图 5-18 所示。

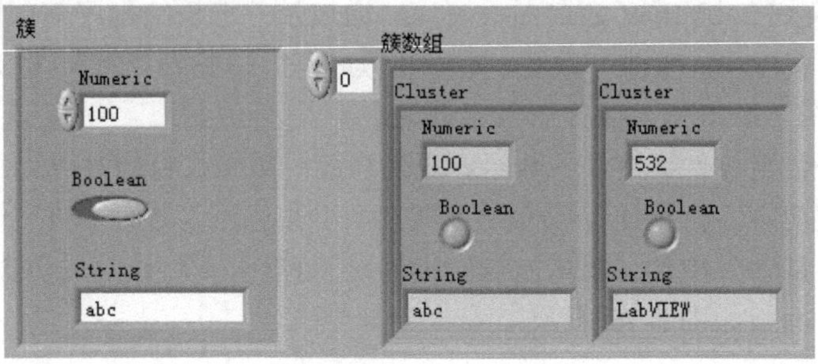

图 5-18　程序运行界面

实例 55　索引与捆绑簇数组

一、设计任务

从输入的多个一维数组中依次取值，按照索引值重新构成一个新的簇数组，构成簇数组的长度和最小的一维数组的长度相同。

二、任务实现

1. 程序前面板设计

新建 VI。切换到 LabVIEW 的前面板窗口，通过控件选板给程序前面板添加控件。

添加 1 个数组控件：控件→数组、矩阵与簇→数组，标签为“数组”。

将 1 个簇控件放入数组框架中，再将 1 个数值显示控件和 1 个字符串显示控件放入簇框架中。将数组成员数量设置为 4 列。

设计的程序前面板如图 5-19 所示。

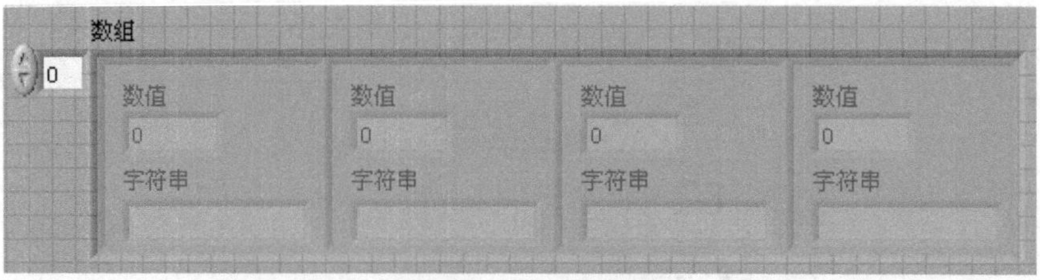

图 5-19　程序前面板

2．框图程序设计

切换到 LabVIEW 的程序框图窗口，调整控件位置，添加节点与连线。

（1）添加 1 个索引与捆绑簇数组函数：函数→簇与变体→索引与捆绑簇数组。将输入端口设置为两个。

说明： 该函数从输入的 n 个一维数组中依次取值，相同索引值的数据被攒成一个簇，所有的簇构成一个一维数组。插接成的簇数组长度与输入数组中长度最短的一个相等，长数组最后多余的数据被甩掉。

（2）添加 1 个数组常量：函数→数组→数组常量。

向数组常量中添加数值常量，将列数设置为 4，输入数值 1、2、3、4。

（3）添加 1 个数组常量：函数→数组→数组常量。

向数组常量中添加字符串常量，将列数设置为 4，输入字符 a、b、c、d。

（4）将数值数组、字符串数组分别与索引与捆绑簇数组函数的输入端口“组件数组”相连。

（5）将索引与捆绑簇数组函数的输出端口“簇数组”与数组控件的输入端口相连。

连线后的框图程序如图 5-20 所示。

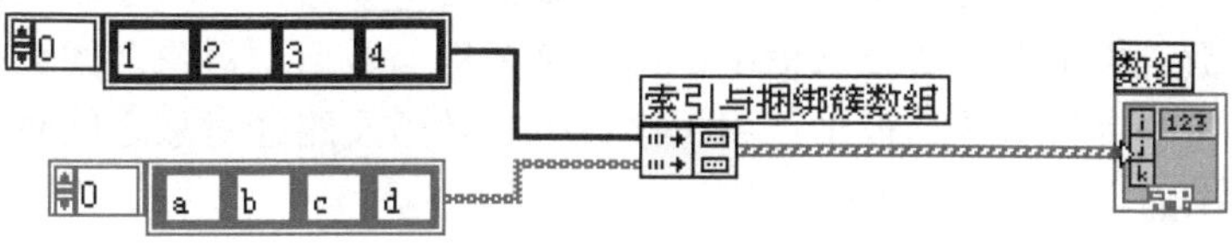

图 5-20　框图程序

3．运行程序

切换到前面板窗口，单击工具栏“运行”按钮，运行程序。

本例数组中有 4 个簇数据，其中数值从数值数组常量中依次取值 1、2、3、4，字符串从字符串数组常量中依次取值 a、b、c、d。

程序运行界面如图 5-21 所示。

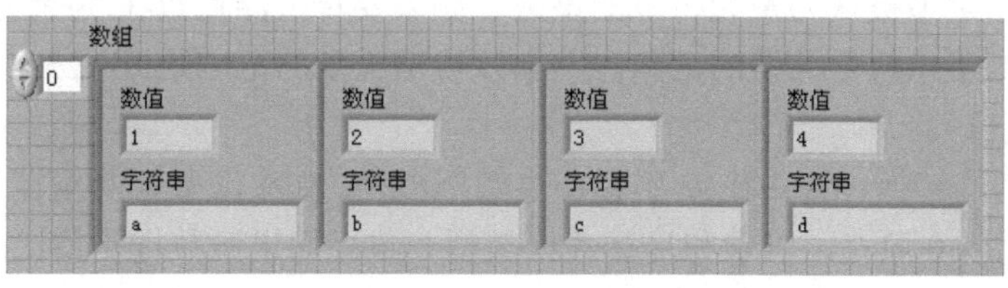

图 5-21　程序运行界面

第6章　数据类型转换

由于程序设计的具体需要，有些时候需要进行数据类型间的转换，即将一种数据类型转换为另一种数据类型。

本章通过实例介绍字符串、数值、数组、簇及布尔等数据类型之间的相互转换。

实例基础　数据类型转换概述

在 LabVIEW 中，数据类型转换主要依赖于数据类型转换函数来完成，这些函数按照功能被安排在函数选板的各个子选板中。例如，用于数值型对象与其他对象之间进行数据类型转换的函数位于函数选板中的数值子选板中；用于字符串与数值型对象之间数据类型转换的函数位于函数选板中的字符串子选板中；用于字符串、数组及路径对象之间数据类型转换的函数位于函数选板中的字符串子选板中。

当在不同的数据类型的端口连线时，LabVIEW 将要根据以下规则进行数据类型的转换。

（1）有符号或无符号的整数可转换为浮点数，这种转换除长整型数据转换为单精度浮点数外，都没有精度损失。长整型数据转换为单精度浮点数时，LabVIEW 将数据长度从 32 位降低为 24 位。

（2）浮点数转换为有符号或无符号的整数时，LabVIEW 会产生数据溢出而使转换后的数据为整数的最大值或最小值。例如，转换任意负的浮点数为一个无符号的整数，都将变为整数的最大值。

（3）枚举数据类型被认为是无符号的整数。如果要转换浮点数-1 为无符号的整数，则转换后的数值被强制于该枚举类型的范围内，如该枚举类型的范围是 0～25，则-1 被转换为 25（枚举类型的最大值）。

（4）整数之间的转换，LabVIEW 不会产生数据溢出。如果源数据类型比目标数据类型小，则 LabVIEW 自动以 0 填充，以求和目标数据类型一致。如果源数据类型比目标数据类型大，LabVIEW 只复制源数值的最小有效位数。

一般用户使用的输入量和显示量都是 32 位双精度浮点数。但是 LabVIEW 包含丰富的数值型数据类型，它们可以是整型（一个字节长、一个字长或长整型），也可以是浮点型（单精度、双精度或扩展精度）。一个数值型量的默认类型是双精度浮点型。

如果把两个不同数据类型的端口连接在一起，LabVIEW 自动将它们转换一致，并且在发生转化的端口留下一个小灰点，即“强制转换符”，作为标记。

例如，For 循环的计数端口要求长整型量，如果用户给它连接了一个双精度浮点数，LabVIEW 语言就将它转换为长整型数，并且在计数端口留下一个小灰点。

LabVIEW 在将浮点数转换为整型数时，将它圆整到最接近的整数。如果恰好在两个数中间，则圆整到最接近的偶数。例如，6.5 圆整到 6，7.5 圆整到 8。这是国际电器工程师协会（IEEE）规定的数值圆整方法。

如果在根本不能相互转换的数据类型之间连线，如把数字控制件的输出连接到显示件的数组上，则连接不会成功，直线以虚线表示，并且运行按钮以断裂的箭头表示。

实例 56 字符串至路径转换

一、设计任务

将 1 个字符串转换为文件路径。

二、任务实现

1. 程序前面板设计

新建 VI。切换到 LabVIEW 的前面板窗口，通过控件选板给程序前面板添加控件。

（1）添加 1 个字符串输入控件：控件→字符串与路径→字符串输入控件，将标签改为“输入字符串”。

（2）添加 1 个路径显示控件：控件→字符串与路径→文件路径显示控件，将标签改为“显示路径”。

设计的程序前面板如图 6-1 所示。

2. 框图程序设计

切换到 LabVIEW 的程序框图窗口，调整控件位置，添加节点与连线。

（1）添加 1 个字符串至路径转换函数：函数→字符串→字符串/数组/路径转换→字符串至路径转换。

字符串/数组/路径转换函数选板如图 6-2 所示。

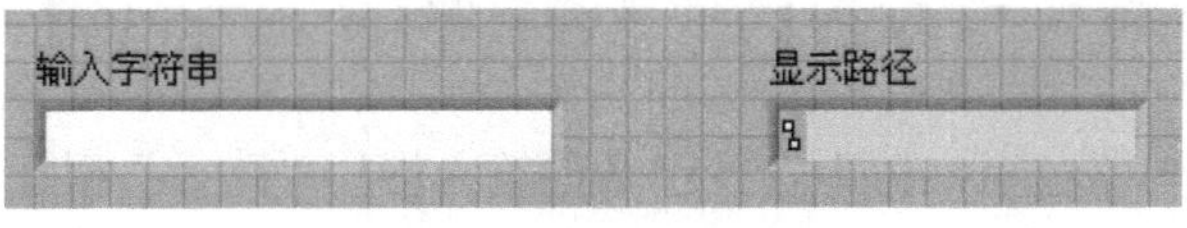

图 6-1 程序前面板

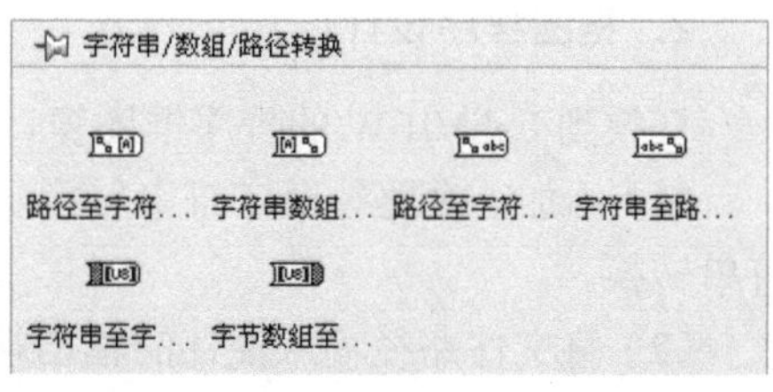

图 6-2 字符串/数组/路径转换函数选板

（2）将字符串输入控件的输出端口与字符串至路径转换函数的输入端口“字符串”相连。

（3）将字符串至路径转换函数的输出端口“路径”与路径显示控件的输入端口相连。

连线后的框图程序如图 6-3 所示。

3. 运行程序

切换到前面板窗口，单击工具栏“连续运行”按钮，运行程序。

输入字符串“C:\LabVIEW.vi”，转换为文件路径“C:\LabVIEW.vi”。

程序运行界面如图 6-4 所示。

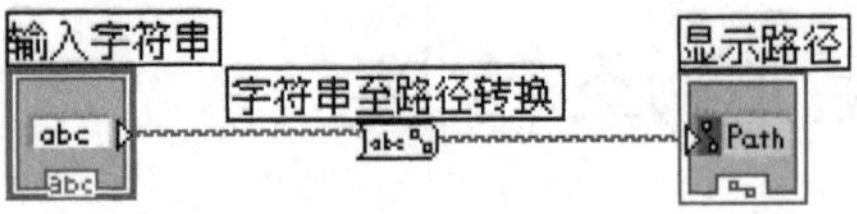

图 6-3 框图程序

图 6-4 程序运行界面

实例 57 路径至字符串转换

一、设计任务

将文件路径转换为字符串。

二、任务实现

1. 程序前面板设计

新建 VI。切换到 LabVIEW 的前面板窗口，通过控件选板给程序前面板添加控件。

（1）添加 1 个路径输入控件：控件→字符串与路径→文件路径输入控件，将标签改为“输入路径”。

（2）添加 1 个字符串显示控件：控件→字符串与路径→字符串显示控件，将标签改为“输出字符串”。

设计的程序前面板如图 6-5 所示。

2. 框图程序设计

切换到 LabVIEW 的程序框图窗口，调整控件位置，添加节点与连线。

（1）添加 1 个路径至字符串转换函数：函数→字符串→字符串/数组/路径转换→路径至字符串转换。

（2）将文件路径输入控件的输出端口与路径至字符串转换函数的输入端口“路径”相连。

（3）将路径至字符串转换函数的输出端口“字符串”与输出字符串显示控件的输入端口相连。

连线后的框图程序如图 6-6 所示。

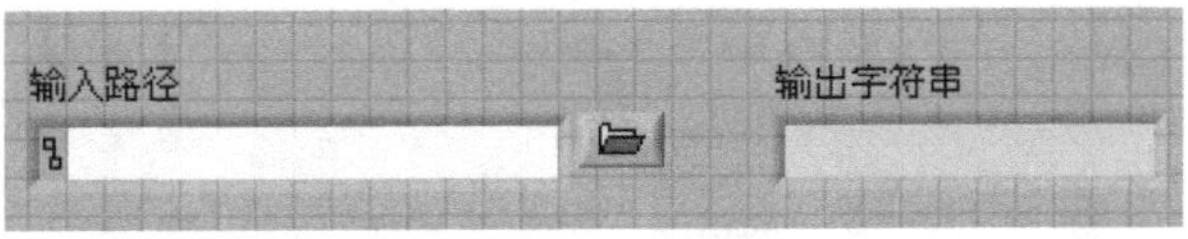

图 6-5 程序前面板

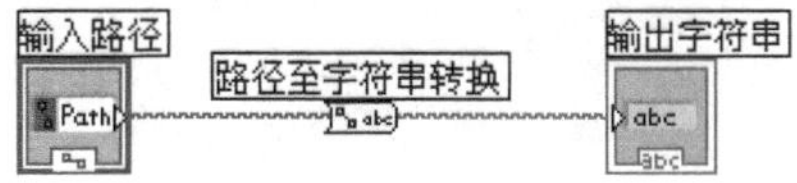

图 6-6 框图程序

3. 运行程序

切换到前面板窗口，单击工具栏“连续运行”按钮，运行程序。

通过单击输入路径文本框右侧的图标，选择一个文件，在输出字符串文本框显示该文件路径。

程序运行界面如图 6-7 所示。

图 6-7 程序运行界面

实例 58 数值至字符串转换

一、设计任务

将十进制数值转换为十进制数字符串和十六进制数字符串；将小数格式化后以字符串形式输出。

二、任务实现

1. 程序前面板设计

新建 VI。切换到 LabVIEW 的前面板窗口，通过控件选板给程序前面板添加控件。

（1）添加 2 个数值输入控件：控件→数值→数值输入控件。将标签分别改为“十进制数值 1”和“十进制数值 2”。

（2）添加 3 个字符串显示控件：控件→字符串与路径→字符串显示控件。将标签分别改为“十进制数字符串”“十六进制数字符串”和“格式字符串”。

设计的程序前面板如图 6-8 所示。

2. 框图程序设计

切换到 LabVIEW 的程序框图窗口，调整控件位置，添加节点与连线。

（1）添加 1 个数值至十进制数字符串转换函数：函数→字符串→字符串/数值转换→数值至十进制数字符串转换。

字符串/数值转换函数选板如图 6-9 所示。

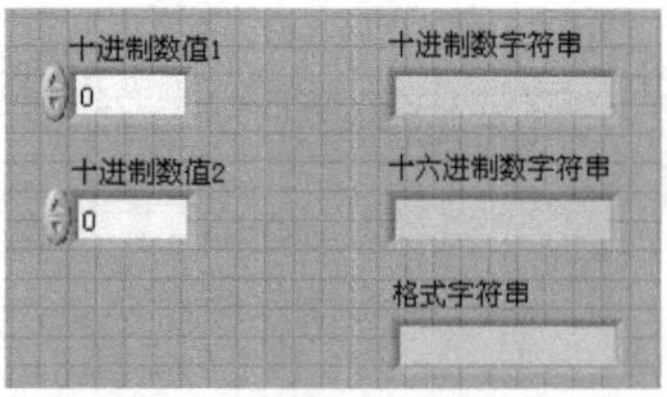

图 6-8　程序前面板

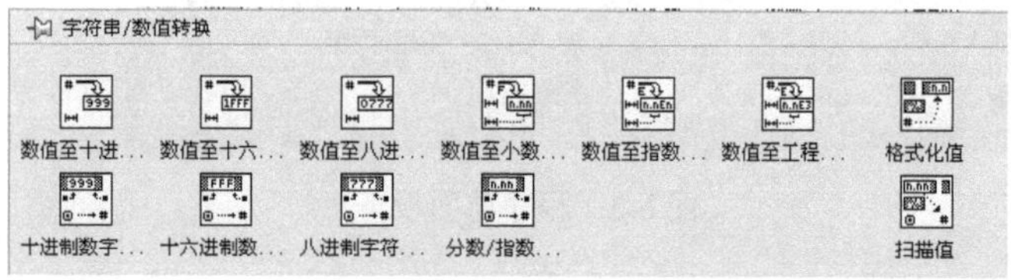

图 6-9　字符串/数值转换函数选板

（2）添加 1 个数值至十六进制数字符串转换函数：函数→字符串→字符串/数值转换→数值至十六进制数字符串转换。

（3）添加 1 个数值至小数字符串转换函数：函数→字符串→字符串/数值转换→数值至小数字符串转换。

（4）添加 2 个数值常量：函数→数值→数值常量。将值改为“3.1415926”和“5”。

（5）将十进制数值 1 控件的输出端口与数值至十进制数字符串转换函数的输入端口“数字”相连。

（6）将数值至十进制数字符串转换函数的输出端口“十进制整型字符串”与十进制数字符串显示控件的输入端口相连。

（7）将十进制数值 2 控件的输出端口与数值至十六进制数字符串转换函数的输入端口“数字”相连。

（8）将数值至十六进制数字符串转换函数的输出端口“十六进制整型字符串”与十六进制数字符串显示控件的输入端口相连。

（9）将数值常量“3.1415926”与数值至小数字符串转换函数的输入端口“数字”相连。

（10）将数值常量“5”与数值至小数字符串转换函数的输入端口“精度”相连。

（11）将数值至小数字符串转换函数的输出端口“F-格式字符串”与格式字符串显示控件的输入端口相连。

连线后的框图程序如图 6-10 所示。

3. 运行程序

切换到前面板窗口，单击工具栏“连续运行”按钮，运行程序。

本例中，十进制数 6.8 转换为十进制数字符串“7”输出，十进制数 12 转换为十六进制数字符串“C”输出，小数 3.1415926 按照 5 位精度转换后的字符串为“3.14159”。

程序运行界面如图 6-11 所示。

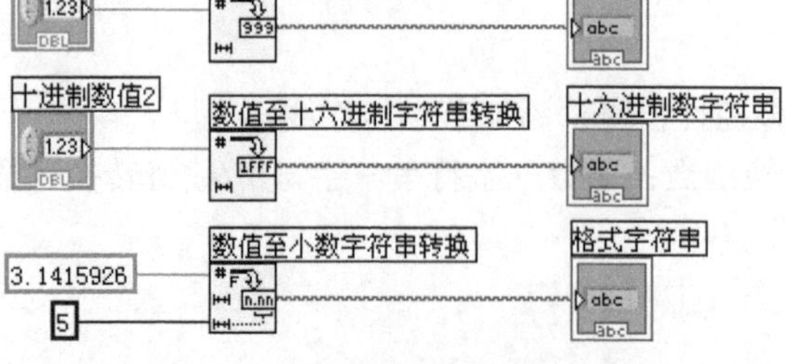

图 6-10　框图程序

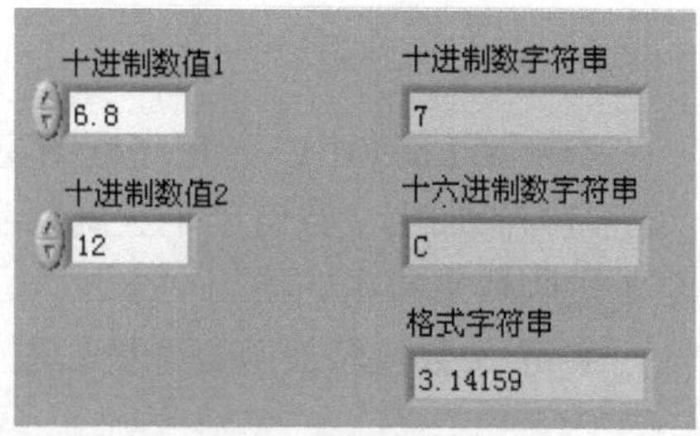

图 6-11　程序运行界面

实例 59　字符串至数值转换

一、设计任务

将十进制数字符串和十六进制数字符串转换为十进制数值。

二、任务实现

1．程序前面板设计

新建 VI。切换到 LabVIEW 的前面板窗口，通过控件选板给程序前面板添加控件。

（1）添加 2 个字符串输入控件：控件→字符串与路径→字符串输入控件。将标签分别改为“十进制数字符串”和“十六进制数字符串”。

（2）添加 2 个数值显示控件：控件→数值→数值显示控件。将标签分别改为“数值 1”和“数值 2”。

设计的程序前面板如图 6-12 所示。

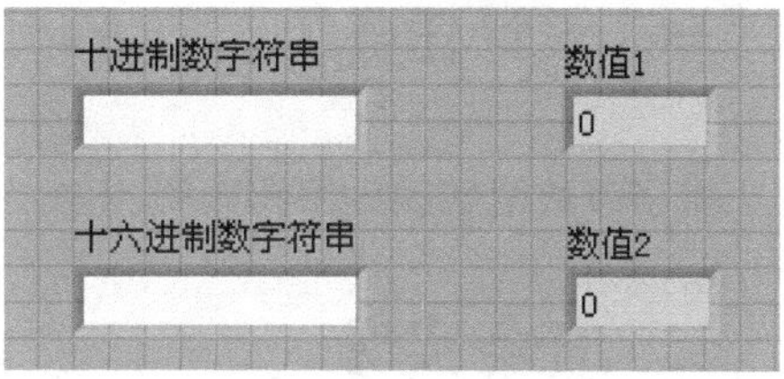

图 6-12　程序前面板

2．框图程序设计

切换到 LabVIEW 的程序框图窗口，调整控件位置，添加节点与连线。

（1）添加 1 个十进制数字符串至数值转换函数：函数→字符串→字符串/数值转换→十进制数字符串至数值转换。

（2）添加 1 个十六进制数字符串至数值转换函数：函数→字符串→字符串/数值转换→十六进制数字符串至数值转换。

（3）将十进制数字符串控件的输出端口与十进制数字符串至数值转换函数的输入端口“字符串”相连。

（4）将十进制数字符串至数值转换函数的输出端口“数字”与数值 1 显示控件的输入端口相连。

（5）将十六进制数字符串控件的输出端口与十六进制数字符串至数值转换函数的输入端口“字符串”相连。

（6）将十六进制数字符串至数值转换函数的输出端口“数字”与数值 2 显示控件的输入端口相连。

连线后的框图程序如图 6-13 所示。

3．运行程序

切换到前面板窗口，单击工具栏“连续运行”按钮，运行程序。

本例中，十进制数字符串 12 转换为十进制数 12；十六进制数字符串 12 转换为十进制数 18。

程序运行界面如图 6-14 所示。

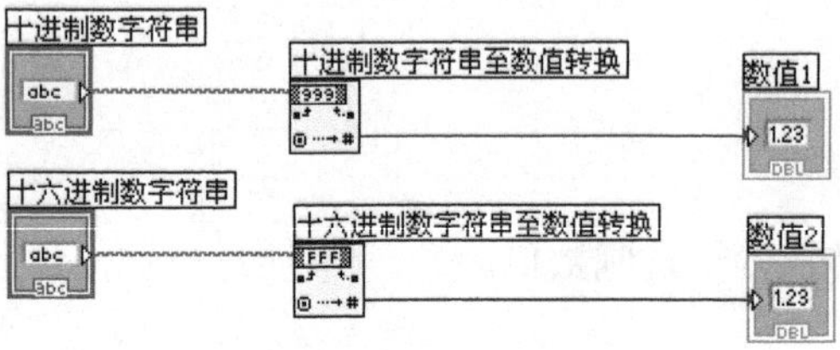

图 6-13　框图程序

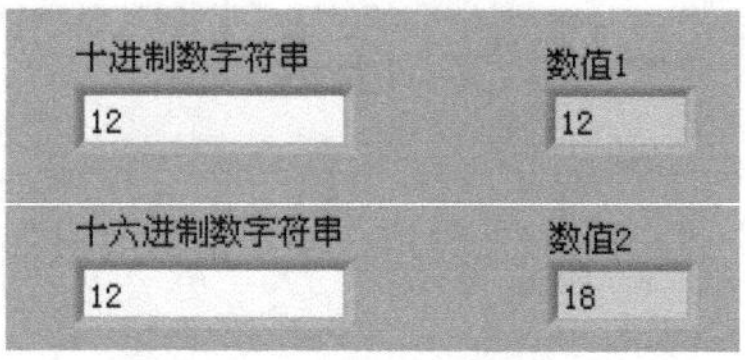

图 6-14　程序运行界面

实例 60　字节数组至字符串转换

一、设计任务

将字节数组转换为字符串输出。

二、任务实现

1．程序前面板设计

新建 VI。切换到 LabVIEW 的前面板窗口，通过控件选板给程序前面板添加控件。

（1）添加 1 个数组控件：控件→数组、矩阵与簇→数组。标签改为“字节数组”。

（2）将数值显示控件放入数组框架中，将成员数量设置为 4 列。右击数值显示控件，选择“格式与精度”项，在出现的数值属性对话框中，选择数据范围项，将表示法设为“无符号单字节”；再选择格式与精度项，选择“十六进制”。

（3）添加 1 个字符串显示控件：控件→字符串与路径→字符串显示控件，标签为“字符串”。右击字符串显示控件，选择“十六进制显示”。

设计的程序前面板如图 6-15 所示。

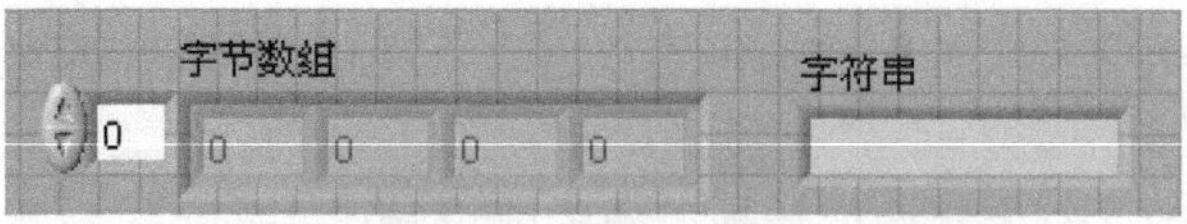

图 6-15　程序前面板

2．框图程序设计

切换到 LabVIEW 的程序框图窗口，调整控件位置，添加节点与连线。

（1）添加 1 个字节数组至字符串转换函数：函数→数值→转换→字节数组至字符串转换。字节数组至字符串转换函数的位置如图 6-16 所示。

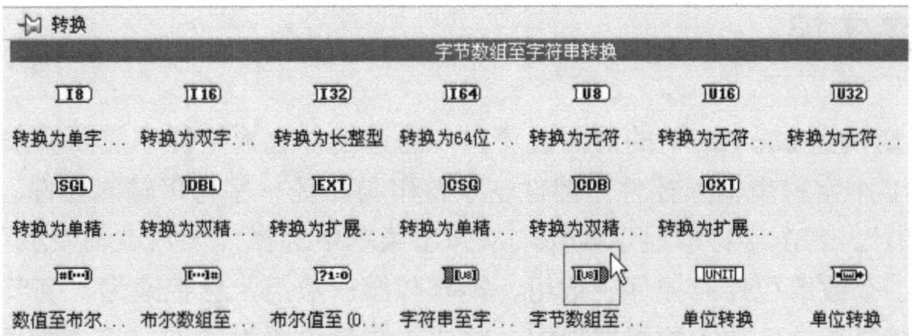

图 6-16　字节数组至字符串转换函数的位置

（2）添加 1 个数组常量：函数→数组→数组常量。再往数组常量数据区添加数值常量，设置为 4 列，将其数据格式设置为十六进制，方法为：右击数组框架中的数值常量，弹出快捷菜单，选择“格式与精度”（或“显示格式”）菜单项，出现“数值常量属性”对话框，在“格式与精度”（或“显示格式”）选项卡中选择十六进制，单击“确定”按钮。将 4 个数值常量的值分别改为 1A、21、C2、FF。

（3）将数组常量与字节数组至字符串转换函数的输入端口“无符号字节数组”相连，再将数组常量与字节数组显示控件相连。

（4）将字节数组至字符串转换函数的输出端口“字符串”与字符串显示控件相连。

连线后的框图程序如图 6-17 所示。

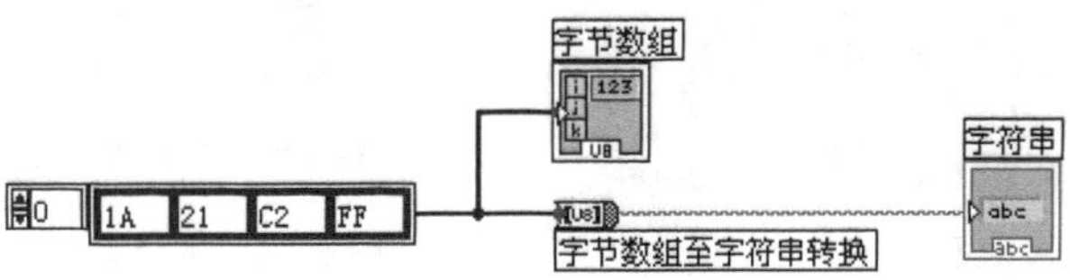

图 6-17　框图程序

3. 运行程序

切换到前面板窗口，单击工具栏“连续运行”按钮，运行程序。

本例中，字节数组控件显示 1A、21、C2、FF，字符串显示控件显示“1A21 C2FF”。

程序运行界面如图 6-18 所示。

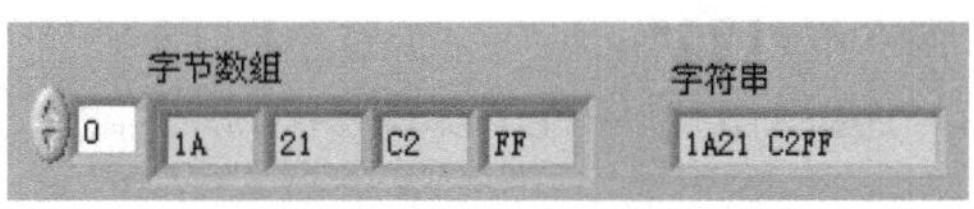

图 6-18　程序运行界面

实例 61　字符串至字节数组转换

一、设计任务

将字符串转换为字节数组输出。

二、任务实现

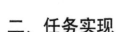

新建 VI。切换到 LabVIEW 的前面板窗口，通过控件选板给程序前面板添加控件。

（1）添加 1 个字符串输入控件：控件→字符串与路径→字符串输入控件。标签改为“十六进制数字符串”。右击字符串显示控件，从弹出菜单中选择“十六进制显示”。

（2）添加 1 个数组控件：控件→数组、矩阵与簇→数组，标签改为“字节数组”。

（3）将数值显示控件放入数组框架中，将成员数量设置为 4 列。右击数值显示控件，选择“格式与精度”项，在出现的数值属性对话框中，选择数据范围项，将表示法设为“无符号单字节”；再选择格式与精度项，选择“十六进制”。

设计的程序前面板如图 6-19 所示。

2. 框图程序设计

切换到 LabVIEW 的程序框图窗口，调整控件位置，添加节点与连线。

（1）添加 1 个字符串至字节数组转换函数：函数→字符串→字符串/数组/路径转换→字符串至字节数组转换。字符串至字节数组转换函数的位置如图 6-20 所示。

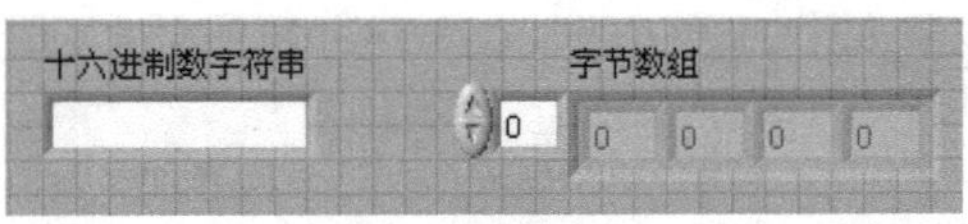

图 6-19　程序前面板

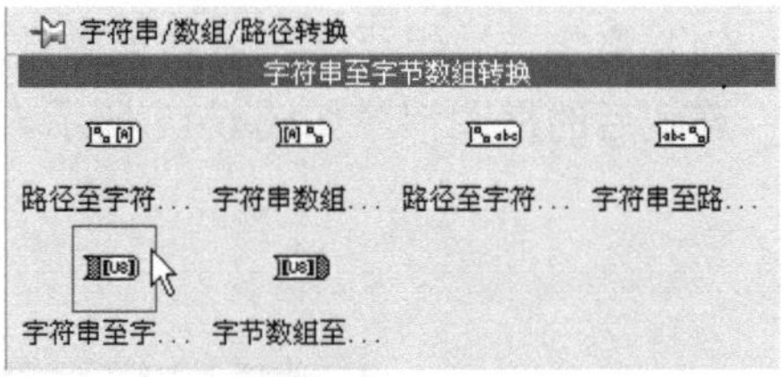

图 6-20　字符串至字节数组转换函数位置

（2）将十六进制数字符串输入控件的输出端口与字符串至字节数组转换函数的输入端口“字符串”相连。

（3）将字符串至字节数组转换函数的输出端口“无符号字节数组”与字节数组显示控件的输入端口相连。

连线后的框图程序如图 6-21 所示。

3. 运行程序

切换到前面板窗口，单击工具栏“连续运行”按钮，运行程序。

在十六进制字符串输入控件框中输入字符串“1A21 33FF”，单击界面空白处，在字节数组控件中以字节形式显示“1A 21 33 FF”。

程序运行界面如图 6-22 所示。

图 6-21　框图程序

图 6-22　程序运行界面

实例 62　数组至簇转换

一、设计任务

将 1 个数组数据转换为簇数据。

二、任务实现

1. 程序前面板设计

新建 VI。切换到 LabVIEW 的前面板窗口，通过控件选板给程序前面板添加控件。

（1）添加 1 个数组控件：控件→数组、矩阵与簇→数组，标签为“数组”。将旋钮控件放入数组框架中，将成员数量设置为 3 列。

（2）添加 1 个簇控件：控件→数组、矩阵与簇→簇，标签为“簇”。将 3 个数值显示控件放入簇框架中。

设计的程序前面板如图 6-23 所示。

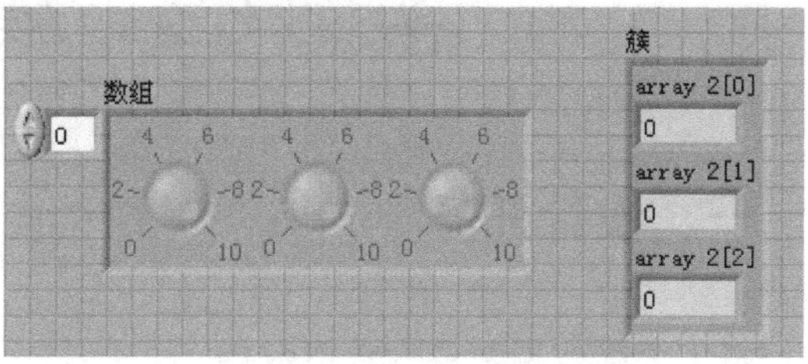

图 6-23　程序前面板

2. 框图程序设计

切换到 LabVIEW 的程序框图窗口，调整控件位置，添加节点与连线。

（1）添加 1 个数组至簇转换函数：函数→数组→数组至簇转换。数组至簇转换函数位置如图 6-24 所示。

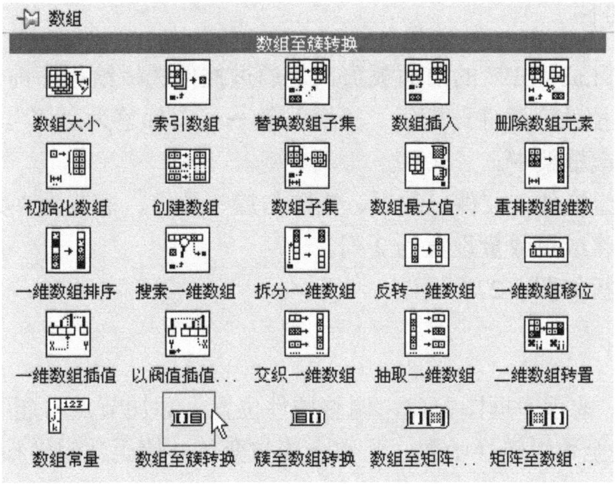

图 6-24　数组至簇转换函数位置

（2）将数组控件的输出端口与数组至簇转换函数的输入端口“数组”相连。

（3）将数组至簇转换函数的输出端口“簇”与簇控件的输入端口相连。
连线后的框图程序如图 6-25 所示。

3. 运行程序

切换到前面板窗口，单击工具栏“连续运行”按钮，运行程序。
改变数组控件中各个旋钮位置，簇控件中各数值显示控件中的值随着改变。
程序运行界面如图 6-26 所示。

图 6-25　框图程序

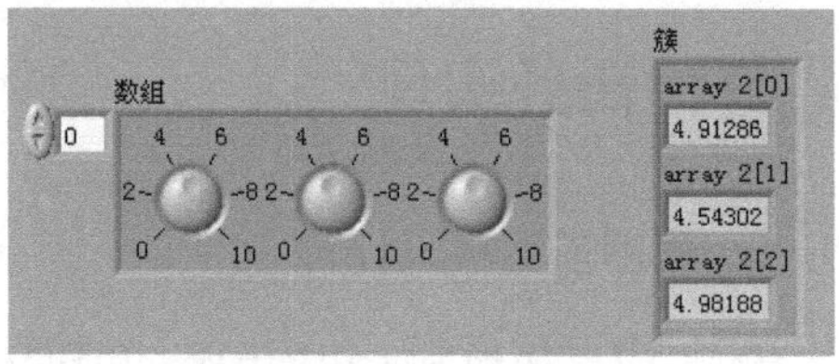

图 6-26　程序运行界面

实例 63　簇至数组转换

一、设计任务

将 1 个簇数据转换为数组数据。

二、任务实现

1. 程序前面板设计

新建 VI。切换到 LabVIEW 的前面板窗口，通过控件选板给程序前面板添加控件。

（1）添加 1 个簇控件：控件→数组、矩阵与簇→簇，标签为“簇”。将 1 个旋钮控件、1 个数值输入控件放入簇框架中。

（2）添加 1 个数组控件：控件→数组、矩阵与簇→数组，标签为“数组”。将数值显示控件放入数组框架中，将成员数量设置为 2 列。

设计的程序前面板如图 6-27 所示。

2. 框图程序设计

切换到 LabVIEW 的程序框图窗口，调整控件位置，添加节点与连线。

（1）添加 1 个簇至数组转换函数：函数→簇与变体→簇至数组转换。簇至数组转换函数位置如图 6-28 所示。

（2）将簇控件的输出端口与簇至数组转换函数的输入端口“簇”相连。

（3）将簇至数组转换函数的输出端口“数组”与数组控件的输入端口相连。

连线后的框图程序如图 6-29 所示。

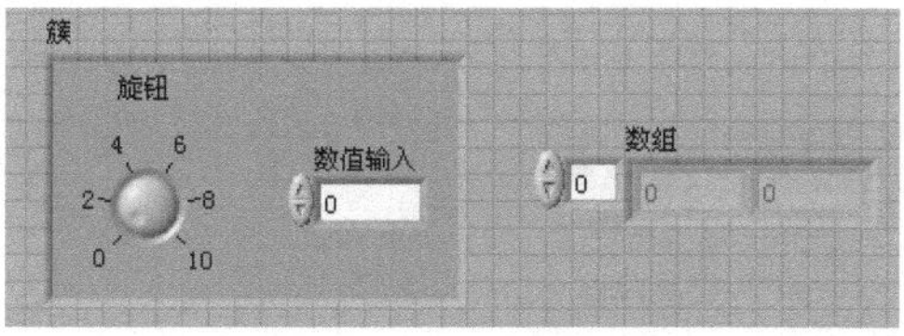

图 6-27　程序前面板

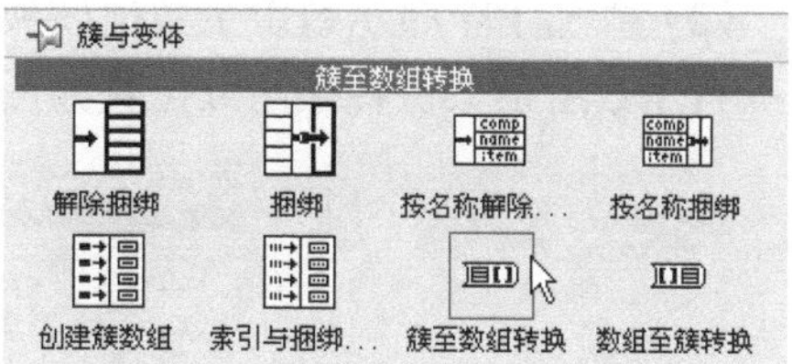

图 6-28　簇至数组转换函数位置

3. 运行程序

切换到前面板窗口，单击工具栏“连续运行”按钮，运行程序。

改变簇控件中旋钮的位置、数值输入控件的值，数组控件同时显示旋钮值、数值输入值。

程序运行界面如图 6-30 所示。

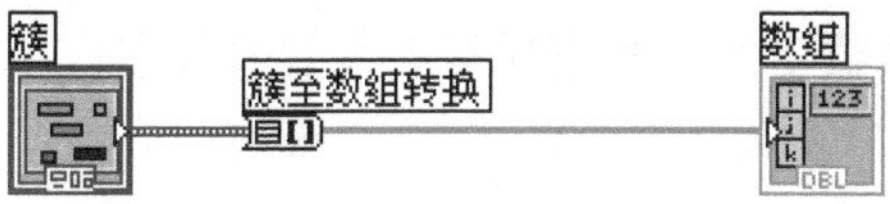

图 6-29　框图程序

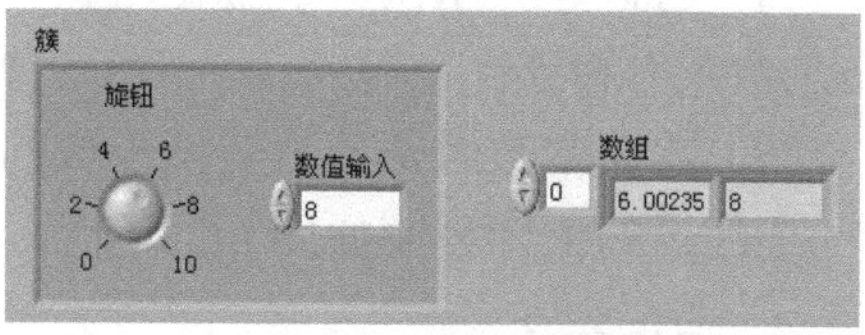

图 6-30　程序运行界面

实例 64　布尔数组至数值转换

一、设计任务

将布尔数组转换为数值显示。

二、任务实现

1. 程序前面板设计

新建 VI。切换到 LabVIEW 的前面板窗口，通过控件选板给程序前面板添加控件。

（1）添加两个开关控件：控件→布尔→滑动开关，标签分别为“开关 1”和“开关 2”。

（2）添加 1 个数值显示控件：控件→数值→数值显示控件，标签为“数值”。

设计的程序前面板如图 6-31 所示。

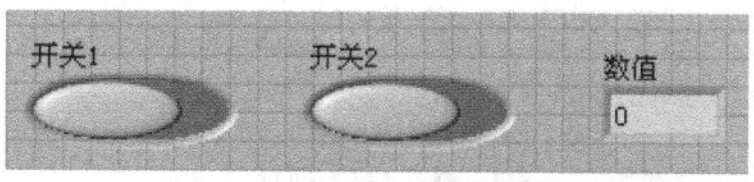

图 6-31　程序前面板

2. 框图程序设计

切换到 LabVIEW 的程序框图窗口，调整控件位置，添加节点与连线。

（1）添加 1 个创建数组函数：函数→数组→创建数组。将元素端口设置为两个。

（2）添加 1 个布尔数组至数值转换函数：函数→布尔→布尔数组至数值转换。

布尔数组至数值转换函数位置如图 6-32 所示。

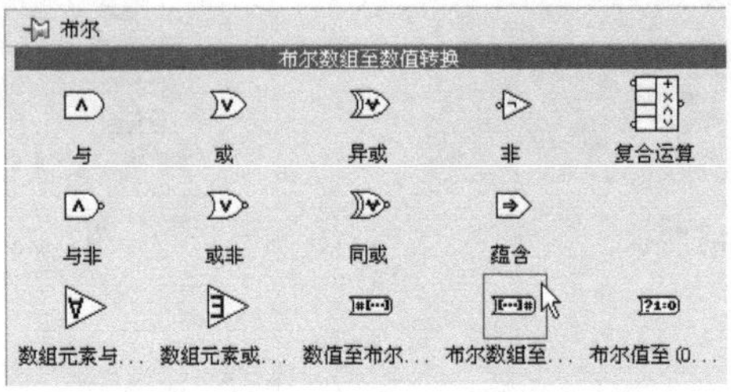

图 6-32　布尔数组至数值转换函数位置

（3）将两个开关控件的输出端口分别与创建数组函数的输入端口“元素”相连。

（4）将创建数组函数的输出端口“添加的数组”与布尔数组至数值转换函数的输入端口“布尔数组”相连。

（5）将布尔数组至数值转换函数的输出端口“数字”与数值显示控件的输入端口相连。

连线后的框图程序如图 6-33 所示。

3. 运行程序

切换到前面板窗口，单击工具栏“连续运行”按钮，运行程序。

单击两个滑动开关，当两个开关键在不同位置时，数值显示控件显示 0、1、2 或 3。

程序运行界面如图 6-34 所示。

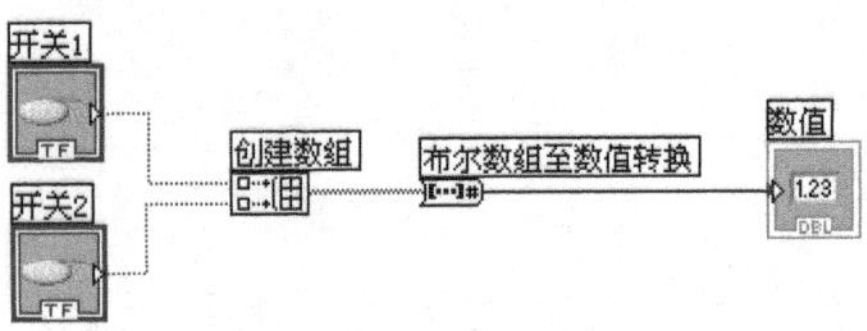

图 6-33　框图程序

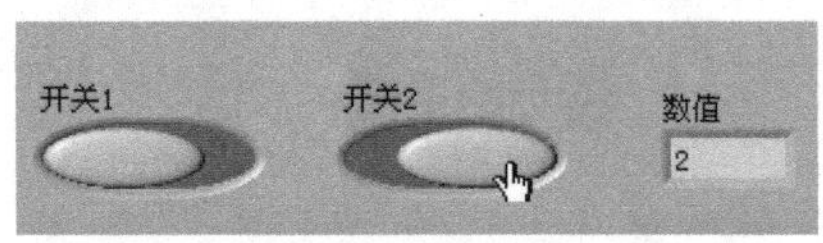

图 6-34　程序运行界面

实例 65　数值至布尔数组转换

一、设计任务

将数值转换为布尔数组显示。

二、任务实现

1. 程序前面板设计

新建 VI。切换到 LabVIEW 的前面板窗口，通过控件选板给程序前面板添加控件。

（1）添加 1 个数值输入控件：控件→数值→数值输入控件，标签为“数值”。

（2）添加 1 个数组控件：控件→数组、矩阵与簇→数组，标签为“布尔数组”。将圆形指示灯控件放入数组框架中，将成员数量设置为 2 列。

设计的程序前面板如图 6-35 所示。

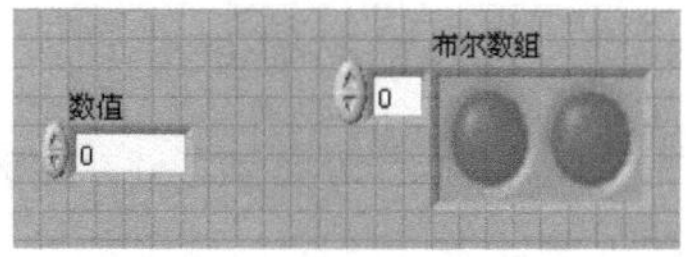

图 6-35　程序前面板

2．框图程序设计

切换到 LabVIEW 的程序框图窗口，调整控件位置，添加节点与连线。

（1）添加 1 个数值至布尔数组转换函数：函数→数值→转换→数值至布尔数组转换。

数值至布尔数组转换函数位置如图 6-36 所示。

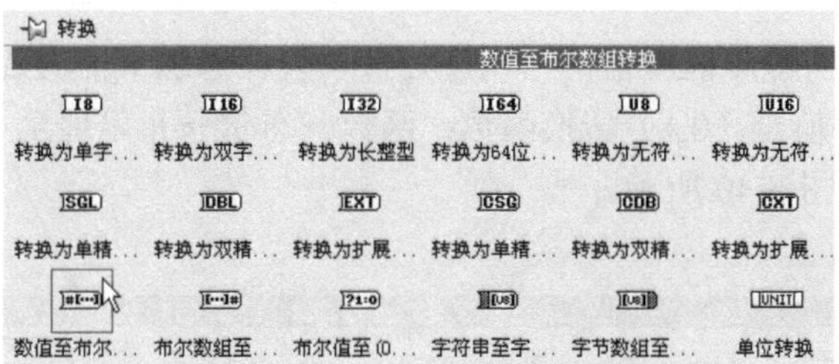

图 6-36　数值至布尔数组转换函数位置

（2）将数值输入控件的输出端口与数值至布尔数组转换函数的输入端口“数字”相连。

（3）将数值至布尔数组转换函数的输出端口“布尔数组”与数组控件的输入端口相连。

连线后的框图程序如图 6-37 所示。

3．运行程序

切换到前面板窗口，单击工具栏“连续运行”按钮，运行程序。

将输入数值变为 0、1、2 或 3，布尔数组中的两个指示灯颜色发生不同变化。程序运行界面如图 6-38 所示。

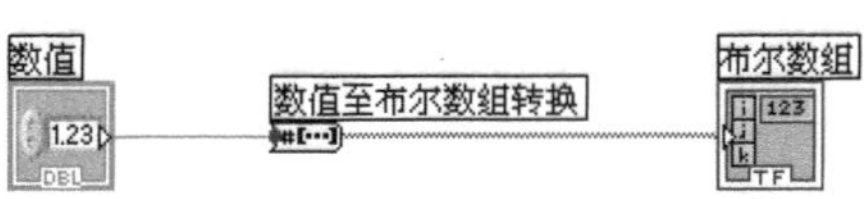

图 6-37　框图程序

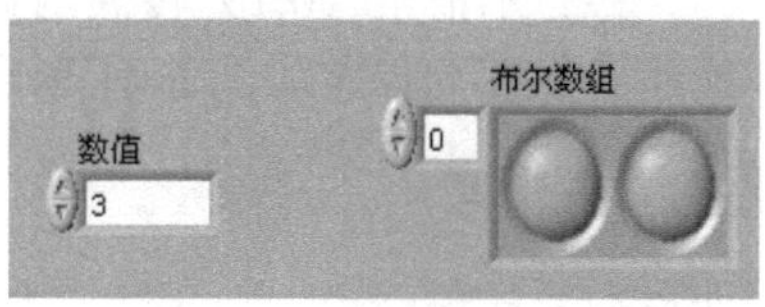

图 6-38　程序运行界面

实例 66　布尔值至（0,1）转换

一、设计任务

将一个布尔数据转换为 0 或 1 显示。

二、任务实现

1. 程序前面板设计

新建 VI。切换到 LabVIEW 的前面板窗口，通过控件选板给程序前面板添加控件。

（1）添加 1 个开关控件：控件→布尔→滑动开关，标签为“滑动开关”。

（2）添加 1 个数值显示控件：控件→数值→数值显示控件，标签为“数值”。

设计的程序前面板如图 6-39 所示。

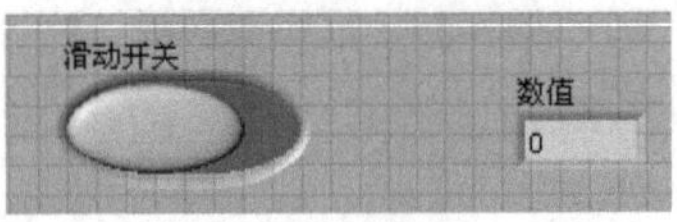

图 6-39　程序前面板

2. 框图程序设计

切换到 LabVIEW 的程序框图窗口，调整控件位置，添加节点与连线。

（1）添加 1 个布尔值至（0,1）转换函数：函数→布尔→布尔值至（0,1）转换。布尔值至（0,1）转换函数位置如图 6-40 所示。

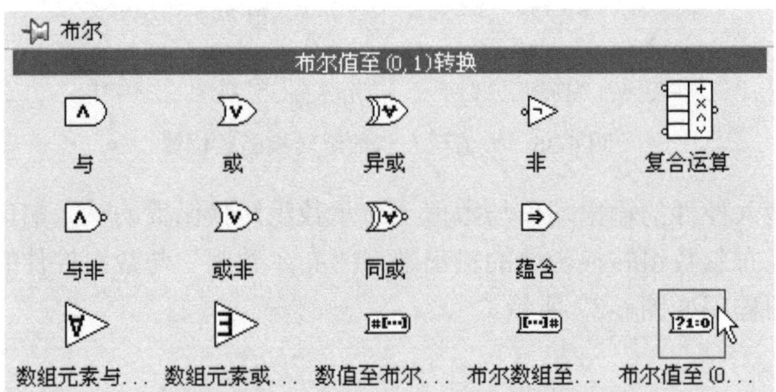

图 6-40　布尔值至（0,1）转换函数位置

（2）将滑动开关控件的输出端口与布尔值至（0,1）转换函数的输入端口“布尔”相连。

（3）将布尔值至（0,1）转换函数的输出端口“（0,1）”与数值显示控件的输入端口相连。

连线后的框图程序如图 6-41 所示。

3. 运行程序

切换到前面板窗口，单击工具栏“连续运行”按钮，运行程序。

单击滑动开关，数值显示控件显示 0 或 1。

程序运行界面如图 6-42 所示。

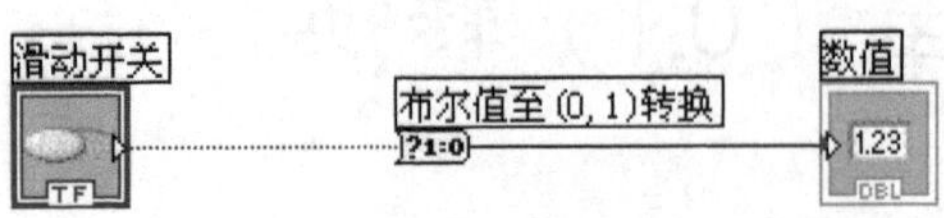

图 6-41　框图程序

图 6-42　程序运行界面

第 7 章　程序流程控制

本章通过实例介绍 LabVIEW 框图程序设计中的程序流程控制结构，包括条件结构、顺序结构、For 循环结构、While 循环结构、定时结构、事件结构和禁用结构的创建与使用。

实例基础　程序流程控制概述

LabVIEW 提供了多种用来控制程序流程的结构，包括顺序结构、条件结构、循环结构等框架。

流程控制具有结构化特征，也正是这些用于流程控制的机制使 LabVIEW 的结构化程序设计成为可能。同时，LabVIEW 也支持事件结构这种具有面向对象特征的程序流程控制方式，利用这种方式，用户可以将程序设计的重点放在对各种事件的响应上面，流程的控制被大大简化。综合应用这两种方式，可以提高程序设计的效率，高效地完成 LabVIEW 的程序设计。

流程控制结构是 LabVIEW 编程的核心，也是区别于其他图形化编程开发环境的独特与灵活之处。流程控制具有结构化特征，也正是这些用于流程控制的机制使 LabVIEW 的结构化程序设计成为可能。LabVIEW 提供的结构定义简单直观，但应用变换灵活，形式多种多样。

LabVIEW 提供了多种用来控制程序流程的结构，包括条件结构、顺序结构、循环结构等，这些结构在函数选板的结构子选板中，如图 7-1 所示。

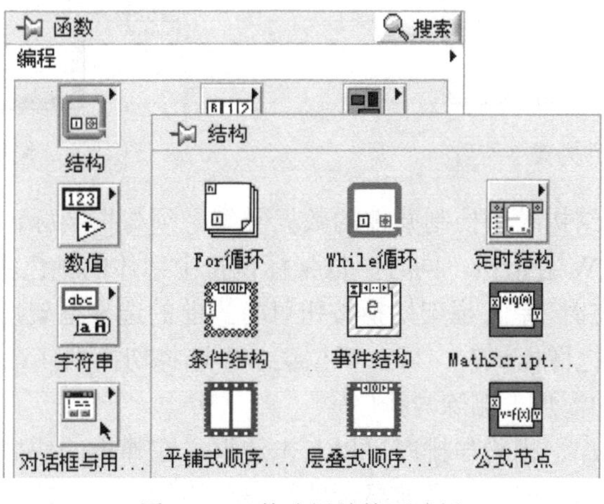

图 7-1　函数选板结构子选板

1. 条件结构

1）条件结构的组成与建立

件结构根据条件的不同控制程序执行不同的过程。

从函数选板的结构子选板上将条件结构拖至程序框图中放大，其原始形状如图 7-2 所示，由选择框架、条件选择端口、框架标识符、框架切换按钮组成。

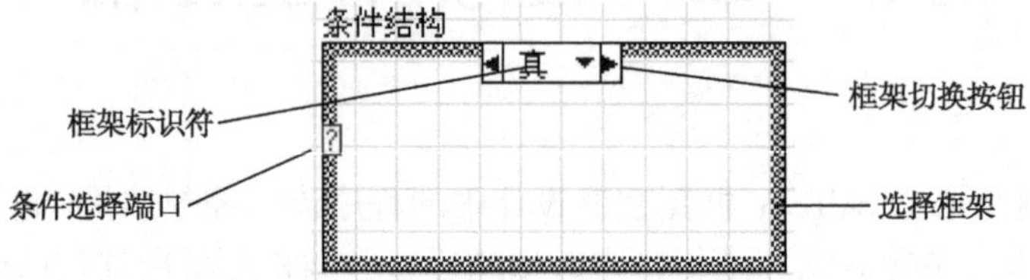

图 7-2　条件结构的组成

编程时，将外部控制条件连接至条件选择端口上，程序运行时选择端口会判断送来的控制条件，引导条件结构执行相应框架中的内容。

条件结构包含有多个子框图，每个子框图的程序代码与一个条件选项对应。这些子框图全部重叠在一起，一次只能看到一张。

LabVIEW 中的条件结构比较灵活，条件选择端口中的外部控制条件的数据类型有多种可选：布尔型、数字整型、字符串型或枚举型。

当控制条件为布尔型时，条件结构的框架标识符的值为真和假两种，即有真和假两种选择框架，这是 LabVIEW 默认的选择框架类型。

当控制条件为数字整型时，条件结构的框架标识符的值为整数 0，1，2，…，如图 7-3 所示。

当控制条件为字符串型时，条件结构的框架标识符的值为由双引号括起来的字符串如“1”，选择框架的个数也是根据实际需要确定的，如图 7-4 所示。

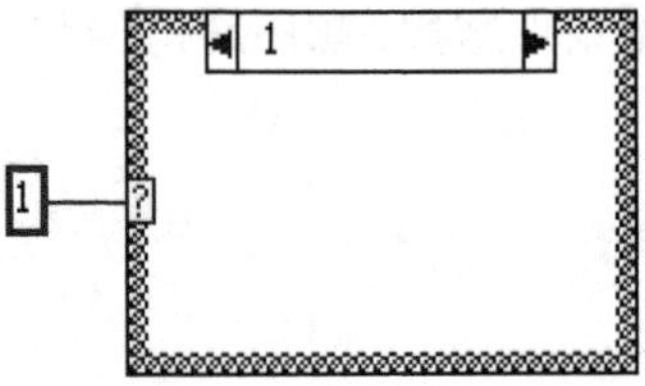

图 7-3　控制条件为数字整型

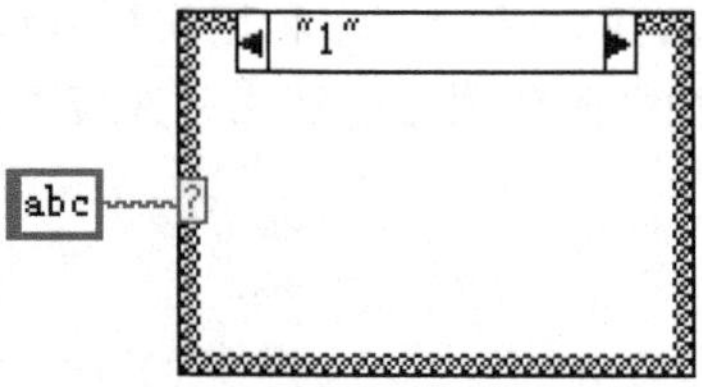

图 7-4　控制条件为字符串型

注意，在使用条件结构时，控制条件的数据类型必须与框架标识符中的数据类型一致，二者若不匹配，LabVIEW 会报错，同时，框架标识符中字体的颜色将变为红色。

在 VI 处于编辑状态时，单击框架切换按钮可将当前的选择框架切换到前一个或后一个的选择框架；用鼠标单击框图标识符，可在下拉菜单中选择切换到任意一个选择框架。

2）条件结构分支的添加，删除与排序

条件结构分支的添加、删除与排序可以右击边框，在弹出的快捷菜单中选择相应的选项完成。选择“在后面添加分支”在当前显示的分支后添加分支，选择“在前面添加分支”在当前显示的分支前添加分支，选择“复制分支”复制当前显示的分支。

当执行以上操作时，框架标识符也随之更新以反映出插入或删除的子框图。选择重排分支进行分支排序时，在分支列表中将想要移动的分支直接拖拉到合适的位置即可。重新排序后的结构不会影响条件结构的运行性能，只是为了编程习惯而已。

3）条件结构数据的输入与输出

为与选择框架外部交换数据，条件结构也有边框通道。

条件结构所有输入端口的数据其任何子框图都可以通过连线甚至不用连线也可使用。当外部数据连接到选择框架上供其内部节点使用时，条件结构的每一个子框架都能从该通道中获得输入的外部数据。

任一子框图输出数据时，则所有其他的分支也必须有数据从该数据通道输出。当其中一子框图连接了输出，则所有子框图在同一位置出现一中空的数据通道。只有所有子框图都连接了该输出数据，数据通道才会变为实心且程序才可运行。

LabVIEW 的条件结构与其他语言的条件结构相比，简洁明了，结构简单，不但相当于 C 语言中的 Switch 语句，还可以实现多个 if...else 语句的功能。

2. 顺序结构

1）顺序结构概述

LabVIEW 中程序的运行依据数据流的走向，因此可以依靠数据连线来限定程序执行顺序，另外还可以通过顺序结构来强制规定程序执行顺序。

LabVIEW 提供了两种顺序结构：平铺式顺序结构和层叠式顺序结构。

2）平铺式顺序结构的组成与建立

平铺式顺序结构像一卷展开的电影胶片，所有的子框图在一个平面上。在执行过程中按由左至右的顺序依次执行到最后边的一个子框图。顺序结构的每一个子框图又被称为一个“帧”，子框图从 0 开始依次编号。

从函数选板的结构子选板上将平铺式顺序结构拖至程序框图中放大，这时只有一个子框图，如图 7-5（a）所示。右击顺序结构边框，在弹出的快捷菜单中选择“在后面添加帧”或“在前面添加帧”，就可添加框架，增加子框图后的平铺顺序结构如图 7-5（b）所示。

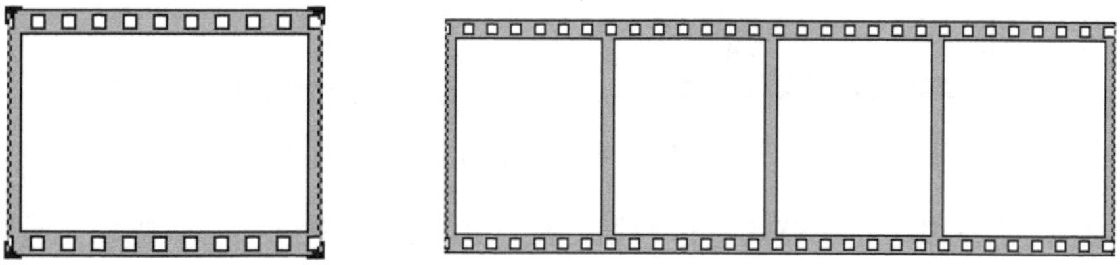

（a）单框架　　　　（b）多框架

图 7-5　平铺式顺序结构

平铺式顺序结构不可以复制子框图，在各个子框图之间传递数据，平铺顺序结构可以直接连线。

3）层叠式顺序结构的组成与建立

层叠式顺序结构所有的子框图全部重叠在一起，每次只能看到一个子框图，执行时按照子框图的排列序号执行。

从函数选板的结构子选板上将层叠式顺序结构拖至程序框图中放大（LabVIEW2015 以后版本结构子选板中没有直接提供层叠式顺序结构，先添加平铺式顺序结构，右击边框，出现快捷菜单，选择“替换为层叠式顺序”)，其原始形状如图 7-6（a）所示，这时只有一个子框图，类似胶片的框架组成，框架内部就是需要控制执行顺序的程序体。

按照上述方法创建的是单框架顺序结构，只能执行一步操作。但大多数情况下，用户需要按顺序执行多步操作。因此，需要在单框架的基础上创建多框架顺序结构。

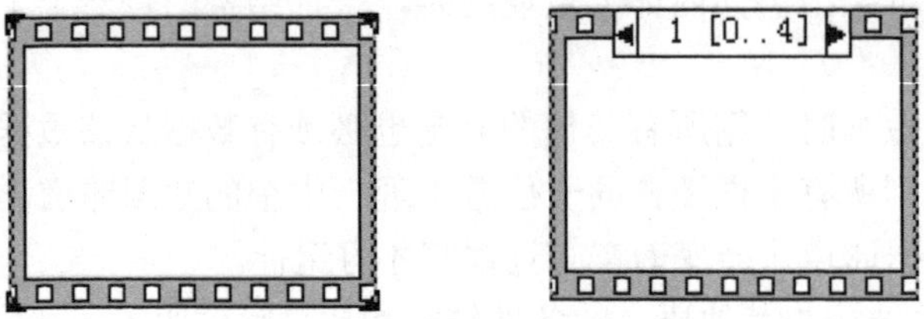

（a）单框架　　（b）多框架

图 7-6　层叠式顺序结构的组成

右击顺序结构边框，在弹出的快捷菜单中选择“在后面添加帧”或“在前面添加帧”，就可添加框架，增加子框图后的层叠顺序结构如图 7-6（b）所示。边框的顶部出现子框图标识框，它的中间是子框图标识，显示出当前框在顺序结构序列中的号码（0 到 n-1），以及此顺序结构共有几个子框图。子框图标识两边分别是降序、升序按钮，单击它们可以分别查看前一个或后一个子框图。

程序运行时，顺序结构就会按框图标识符 0，1，2…的顺序逐步执行各个框架中的程序。

在程序编辑状态时用鼠标单击递增/递减按钮可将当前编号的顺序框架切换到前一编号或后一编号的顺序框架；用鼠标单击框架标识符，可从下拉菜单中选择切换到任一编号的顺序框架，如图 7-7 所示。

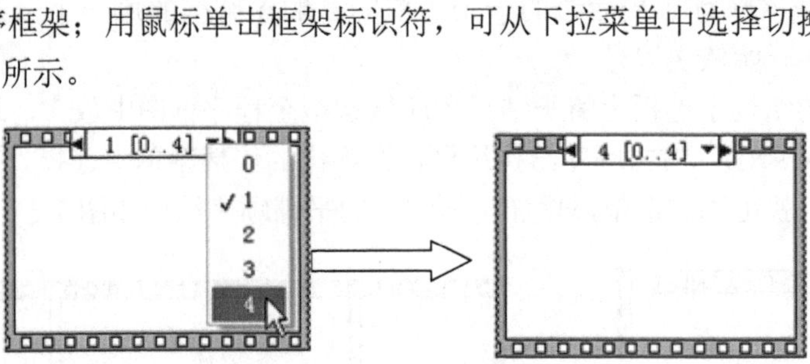

图 7-7　顺序框架的切换

为与顺序框架外部的程序节点进行数据交换，顺序结构中也存在框架数据通道。输入端口的数据，其任何子框图都可以通过连线或者不用连线使用，但是向外输出数据时，各个子图形框只能有一个连接这个数据通道，并且这个通道上的数据只有所有的子框图执行完后才能输出。

4）顺序结构局部变量的创建

在编程时还常常需要将前一个顺序框架中产生的数据传递到后续顺序框架中使用，为此 LabVIEW 在顺序框架中引入了局部变量的概念，通过顺序局部变量结果，就可以在顺序框架中向后传递数据。

在各个子框图之间传递数据，层叠顺序结构要借助于顺序局部变量。

建立层叠式顺序结构局部变量的方法是右击顺序式结构边框，在弹出的快捷菜单中选择“添加顺序局部变量”。这时边框上出现一个黄色小方框，这个小方框连接数据后中间出现一个指向顺序结构框外的箭头，并且颜色也变为与连接的数据类型相符，这时一个数据已经存储到顺序局部变量中，如图 7-8（a）所示。

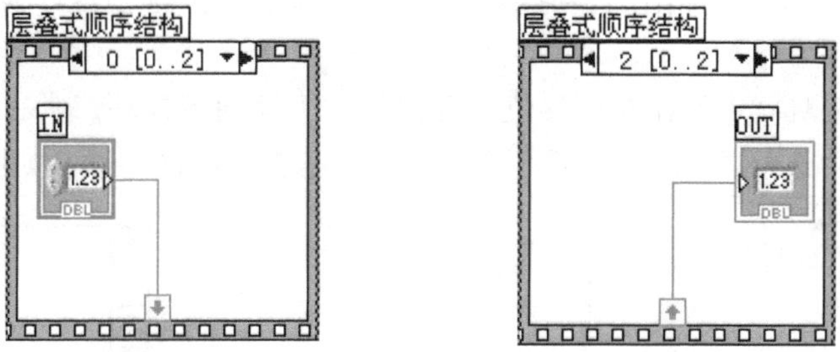

（a）　　　　　　　　（b）

图 7-8　平铺式顺序结构

不能在顺序局部变量赋值之前的子框图访问这个数据，在这些子框图中顺序局部变量图标没有箭头，也不允许连线。例如在 1 号子框图为顺序局部变量赋值，就不能在 0 号子框图访问顺序局部变量。在为顺序局部变量赋值的子框图之后，所有子框图都可以访问这个数据，这些顺序局部变量图标都有一个向内的箭头，如图 7-8（b）所示。

3．For 循环结构

1）For 循环的组成和建立

For 循环是 LabVIEW 最基本的结构之一，它执行指定次数的循环。For 循环就是使其边框内的代码即子框图程序重复执行，执行到计数端口预先确定的次数后跳出循环。

从函数选板的结构子选板上将 For 循环结构拖至程序框图中放大，其原始形状如图 7-9 所示。最基本的 For 循环结构由循环框架、计数端口、循环端口组成。

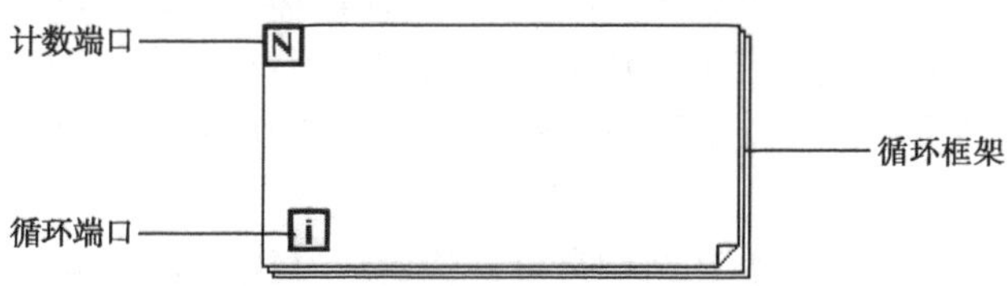

图 7-9　For 循环结构的组成

For 循环执行的是包含在循环框架内的程序节点。

循环端口初始值为 0，每次循环的递增步长为 1。注意，循环端口的初始值和步长在 LabVIEW 中是固定不变的，若要用到不同的初始值或步长，可对循环端口产生的数据进行一定的数据运算，也可用移位寄存器来实现。

计数端口设置循环次数 N，在程序运行前必须赋值。通常情况下，该值为整型，若将其他数据类型连接到该端口上，For 循环会自动将其转化为整型。

2）移位寄存器与框架通道

为实现 For 循环的各种功能，LabVIEW 在 For 循环中引入了移位寄存器和框架通道两个独具特色的新概念。

移位寄存器的功能是将第 i-1，i-2，i-3…次循环的计算结果保存在 For 循环的缓冲区内，

并在第 i 次循环时将这些数据从循环框架左侧的移位寄存器中送出，供循环框架内的节点使用。

右击循环结构边框，在弹出的快捷菜单中选择“添加移位寄存器”，可创建一个移位寄存器，如图 7-10 所示。

用鼠标（定位工具状态）在左侧移位寄存器的右下角向下拖动，或右击左侧移位寄存器，在弹出的快捷菜单中选择“添加元素”，可创建多个左侧移位寄存器，如图 7-11 所示。

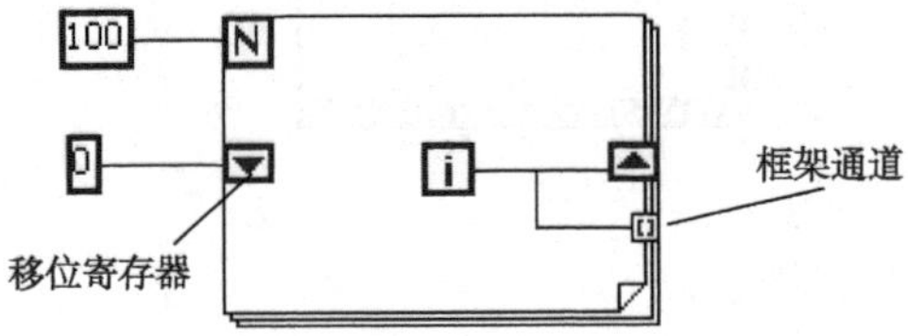

图 7-10　移位寄存器和框架通道

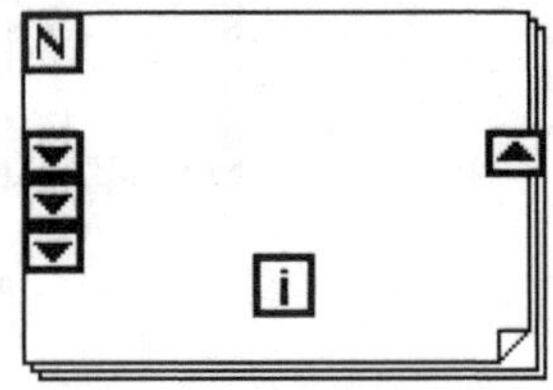

图 7-11　创建多个移位寄存器

此时，在第 i 次循环开始时，左侧每一个移位寄存器便会将前几次循环由右侧移位寄存器存储到缓冲区的数据送出来，供循环框架内的各种节点使用。左侧第 1 个移位寄存器送出的是第 i-1 次循环时存储的数据，第 2 个移位寄存器送出的是第 i-2 次循环时存储的数据，第 3 个、第 4 个……移位寄存器送出的数据依次类推。数据在移位寄存器中流动。

当 For 循环在执行第 0 次循环时，For 循环的数据缓冲区并没有数据存储，所以，在使用移位寄存器时，必须根据编程需要对左侧的移位寄存器进行初始化，否则，左侧的移位寄存器在第 0 次循环时的输出值为默认值 0。另外，连至右侧移位寄存器的数据类型和用于初始化左侧移位寄存器的数据类型必须一致，例如都是数字型，或都是布尔型等。

框架通道是 For 循环与循环外部进行数据交换的数据通道，其功能是在 For 循环开始运行前，将循环外其他节点产生的数据送至循环内，供循环框架内的节点使用。还可在 For 循环运行结束时将循环框架内节点产生的数据送至循环外，供循环外的其他节点使用。用连线工具将数据连线从循环框架内直接拖至循环框架外，LabVIEW 会自动生成一个框架通道。

3）For 循环的时间控制

在循环条件满足的情况下，循环结构会以最快的速度执行循环体内的程序，即一次循环结束后将立即开始执行下一次循环。可以通过函数选板定时函数子选板中的时间延迟函数或等待下一个整数倍毫秒函数来控制循环的执行速度。

使用时间延迟函数：将时间延迟图标放入到循环框内，同时出现其属性对话框，在对话框中设置循环延迟时间。在程序执行到此函数时，就会等待到设置的延长时间，然后执行下一次循环。

使用等待下一个整数倍毫秒函数，其延迟时间设置可用数值常数直接赋值，以 ms（毫秒）为单位。

4）For 循环的特点

LabVIEW 没有类似于其他编程语言中的 Goto 之类的转移语句，故编程者不能随心所欲地将程序从一个正在执行的 For 循环中跳转出去。也就是说，一旦确定了 For 循环执行的次数，并当 For 循环开始执行后，就必须等其执行完相应次数的循环后，才能终止其运行。若在编程时确实需要跳出循环，可用 While 循环来替代。

4. While 循环结构

1）While 循环的组成和建立

While 循环控制程序反复执行一段代码，直到某个条件发生。当循环的次数不定时，就需用到 While 循环。

从函数选板的结构子选板上将 While 循环结构拖至程序框图中，其原始形状如图 7-12 所示。最基本的 While 循环由循环框架、循环端口及条件端口组成。

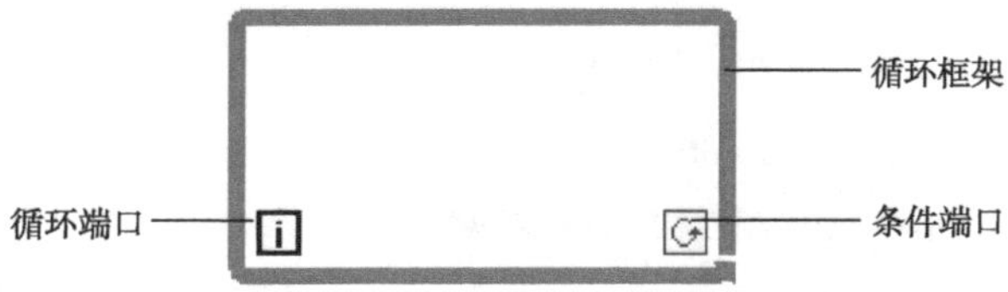

图 7-12　While 循环结构的组成

与 For 循环类似，While 循环执行的是包含在其循环框架中的程序模块，但执行的循环次数却不固定，只有当满足给定的条件时，才停止循环的执行。

循环端口是一个输出端口，它输出当前循环执行的次数，循环计数是从 0 开始的，每次循环的递增步长为 1。

条件端口的功能是控制循环是否执行。每次循环结束时，条件端口便会检测通过数据连线输入的布尔值。条件端口是一个布尔量，条件端口的默认值是“假”。如果条件端口值是“真”，那么执行下一次循环，直到条件端口的值为“假”时循环结束。

若在编程时不给条件端口赋值，则 While 循环只执行一次。输入端口程序在每一次循环结束后，才检查条件端口，因此，While 循环总是至少执行一次。

用鼠标（定位工具状态）在 While 循环框架的一角拖动，可改变循环框架的大小。While 循环也有框架通道和传递寄存器，其用法与 For 循环完全相同。

2）While 循环编程要点

由于循环结构在进入循环后将不再理会循环框外面数据的变化，因此产生循环终止条件的数据源（如停止按钮）一定要放在循环框内，否则会造成死循环。

While 循环的自动索引、循环时间控制方法及使用移位寄存器等功能与 For 循环也都是非常相似的。

因为 While 循环是由条件端口来控制的，所以，若在编程时不注意，则可能会出现死循环。如果连接到条件端口上的是一个布尔常量，其值为真。在程序运行时该值是固定不变的，则此 While 循环将永远运行下去。或由于编程时不注意而出现的逻辑错误，导致 While 循环出现死循环。

所以，用户在编程时要尽量避免这种情况的出现。通常的做法是，编程时在前面板上临时添加一个停止按钮，在框图程序放在循环结构中与条件端口相连。这样，程序运行时一旦出现逻辑错误而导致死循环时，可通过这个停止按钮来强行结束程序的运行。当然，出现死循环时，通过窗口工具条上的停止按钮也可以强行终止程序的运行。

在 LabVIEW 中 For 循环和 While 循环的区别是 For 循环在使用时要预先指定循环次数，当循环体运行了指定次数的循环后自动退出；而 While 循环则无须指定循环次数，只要满足循环退出的条件便退出相应的循环，如果无法满足循环退出的条件，则循环变为死循环。

5. 定时结构

定时结构是一个经过改进的 While 循环，有了它，用户可以设定精确的代码定时、协调多个对时间要求严格的测量任务，并定义不同优先级的循环，以创建多采样率的应用程序。

在函数选板结构子选板中专门为定时结构设计了一个小的选板，如图 7-13 所示。在该选板中放置了多个 VIs 和 Express VIs，用于定时循环的设计与控制。

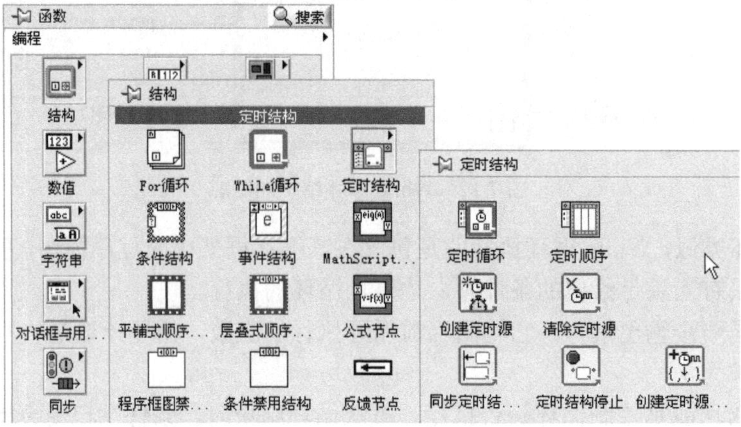

图 7-13　用于定时循环控制的子选板

下面分别介绍这些 VIs 和 Express VIs 的功能。

（1）定时循环，用于创建定时循环，是一种特殊的循环结构。

（2）定时顺序，用于创建定时顺序结构，是一种特殊的顺序结构。

（3）创建定时源，为定时循环创建时序源，有 1kHz 和 1MHz 两种选择。

（4）清除定时源，用于停止和清除为定时循环创建的时序源。

（5）同步定时结构开始，用于使多个定时循环同步运行。

（6）定时结构停止，用于停止定时循环的运行。

（7）创建定时源层次结构，用于创建定时循环的时序源层次。

定时循环是在 While 循环的基础上改进的，它具备 While 循环的基本特征：无须指定循环次数，依靠一定的退出条件退出循环。但是它有一些 While 循环所不具备的新功能。

定时顺序是一种在设定时间下按顺序执行程序框图内容的结构。它最大的好处是不用手动设置，自动按一定顺序进行。

定时顺序结构由一个或多个子程序框图（也称“帧”）组成，在内部或外部定时源控制下按顺序执行。与定时循环不同，定时顺序结构的每个帧只执行一次，不重复执行。

定时顺序结构适用于开发只执行一次的精确定时、执行反馈、定时特征等动态改变或有多层执行优先级的 VI。

右键单击定时顺序结构的边框可实现添加、删除、插入及合并帧等功能。

6. 事件结构

事件结构也是一种可改变数据流执行方式的结构。使用事件结构可实现用户在前面板的操作（事件）与程序执行的互动。

1）事件驱动的概念

LabVIEW 的程序设计主要是基于一种数据流驱动方式进行的，这种驱动方式的含义是，将整个程序视为一个数据流的通道，数据按照程序流程从控制量到显示量流动。在这种结构中，顺序、分支和循环等流程控制函数对数据流的流向起着十分重要的作用。

数据流驱动的方式在图形化的编程语言中有其独特的优势，这种方式可以形象地表现出图标之间的相互关系及程序的流程，使程序流程简单、明了，结构化特征很强。本章中的例程都是采用数据流驱动的方式编写的。但是数据流驱动的方式也有其缺点和不尽完善之处，这是由于它过分依赖程序的流程，使很多代码用在了对其流程的控制上。这在一定程度上增加了程序的复杂性，降低了其可读性。

“面向对象技术”的诞生使这种局面得到改善，“面向对象技术”引入的一个重要概念就是“事件驱动”的方式。在这种驱动方式下，系统会等待并响应用户或其他触发事件的对象发出的消息。这时，用户就不必在研究数据流的走向上面花费很大的精力，而把主要的精力花在编写“事件驱动程序”——即对事件进行响应上。这在一定程度上减轻了用户编写代码进行程序流程控制的负担。

正是基于以上原因，LabVIEW 引入了“事件驱动”的机制。

LabVIEW 在编程中可以设置某些事件，对数据流进行干预。这些事件就是用户在前面板的互动操作，例如，单击鼠标产生的鼠标事件、按下键盘产生的键盘事件等。

在事件驱动程序中，首先是等待事件发生，然后按照对应指定事件的程序代码对事件进行响应，以后再回到等待事件状态。

在 LabVIEW 中，如果需要进行用户和程序间的互动操作，可以用事件结构实现。使用事件结构，程序可以响应用户在前面板上面的一些操作，如按下某个按钮、改变窗体大小、退出程序等。

2）事件结构的创建

LabVIEW 中的事件结构位于函数选板中的结构子选板中，与其他几种具有结构化特征并采用数据流驱动方式用于程序流程控制的机制不同，事件结构具有面向对象的特征，用事件驱动的方式控制程序流程。

事件结构的图标外形与条件结构极其相似，但是事件结构可以只有一个子框图，这一个子框图可以设置为响应多个事件；也可以建立多个子框图，设置为分别响应各自的事件。在程序框图中，放置事件结构的方法、结构边框的自动增长、边框大小的手动调整等与其他结构是一样的。

图 7-14 所示是刚放进程序框图中的事件结构图标，其中包括超时端口、子框图标识符和事件数据节点 3 个元件。

这时，LabVIEW 已经为用户建立了一个默认的事件——超时，事件的名称显示在事件结构图框的上方。事件结构编写程序主要分为两个部分：第一，为事件结构建立事件列表，列表中的所有事件都会显示在事件结构图框的上方；第二，是为每一个事件编写其驱动程序，即编写对每一个事件的响应代码。

超时端口用于连接一个数值指定等待事件的毫秒数。默认值为-1，即无限等待。超过设置的时间没有发生事件，LabVIEW 就产生一个超时事件。可以设置一个处理超时事件的子框图。

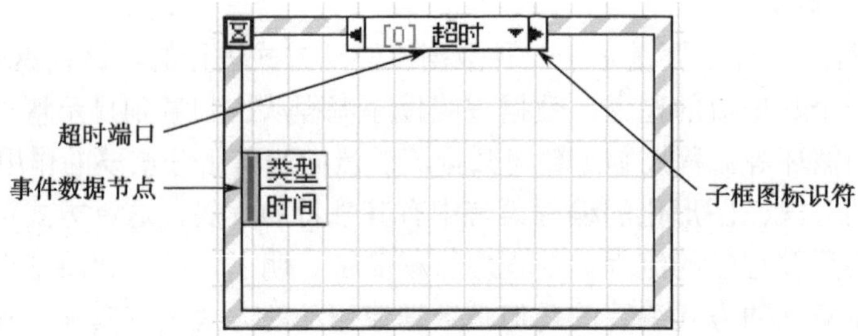

图 7-14　事件结构图标

事件数据节点用于访问事件数据值。可以缩放事件数据节点显示多个事件数据项。右键单击事件数据项，在弹出的快捷菜单中，可以选择访问哪个事件数据成员。

右键单击事件结构边框，在弹出的快捷菜单中，可以选择“添加事件分支”命令添加子框图。右键单击事件结构边框，在弹出的菜单中选择“编辑本分支所处理的事件”命令可以为子图形代码框设置事件。

7. 禁用结构

程序框图禁用结构用于禁用一部分程序框图，仅有启用的子程序框图可执行。它是对一些不想执行的程序进行屏蔽的手段。

它的程序框图类似于条件结构，包括一个或多个子程序框图（分支），可添加或删除。

实例 67　条件结构的使用 1

一、设计任务

通过开关改变指示灯颜色，并显示开关状态信息。

二、任务实现

1. 程序前面板设计

新建 VI。切换到 LabVIEW 的前面板窗口，通过控件选板给程序前面板添加控件。

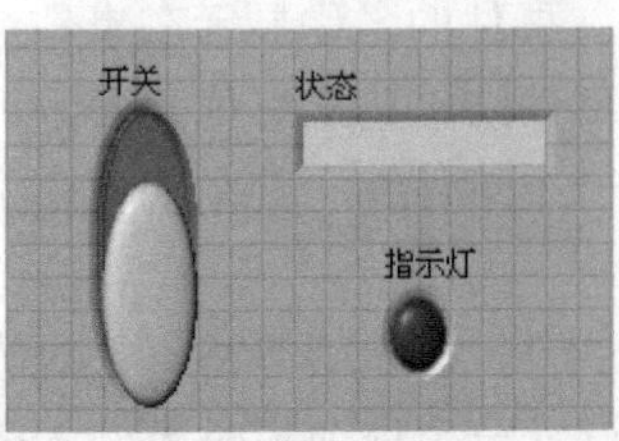

图 7-15　程序前面板

（1）添加 1 个开关控件：控件→布尔→垂直滑动杆开关。将标签改为“开关”。

（2）添加 1 个字符串显示控件：控件→字符串与路径→字符串显示控件。将标签改为“状态”。

（3）添加 1 个指示灯控件：控件→布尔→圆形指示灯。将标签改为“指示灯”。

设计的程序前面板如图 7-15 所示。

2．框图程序设计

切换到 LabVIEW 的程序框图窗口，调整控件位置，添加节点与连线。

（1）添加 1 个条件结构：函数→结构→条件结构。

（2）在条件结构的“真”选项中添加 1 个字符串常量：函数→字符串→字符串常量。值设为“打开!”。

（3）在条件结构的“真”选项中添加 1 个真常量：函数→布尔→真常量。

（4）在条件结构的“假”选项中添加 1 个字符串常量：函数→字符串→字符串常量。值设为“关闭!”。

（5）在条件结构的“假”选项中添加 1 个假常量：函数→布尔→假常量。

（6）将开关控件的输出端口与条件结构的选择端口“?”相连。

（7）将条件结构“真”选项中的字符串常量“打开!”与“状态”字符串显示控件的输入端口相连。

（8）将条件结构“真”选项中的真常量与指示灯控件的输入端口相连。

（9）将条件结构“假”选项中的字符串常量“关闭!”与“状态”字符串显示控件的输入端口相连。

（10）将条件结构“假”选项中的假常量与指示灯控件的输入端口相连。

连线后的框图程序如图 7-16 所示。

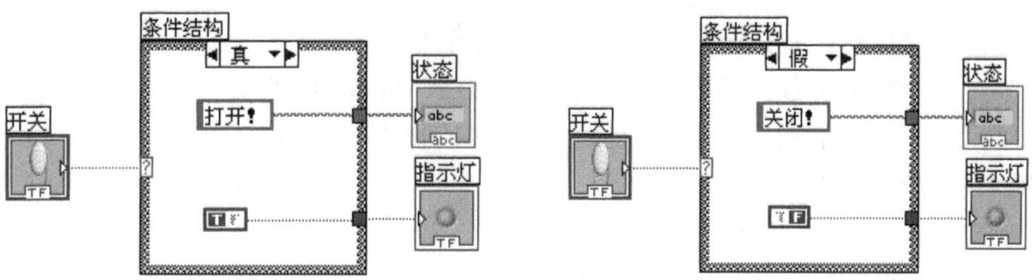

图 7-16　框图程序

3．运行程序

切换到前面板窗口，单击工具栏“连续运行”按钮，运行程序。

在程序前面板单击开关，指示灯颜色发生变化，状态文本框显示“打开!”或“关闭!”。

程序运行界面如图 7-17 所示。

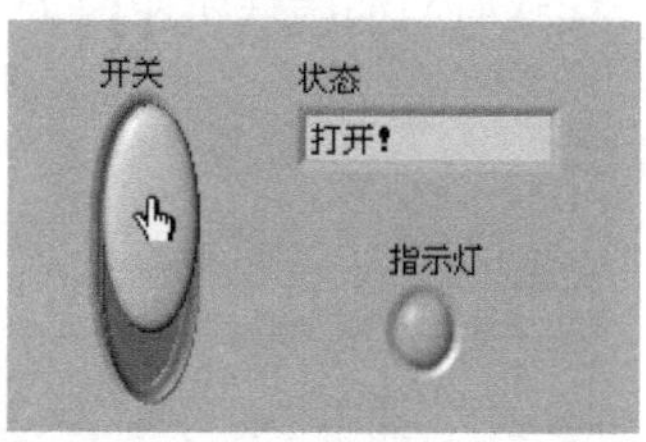

图 7-17　程序运行界面

实例 68　条件结构的使用 2

一、设计任务

通过滑动杆改变数值，当该数值大于等于设定值时，指示灯颜色改变。

二、任务实现

1．程序前面板设计

新建 VI。切换到 LabVIEW 的前面板窗口，通过控件选板给程序前面板添加控件。

（1）添加 1 个滑动杆控件：控件→数值→水平指针滑动杆，标签为“滑动杆”。

（2）添加 1 个数值显示控件：控件→数值→数值显示控件，标签为“数值”。

（3）添加 1 个指示灯控件：控件→布尔→圆形指示灯，标签为“指示灯”。

设计的程序前面板如图 7-18 所示。

2．框图程序设计

切换到 LabVIEW 的程序框图窗口，调整控件位置，添加节点与连线。

（1）添加 1 个条件结构：函数→结构→条件结构。

（2）添加 1 个比较函数：函数→比较→大于等于?。

（3）添加 1 个数值常量：函数→数值→数值常量。值改为“5”。

（4）将滑动杆控件的输出端口与数值显示控件的输入端口相连，再与比较函数“大于等于?”的输入端口“x”相连。

（5）将数值常量“5”与比较函数“大于等于?”的输入端口“y”相连。

（6）将比较函数“大于等于?”的输出端口“x>=y?”与条件结构的选择端口?相连。

（7）在条件结构的真选项中添加 1 个真常量：函数→布尔→真常量。

（8）将指示灯控件的图标移到条件结构的“真”选项中。

（9）将条件结构“真”选项中的真常量与指示灯控件的输入端口相连。

连线后的框图程序如图 7-19 所示。

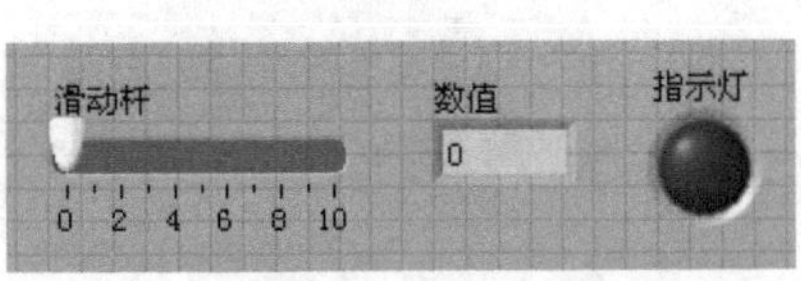

图 7-18　程序前面板

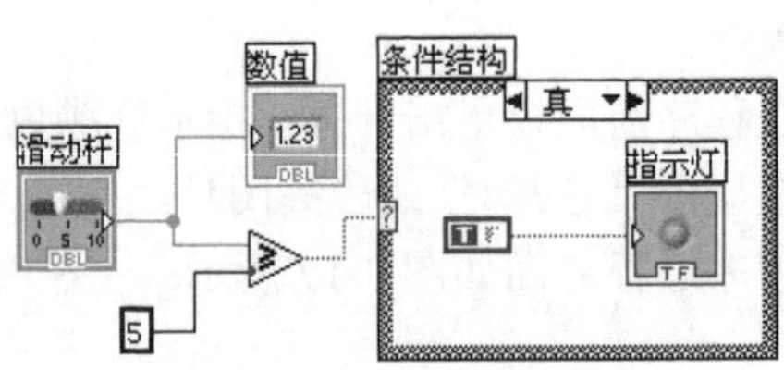

图 7-19　框图程序

3．运行程序

切换到前面板窗口，单击工具栏“连续运行”按钮，运行程序。

在程序前面板单击滑动杆触点，当其数值大于等于 5 时，指示灯颜色发生变化。

程序运行界面如图 7-20 所示。

图 7-20　程序运行界面

实例 69　平铺式顺序结构的使用

一、设计任务

使用平铺式顺序结构，将前一个框架中产生的数据传递到后续框架中使用。

二、任务实现

1．程序前面板设计

新建 VI。切换到 LabVIEW 的前面板窗口，通过控件选板给程序前面板添加控件。

（1）添加 1 个数值输入控件：控件→数值→数值输入控件。将标签改为“IN”。

（2）添加 1 个数值显示控件：控件→数值→数值显示控件。将标签改为“OUT”。

设计的程序前面板如图 7-21 所示。

2．框图程序设计

切换到 LabVIEW 的程序框图窗口，调整控件位置，添加节点与连线。

（1）添加 1 个顺序结构：函数→结构→平铺式顺序结构。

将顺序结构框架设置为 4 个（0～3）。设置方法：右击顺序式结构右边框，弹出快捷菜单，选择“在后面添加帧”，执行 3 次。

（2）将数值输入控件的图标移到顺序结构框架 0 中（最左边的框架）；将数值显示控件的图标移到顺序结构框架 3 中（最右边的框架）。

（3）在顺序结构框架 2 中添加 1 个定时函数：函数→定时→时间延迟。延迟时间设置为 5 秒。

（4）将顺序结构框架 0 中的数值输入控件的输出端口直接与顺序结构框架 3 中的数值显示控件的输入端口相连。

连线后的框图程序如图 7-22 所示。

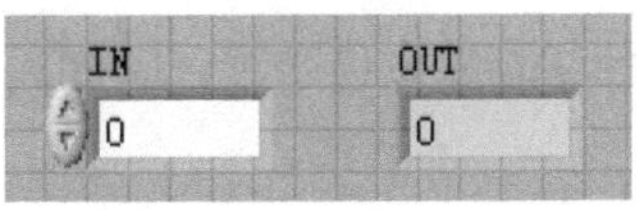

图 7-21　程序前面板

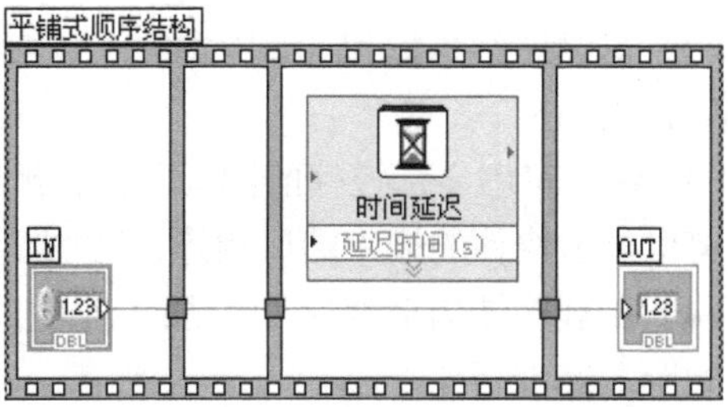

图 7-22　框图程序

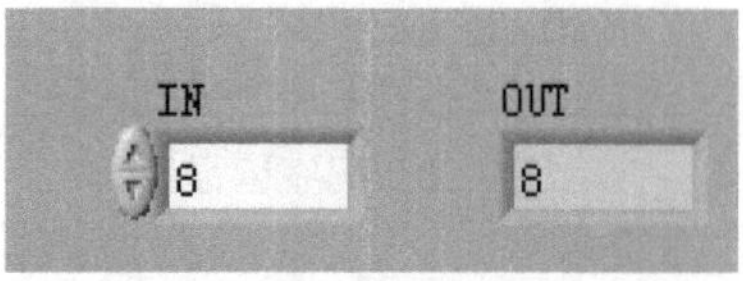

图 7-23　程序运行界面

3．运行程序

切换到前面板窗口，单击工具栏“运行”按钮，运行程序。

在数值输入控件中输入数值，如“8”，单击界面空白处，隔 5 秒后，在数值显示控件中显示“8”。

程序运行界面如图 7-23 所示。

实例 70　层叠式顺序结构的使用 1

一、设计任务

使用层叠式顺序结构，先显示一个字符串，隔 5 秒后再显示一个数值。

二、任务实现

1．程序前面板设计

新建 VI。切换到 LabVIEW 的前面板窗口，通过控件选板给程序前面板添加控件。

（1）添加 1 个字符串显示控件：控件→字符串与路径→字符串显示控件。标签为“字符串”。

（2）添加 1 个数值显示控件：控件→数值→数值显示控件。标签为“数值”。

设计的程序前面板如图 7-24 所示。

2．框图程序设计

切换到 LabVIEW 的程序框图窗口，调整控件位置，添加节点与连线。

（1）添加 1 个顺序结构：函数→结构→层叠式顺序结构（LabVIEW2015 以后版本结构子选板中没有直接提供层叠式顺序结构，先添加平铺式顺序结构，右击边框，出现快捷菜单，选择“替换为层叠式顺序”）。

将顺序结构框架设置为 3 个（0～2）。设置方法：右击顺序式结构上边框，弹出快捷菜单，选择“在后面添加帧”，执行 2 次。

（2）在顺序结构框架 0 中添加 1 个字符串常量：函数→字符串→字符串常量。值设为“LabVIEW2015”。

（3）将字符串显示控件的图标移到在顺序结构框架 0 中，将字符串常量“LabVIEW2015”与字符串显示控件的输入端口相连，如图 7-25 所示。

（4）在顺序结构框架 1 中添加 1 个定时函数：函数→定时→时间延迟。延迟时间设为 5 秒，如图 7-26 所示。

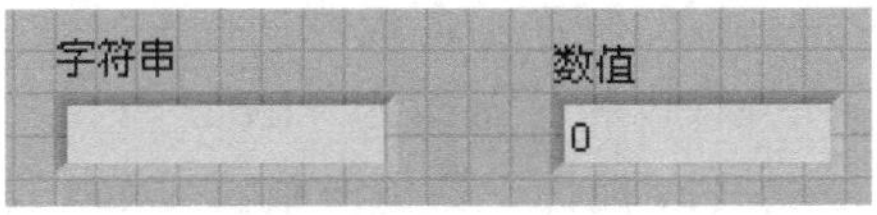

图 7-24　程序前面板

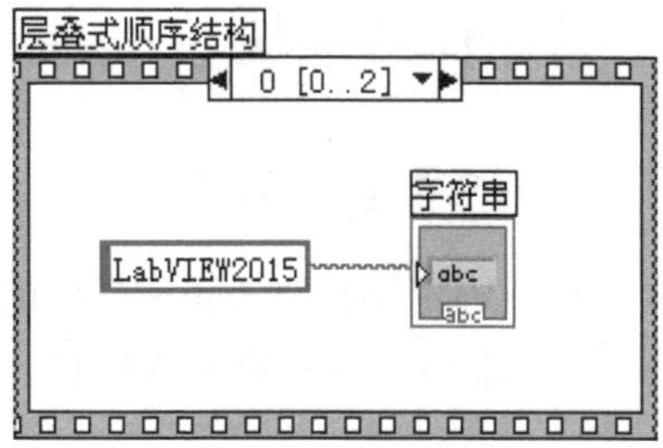

图 7-25　框图程序 1

（5）在顺序结构框架 2 中添加 1 个数值常量：函数→数值→数值常量。将值设为“100”。

（6）将数值显示控件的图标移到在顺序结构框架 2 中，将数值常量“100”与数值显示控件的输入端口相连，如图 7-27 所示。

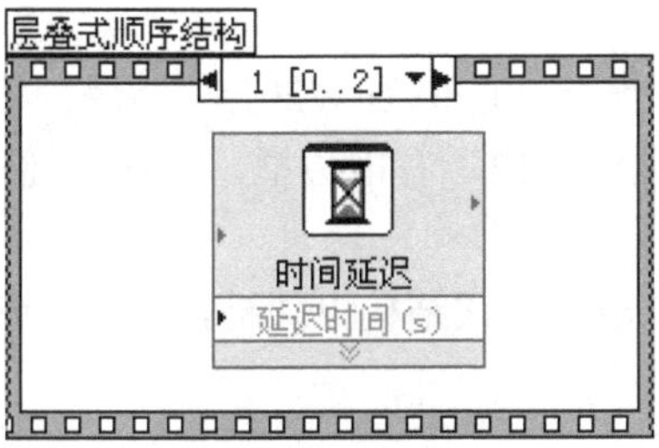

图 7-26　框图程序 2

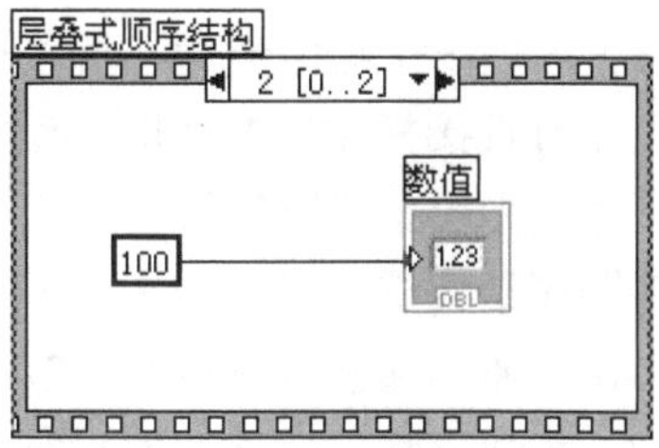

图 7-27　框图程序 3

3．运行程序

切换到前面板窗口，单击工具栏“运行”按钮，运行程序。

层叠式顺序结构执行时按照子框图的排列序号执行。本例程序运行后先显示字符串“LabVIEW2015”，隔 5 秒后，显示数值“100”。

程序运行界面如图 7-28 所示。

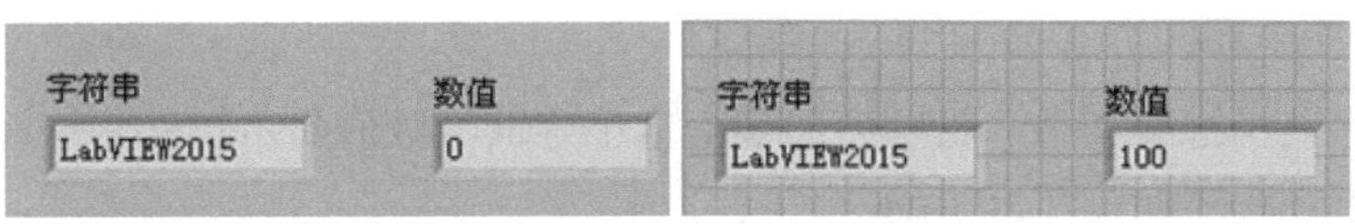

图 7-28　程序运行界面

实例 71　层叠式顺序结构的使用 2

一、设计任务

使用层叠式顺序结构，将前一个框架中产生的数据传递到后续框架中使用。

二、任务实现

1. 程序前面板设计

新建 VI。切换到 LabVIEW 的前面板窗口，通过控件选板给程序前面板添加控件。

（1）添加 1 个数值输入控件：控件→数值→数值输入控件。将标签改为“IN”。

（2）添加 1 个数值显示控件：控件→数值→数值显示控件。将标签改为“OUT”。

设计的程序前面板如图 7-29 所示。

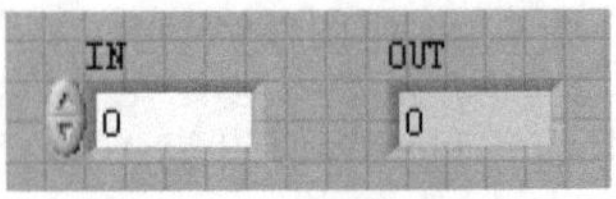

图 7-29　程序前面板

2. 框图程序设计

切换到 LabVIEW 的程序框图窗口，调整控件位置，添加节点与连线。

（1）添加 1 个顺序结构：函数→结构→层叠式顺序结构（LabVIEW2015 以后版本结构子选板中没有直接提供层叠式顺序结构，先添加平铺式顺序结构，右击边框，出现快捷菜单，选择“替换为层叠式顺序”）。

将顺序结构框架设置为 3 个（0～2）。设置方法：右击顺序式结构上边框，弹出快捷菜单，选择“在后面添加帧”，执行 2 次。

（2）将数值输入控件的图标移到顺序结构框架 0 中。

（3）在顺序结构框架 1 中添加 1 个定时函数：函数→定时→时间延迟。延迟时间设为 5 秒。

（4）将数值显示控件的图标移到顺序结构框架 2 中。

（5）切换到顺序结构框架 0，右击顺序式结构下边框，弹出快捷菜单，选择“添加顺序局部变量”。这时在下边框位置出现一个黄色小方框。

（6）在顺序结构框架 0 中，将数值输入控件与顺序局部变量小方框相连。小方框连接数据后，中间出现一个指向顺序结构框外的箭头，后续框架顺序局部变量小方框都有一个向内的箭头。

（7）在顺序结构框架 2 中，将顺序局部变量小方框与数值显示控件相连。

连线后的框图程序如图 7-30 所示。

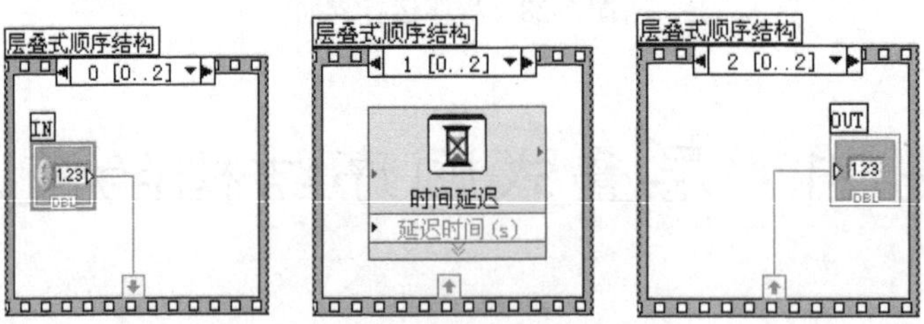

图 7-30　框图程序

3. 运行程序

切换到前面板窗口，单击工具栏“连续运行”按钮，运行程序。

在数值输入控件中输入数值，如“8”，单击界面空白处，隔 5 秒后，在数值显示控件中显示“8”。

程序运行界面如图 7-31 所示。

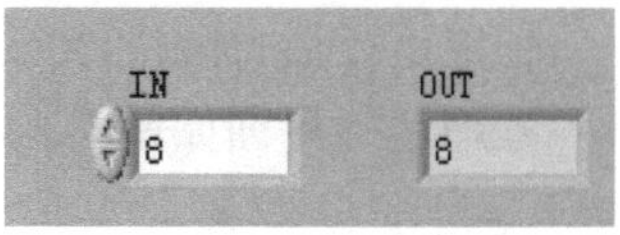

图 7-31　程序运行界面

实例 72　使用 For 循环结构产生随机数

一、设计任务

使用 For 循环结构，得到随机数并输出显示。

二、任务实现

1. 程序前面板设计

新建 VI。切换到 LabVIEW 的前面板窗口，通过控件选板给程序前面板添加控件。

添加 2 个数值显示控件：控件→数值→数值显示控件。将标签分别改为“循环数”和“随机数：0-1”。

设计的程序前面板如图 7-32 所示。

图 7-32　程序前面板

2. 框图程序设计

切换到 LabVIEW 的程序框图窗口，调整控件位置，添加节点与连线。

（1）添加 1 个数值常量：函数→数值→数值常量。将值设为“10”。

（2）添加 1 个 For 循环结构：函数→结构→For 循环。

（3）将数值常量“10”与 For 循环结构的计数端口“N”相连。

以下在 For 循环结构框架中添加节点并连线。

（4）添加 1 个随机数函数：函数→数值→随机数（0-1）。

（5）添加 1 个数值常量：函数→数值→数值常量。将值设为“1000”。

（6）添加 1 个定时函数：函数→定时→等待下一个整数倍毫秒。

（7）将“循环数”数值显示控件、“随机数：0-1”数值显示控件的图标移到 For 循环结构框架中。

（8）将随机数（0-1）函数的输出端口“数字（0-1）”与“随机数：0-1”数值显示控件相连。

（9）将循环结构的循环端口与“循环数”数值显示控件相连。

（10）将数值常量“1000”与等待下一个整数倍毫秒函数的输入端口“毫秒倍数”相连。

连线后的框图程序如图 7-33 所示。

3. 运行程序

切换到前面板窗口，单击工具栏“运行”按钮，运行程序。

程序运行后每隔 1000ms 从 0 开始计数，直到 9，并显示 10 个 0-1 的随机数。

程序运行界面如图 7-34 所示。

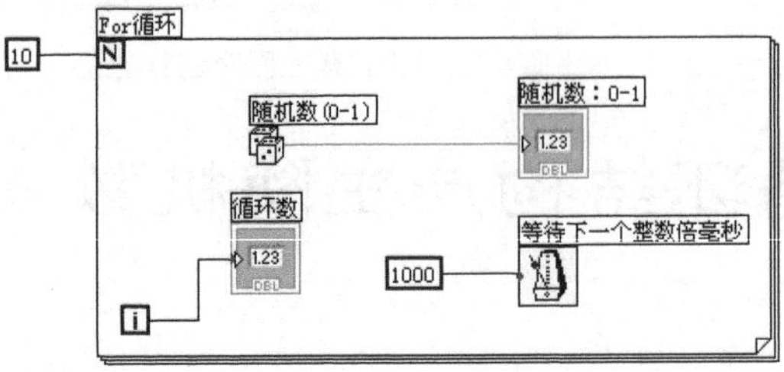

图 7-33　框图程序

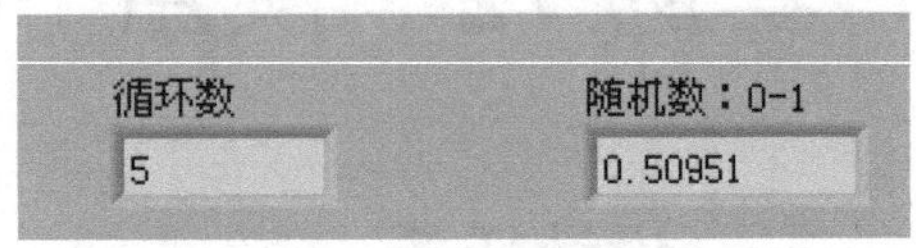

图 7-34　程序运行界面

实例 73　使用 For 循环结构计算“*n*!”

一、设计任务

使用 For 循环结构，输入数值 *n*，求“*n*!”并输出显示。

二、任务实现

1. 程序前面板设计

新建 VI。切换到 LabVIEW 的前面板窗口，通过控件选板给程序前面板添加控件。

（1）添加 1 个数值输入控件：控件→数值→数值输入控件，将标签改为“n”。

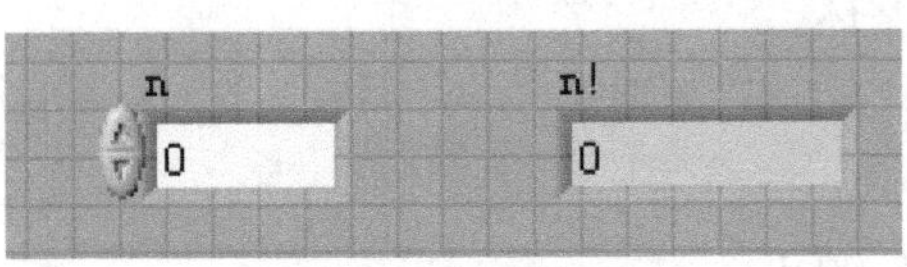

图 7-35　程序前面板

（2）添加 1 个数值显示控件：控件→数值→数值显示控件，将标签改为“n!”。

设计的程序前面板如图 7-35 所示。

2. 框图程序设计

切换到 LabVIEW 的程序框图窗口，调整控件位置，添加节点与连线。

（1）添加 1 个 For 循环结构：函数→结构→For 循环。

（2）将数值输入控件的输出端口与 For 循环结构的计数端口“N”相连。

（3）添加 1 个数值常量：函数→数值→数值常量。将值改为“1”。

（4）在 For 循环结构中添加 1 个乘函数：函数→数值→乘。

（5）在 For 循环结构中添加 1 个加 1 函数：函数→数值→加 1。

（6）选中循环框架边框，单击右键，在弹出菜单中选择“添加移位寄存器”选项，创建一个移位寄存器。

（7）将数值常量“1”与 For 循环结构左侧的移位寄存器相连（寄存器初始化）。

（8）将左侧的移位寄存器与乘函数的输入端口“x”相连。

（9）将循环端口与加 1 函数的输入端口“x”相连。

（10）将加 1 函数的输出端口“x+1”与乘函数的输入端口“y”相连。

（11）将乘函数的输出端口“x*y”与右侧的移位寄存器相连。

（12）将右侧的移位寄存器与数值输出控件的输入端口相连。

连线后的框图程序如图 7-36 所示。

3．运行程序

切换到前面板窗口，单击工具栏“运行”按钮，运行程序。

输入数值，如 5，求“5!”并显示结果 120。

程序运行界面如图 7-37。

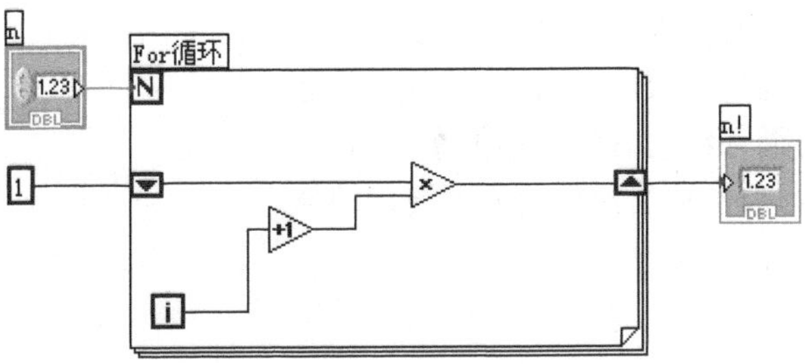

图 7-36　框图程序

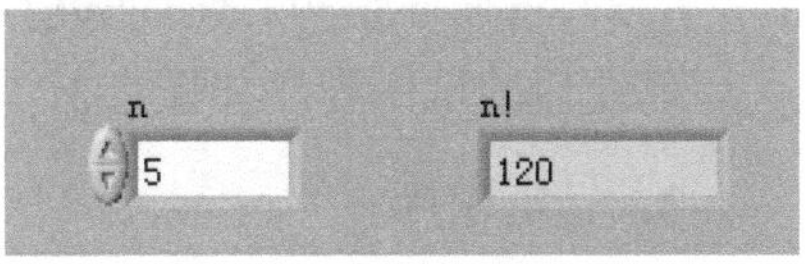

图 7-37　程序运行界面

实例 74　使用 For 循环结构计算累加值

一、设计任务

输入数值 n，求 0+1+2+3+…+n 的和并输出显示。

二、任务实现

1．程序前面板设计

新建 VI。切换到 LabVIEW 的前面板窗口，通过控件选板给程序前面板添加控件。

（1）添加 1 个数值输入控件：控件→数值→数值输入控件。将标签改为“n”。

（2）添加 1 个数值显示控件：控件→数值→数值显示控件。将标签改为“0+1+2+3+…+n”。

设计的程序前面板如图 7-38 所示。

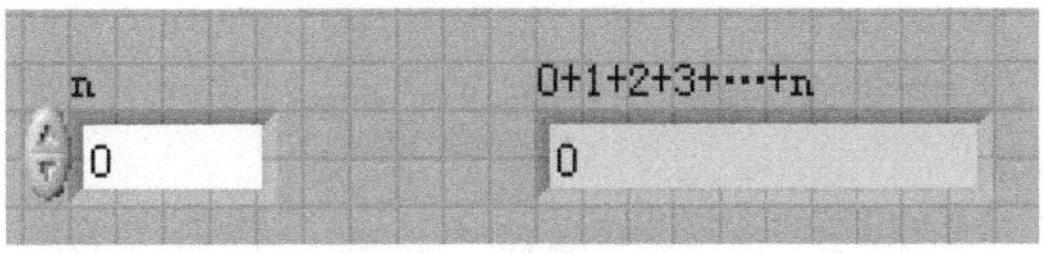

图 7-38　程序前面板

2. 框图程序设计

切换到 LabVIEW 的程序框图窗口，调整控件位置，添加节点与连线。

（1）添加 1 个数值常量：函数→数值→数值常量。值设为“0”。

（2）添加 1 个 For 循环结构：函数→结构→For 循环。

（3）将数值输入控件与 For 循环结构的计数端口“N”相连。

以下在 For 循环结构框架中添加节点并连线。

（4）添加 1 个加函数：函数→数值→加。

（5）添加 1 个加 1 函数：函数→数值→加 1。

（6）右击循环结构左边框，在弹出菜单中选择“添加移位寄存器”，创建一组移位寄存器。

（7）将数值常量“0”与循环结构左侧的移位寄存器相连（寄存器初始化）。

（8）将循环结构左侧的移位寄存器与加函数的输入端口“x”相连。

（9）将循环结构的循环端口与加 1 函数的输入端口“x”相连。

（10）将加 1 函数的输出端口“x+1”与加函数的输入端口“y”相连。

（11）将加函数的输出端口“x+y”与循环结构右侧的移位寄存器相连。

（12）将循环结构右侧的移位寄存器与数值输出控件的输入端口相连。

连线后的框图程序如图 7-39 所示。

3. 运行程序

切换到前面板窗口，单击工具栏“连续运行”按钮，运行程序。

在数值输入控件中输入数值，如“100”，单击界面空白处，求 0+1+2+3+…+100，并显示结果“5050”。

程序运行界面如图 7-40 所示。

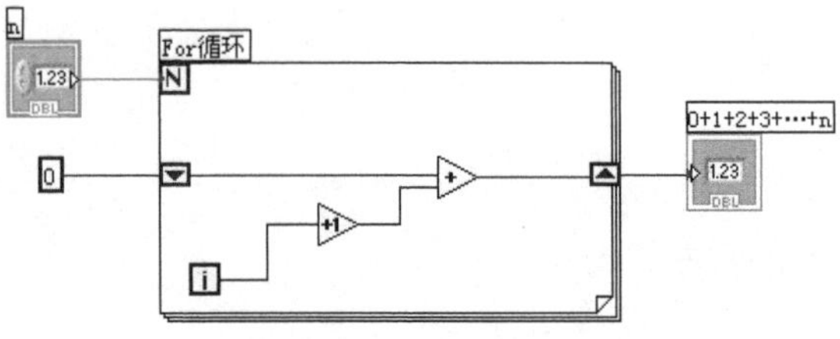

图 7-39 框图程序

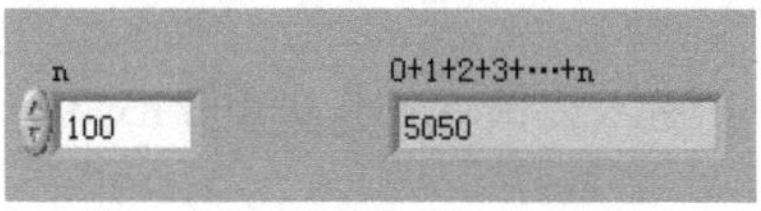

图 7-40 程序运行界面

实例 75 使用 While 循环结构产生随机数

一、设计任务

使用 While 循环结构，得到随机数并输出显示。

二、任务实现

1．程序前面板设计

新建 VI。切换到 LabVIEW 的前面板窗口，通过控件选板给程序前面板添加控件。

（1）添加 2 个数值显示控件：控件→数值→数值显示控件。将标签分别改为“循环数”和“随机数 0-1”。

（2）添加 1 个停止按钮：控件→布尔→停止按钮。

设计的程序前面板如图 7-41 所示。

2．框图程序设计

切换到 LabVIEW 的程序框图窗口，调整控件位置，添加节点与连线。

（1）添加 1 个 While 循环结构：函数→结构→While 循环。

以下在 While 循环结构框架中添加节点并连线。

（2）添加 1 个随机数函数：函数→数值→随机数（0-1）。

（3）添加 1 个数值常量：函数→数值→数值常量。将值设为“1000”。

（4）添加 1 个定时函数：函数→定时→等待下一个整数倍毫秒。

（5）将“循环数”数值显示控件、“随机数 0-1”数值显示控件、停止按钮控件的图标移到 While 循环结构框架中。

（6）将随机数（0-1）函数的输出端口“数字（0-1）”与“随机数 0-1”数值显示控件的输入端口相连。

（7）将数值常量“1000”与等待下一个整数倍毫秒函数的输入端口“毫秒倍数”相连。

（8）将循环结构的循环端口与“循环数”数值显示控件的输入端口相连。

（9）将停止按钮控件的输出端口与循环结构的条件端口相连。

连线后的框图程序如图 7-42 所示。

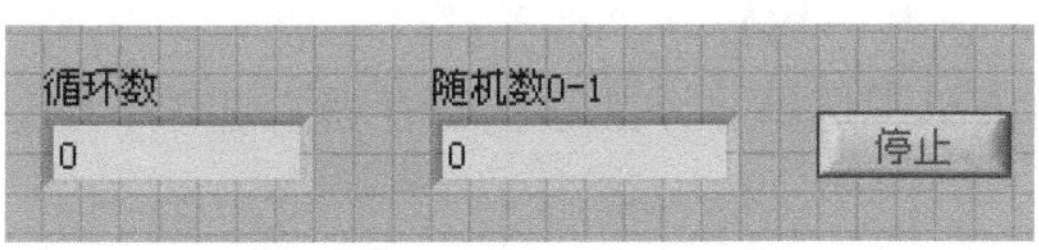

图 7-41　程序前面板

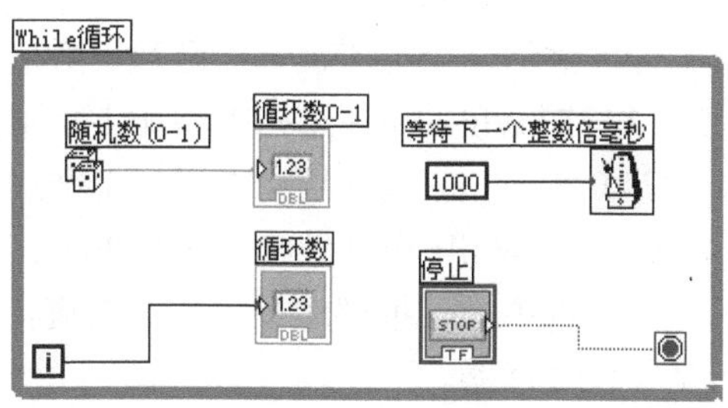

图 7-42　框图程序

3．运行程序

切换到前面板窗口，单击工具栏“运行”按钮，运行程序。

程序运行后每隔 1000ms 从 0 开始累加计数，并显示 0-1 的随机数。单击停止按钮退出循环终止程序。

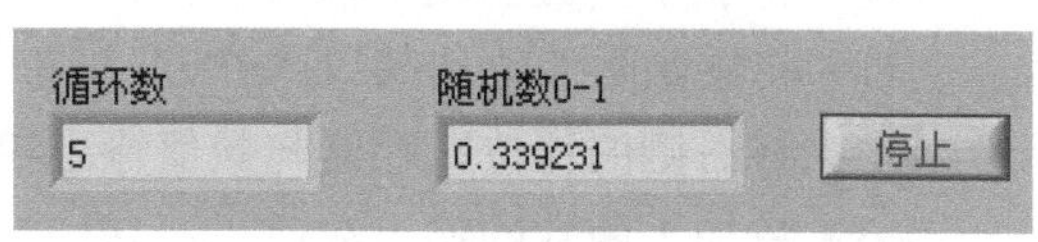

图 7-43　程序运行界面

程序运行界面如图 7-43 所示。

实例 76　使用 While 循环结构计算“n!”

一、设计任务

使用 While 循环结构，输入数值 *n*，求“*n*!”并输出显示。

二、任务实现

1. 程序前面板设计

新建 VI。切换到 LabVIEW 的前面板窗口，通过控件选板给程序前面板添加控件。

（1）添加 1 个数值输入控件：控件→数值→数值输入控件，将标签改为“n”。

（2）添加 1 个数值显示控件：控件→数值→数值显示控件，将标签改为“n!”。

设计的程序前面板如图 7-44 所示。

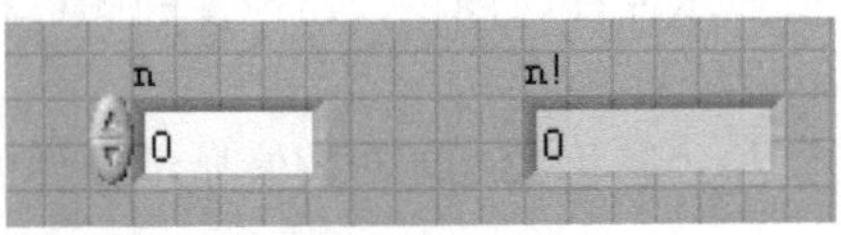

图 7-44　程序前面板

2. 框图程序设计

切换到 LabVIEW 的程序框图窗口，调整控件位置，添加节点与连线。

（1）添加 1 个 While 循环结构：函数→结构→While 循环。右键单击条件端口，选择“真（T）时继续”选项。

（2）添加 1 个数值常量：函数→数值→数值常量。将值改为“1”。

（3）在 While 循环结构中添加 1 个乘函数：函数→数值→乘。

（4）在 While 循环结构中添加 1 个加 1 函数：函数→数值→加 1。

（5）在 While 循环结构中添加 1 个比较函数：函数→比较→“小于?”。

（6）选中循环框架边框，单击右键，在弹出菜单中选择“添加移位寄存器”选项，创建一个移位寄存器。

（7）将数值常量“1”与 While 循环结构左侧的移位寄存器相连（寄存器初始化）。

（8）将左侧的移位寄存器与乘函数的输入端口“x”相连。

（9）将 While 循环结构的循环端口与加 1 函数的输入端口“x”相连。

（10）将加 1 函数的输出端口“x+1”与乘函数的输入端口“y”相连。

（11）将乘函数的输出端口“x*y”与右侧的移位寄存器相连。

（12）将右侧的移位寄存器与数值输出控件的输入端口相连。

（13）将加 1 函数的输出端口“x+1”与“小于?”比较函数的输入端口“x”相连。

（14）将数值输入控件的图标移到循环结构框架中，并与“小于?”比较函数的输入端口

“y”相连。

（15）将“小于?”比较函数的输出端口“x<y?”与 While 循环结构的条件端口相连。

连线后的框图程序如图 7-45 所示。

3．运行程序

切换到前面板窗口，单击工具栏“运行”按钮，运行程序。

输入数值，如 6，求“6！”并显示结果 720。

程序运行界面如图 7-46 所示。

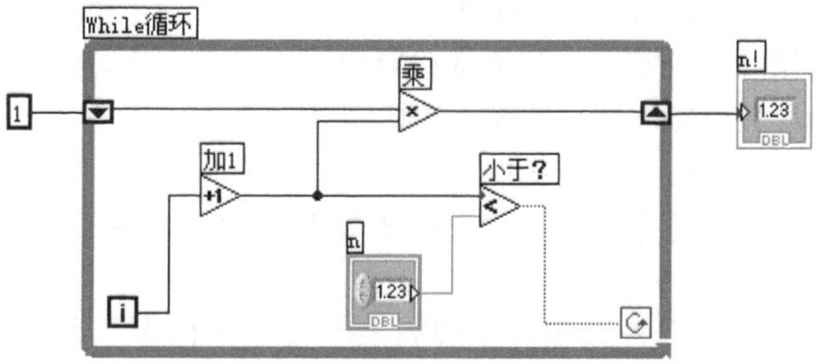

图 7-45　框图程序

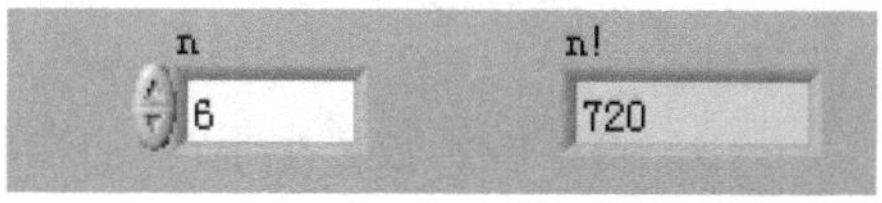

图 7-46　程序运行界面

实例 77　使用 While 循环结构计算累加值

一、设计任务

使用 While 循环结构，输入数值 n，求 $0+1+2+3+\cdots+n$ 的和并输出显示。

二、任务实现

1．程序前面板设计

新建 VI。切换到 LabVIEW 的前面板窗口，通过控件选板给程序前面板添加控件。

（1）添加 1 个数值输入控件：控件→数值→数值输入控件。将标签改为“n”。

（2）添加 1 个数值显示控件：控件→数值→数值显示控件。将标签改为“0+1+2+3+…+n”。

设计的程序前面板如图 7-47 所示。

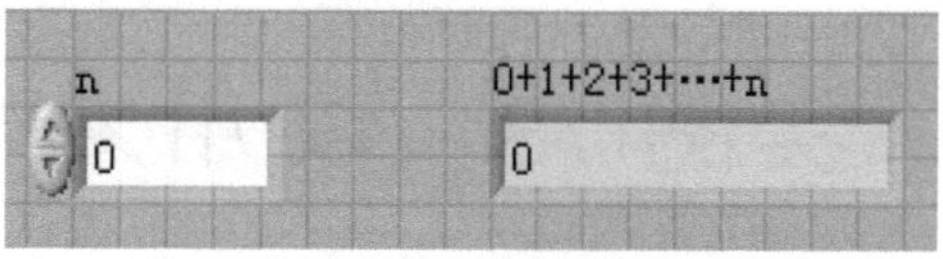

图 7-47　程序前面板

2．框图程序设计

切换到 LabVIEW 的程序框图窗口，调整控件位置，添加节点与连线。

（1）添加 1 个数值常量：函数→数值→数值常量。值设为“0”。

（2）添加 1 个 While 循环结构：函数→结构→While 循环。右击条件端口，选择“真（T）时继续”，条件端口形状变成。

以下在 While 循环结构框架中添加节点并连线。

（3）添加 1 个加函数：函数→数值→加。

（4）添加 1 个比较函数：函数→比较→小于?。

（5）右击循环结构左边框，在弹出菜单中选择“添加移位寄存器”，创建一组移位寄存器。

（6）将数值常量“0”与循环结构左侧的移位寄存器相连（寄存器初始化）。

（7）将循环结构左侧的移位寄存器与加函数的输入端口“x”相连。

（8）将循环结构的循环端口与加函数的输入端口“y”相连。

（9）将加函数的输出端口“x+y”与循环结构右侧的移位寄存器相连。

（10）将循环结构右侧的移位寄存器与数值输出控件的输入端口相连。

（11）将循环结构的循环端口与比较函数“小于?”的输入端口“x”相连。

（12）将数值输入控件的图标移到循环结构框架中，并与比较函数“小于?”的输入端口“y”相连。

（13）将比较函数“小于?”的输出端口“x<y?”与循环结构的条件端口相连。

连线后的框图程序如图 7-48 所示。

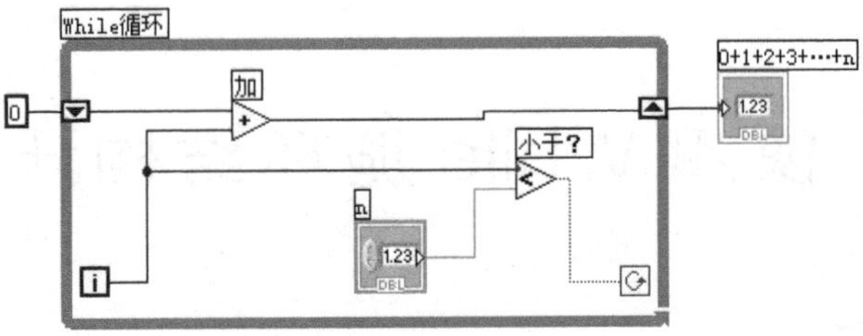

图 7-48　框图程序

3. 运行程序

切换到前面板窗口，单击工具栏“连续运行”按钮，运行程序。

在数值输入控件中输入数值，如“100”，单击界面空白处，求 0+1+2+3+…+100，并显示结果“5050”。

程序运行界面如图 7-49 所示。

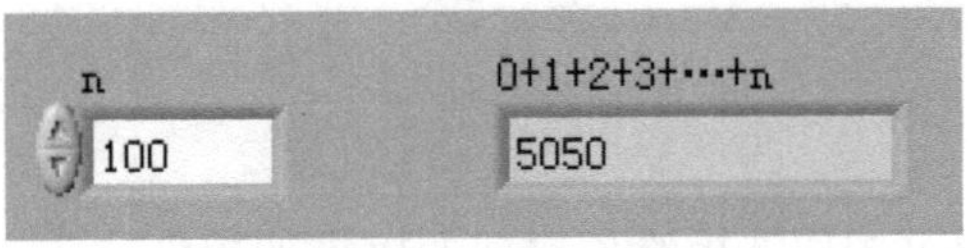

图 7-49　程序运行界面

实例 78　使用定时循环结构产生随机数

一、设计任务

得到随机数并输出显示。

二、任务实现

1．程序前面板设计

新建 VI。切换到 LabVIEW 的前面板窗口，通过控件选板给程序前面板添加控件。

（1）添加两个数值显示控件：控件→数值→数值显示控件，将标签分别改为“循环数”和“随机数 0-1”。

（2）添加 1 个停止按钮：控件→布尔→停止按钮。

设计的程序前面板如图 7-50 所示。

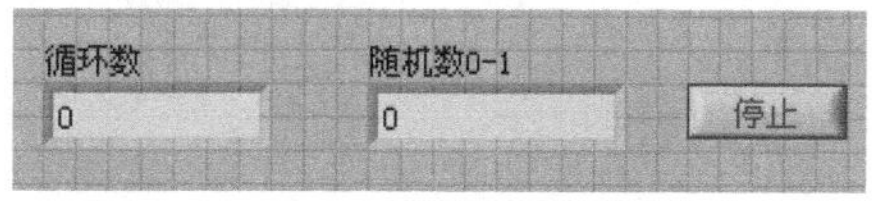

图 7-50　程序前面板

2．框图程序设计

切换到 LabVIEW 的程序框图窗口，调整控件位置，添加节点与连线。

（1）添加 1 个定时循环结构：函数→结构→定时结构→定时循环。

（2）双击定时循环结构左侧的输入节点，打开“配置定时循环”对话框，设置其运行周期为 500ms，优先级为 100，如图 7-51 所示。

（3）在定时循环结构中添加 1 个随机数函数：函数→数值→随机数（0-1）。

（4）将“循环数”显示控件、“随机数 0-1”显示控件、停止按钮控件的图标移到定时循环结构中。

（5）将随机数（0-1）函数与“随机数：0-1”显示控件的输入端口相连。

（6）将循环端口与循环数显示控件的输入端口相连。

（7）将停止按钮控件的输出端口与定时循环的条件端口◉相连（按钮的值为真时停止循环并终止程序）。

连线后的框图程序如图 7-52 所示。

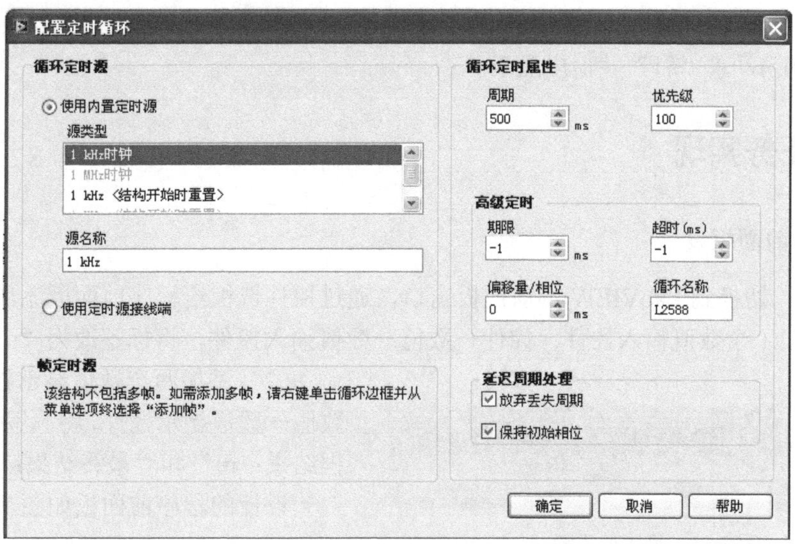

图 7-51　配置定时循环

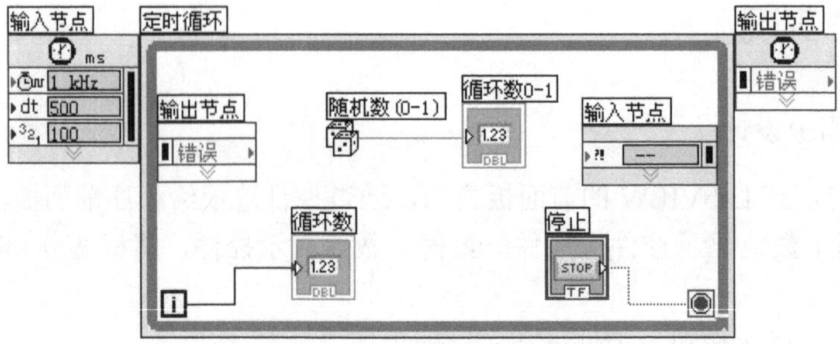

图 7-52　框图程序

3. 运行程序

切换到前面板窗口，单击工具栏“运行”按钮，运行程序。

程序运行后每隔 1000ms 从 0 开始累加计数，并显示 0～1 的随机数，单击“停止”按钮退出循环终止程序。

程序运行界面如图 7-53 所示。

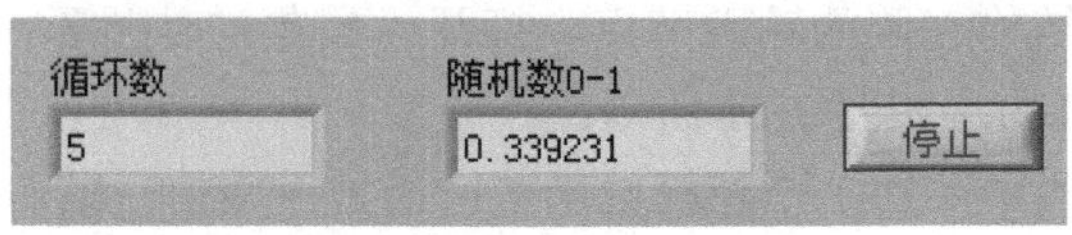

图 7-53　程序运行界面

实例 79　使用定时循环结构计算“*n*!”

一、设计任务

输入数值 *n*，求“*n*!”并输出显示。

二、任务实现

1. 程序前面板设计

新建 VI。切换到 LabVIEW 的前面板窗口，通过控件选板给程序前面板添加控件。

（1）添加 1 个数值输入控件：控件→数值→数值输入控件，将标签改为“n”。

（2）添加两个数值显示控件：控件→数值→数值显示控件，将标签分别改为“过程结果：n!”和“最终结果：n!”。

设计的程序前面板如图 7-54 所示。

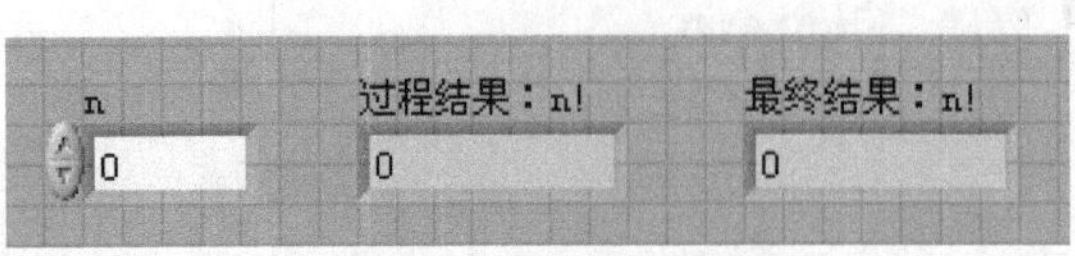

图 7-54　程序前面板

2. 框图程序设计

切换到 LabVIEW 的程序框图窗口，调整控件位置，添加节点与连线。

（1）添加 1 个定时循环结构：函数→结构→定时结构→定时循环。右键单击条件端口，在弹出的快捷菜单中选择“真（T）时继续”选项。

（2）双击定时循环结构左侧的输入节点，打开“配置定时循环”对话框，设置其运行周期为 1000ms，其余参数保持默认。

（3）添加 1 个数值常量：函数→数值→数值常量。将值改为“1”。

（4）在定时循环结构中添加 1 个乘函数：函数→数值→乘。

（5）在定时循环结构中添加 1 个加 1 函数：函数→数值→加 1。

（6）在定时循环结构中添加 1 个比较函数：函数→比较→“小于?”。

（7）选中循环框架边框，单击右键，在弹出的菜单中选择“添加移位寄存器”选项，创建一个移位寄存器。

（8）将数值常量“1”与定时循环结构左侧的移位寄存器相连（寄存器初始化）。

（9）将左侧的移位寄存器与乘函数的输入端口“x”相连。

（10）将定时循环结构的循环端口与加 1 函数的输入端口“x”相连。

（11）将加 1 函数的输出端口“x+1”与乘函数的输入端口“y”相连。

（12）将过程结果显示控件移入定时循环结构框架中；将乘法函数的输出端口 x*y 与过程结果显示控件相连，再与右侧的移位寄存器相连。

（13）将右侧的移位寄存器与最终结果输出控件的输入端口相连。

（14）将加 1 函数的输出端口“x+1”与“小于?”比较函数的输入端口“x”相连。

（15）将数值输入控件的图标移到循环结构框架中，并与“小于?”比较函数的输入端口“y”相连。

（16）将“小于?”比较函数的输出端口“x<y?”与定时循环结构的条件端口相连。

连线后的框图程序如图 7-55 所示。

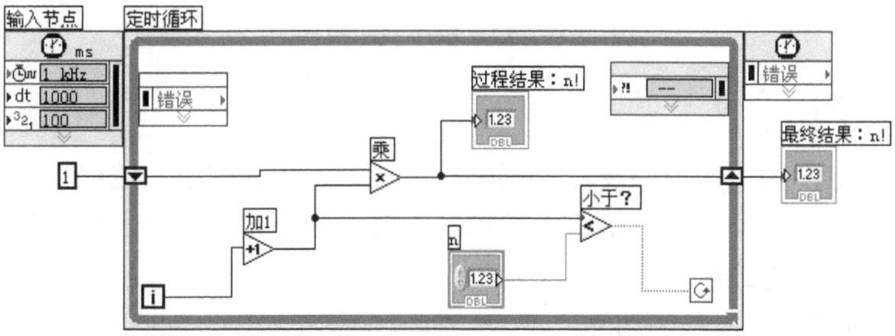

图 7-55　框图程序

3. 运行程序

切换到前面板窗口，单击工具栏“运行”按钮，运行程序。

输入数值，如 5，求“5!”，过程结果不断变化，并显示最终结果 120。

程序运行界面如图 7-56 所示。

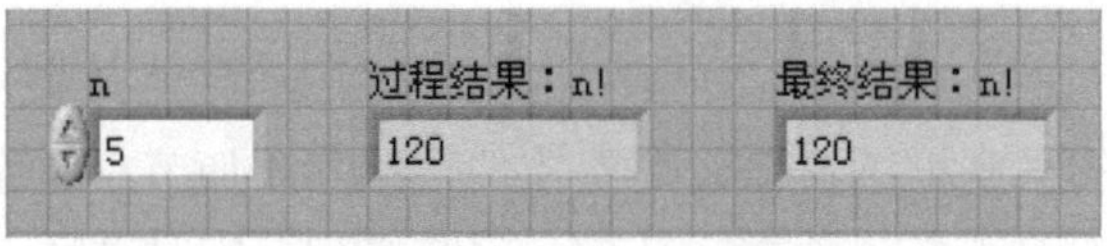

图 7-56　程序运行界面

实例 80　使用定时循环结构计算累加值

一、设计任务

输入数值 *n*，求 0+1+2+3+…+*n* 的和并输出显示。

二、任务实现

1．程序前面板设计

新建 VI。切换到 LabVIEW 的前面板窗口，通过控件选板给程序前面板添加控件。

（1）添加 1 个数值输入控件：控件→数值→数值输入控件，将标签改为“n”。

（2）添加两个数值显示控件：控件→数值→数值显示控件，将标签分别改为“过程结果：0+1+2+3+…+n”和“最终结果：0+1+2+3+…+n”。

设计的程序前面板如图 7-57 所示。

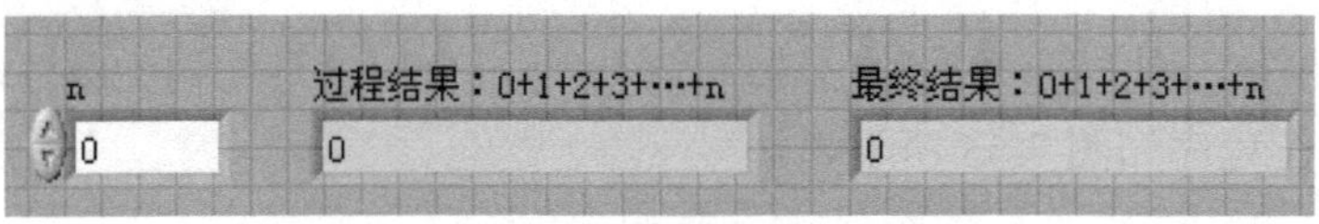

图 7-57　程序前面板

2．框图程序设计

切换到 LabVIEW 的程序框图窗口，调整控件位置，添加节点与连线。

（1）添加 1 个定时循环结构：函数→结构→定时结构→定时循环。右键单击条件端口，选择“真（T）时继续”选项。

（2）双击定时循环结构左侧的输入节点，打开配置定时循环对话框，设置其运行周期为 100ms。

（3）添加 1 个数值常量：函数→数值→数值常量。值为“0”。

（4）在定时循环结构中添加 1 个加函数：函数→数值→加。

（5）在定时循环结构中添加 1 个比较函数：函数→比较→“小于?”。

（6）选中循环框架边框，单击右键，在弹出菜单中选择“添加移位寄存器”选项，创建一个移位寄存器。

（7）将数值常量“0”与定时循环结构左侧的移位寄存器相连（寄存器初始化）。

（8）将左侧的移位寄存器与加函数的输入端口“x”相连。

（9）将循环端口与加函数的输入端口“y”相连。

（10）将过程结果显示控件的图标、数值输入控件的图标移到定时循环结构中。

（11）将加函数的输出端口“x+y”与过程结果显示控件的输入端口相连，再与右侧的移位寄存器相连。

（12）将右侧的移位寄存器与最终结果输出控件的输入端口相连。

（13）将循环端口与“小于?”比较函数的输入端口“x”相连。

（14）将数值输入控件的输出端口与“小于?”比较函数的输入端口“y”相连。

（15）将“小于?”比较函数的输出端口“x<y?”与定时循环结构的条件端口相连。

连线后的框图程序如图 7-58 所示。

3．运行程序

切换到前面板窗口，单击工具栏“运行”按钮，运行程序。

输入数值，如 100，求 0+1+2+3+…+100，并显示过程结果和最终结果 5050。

程序运行界面如图 7-59 所示。

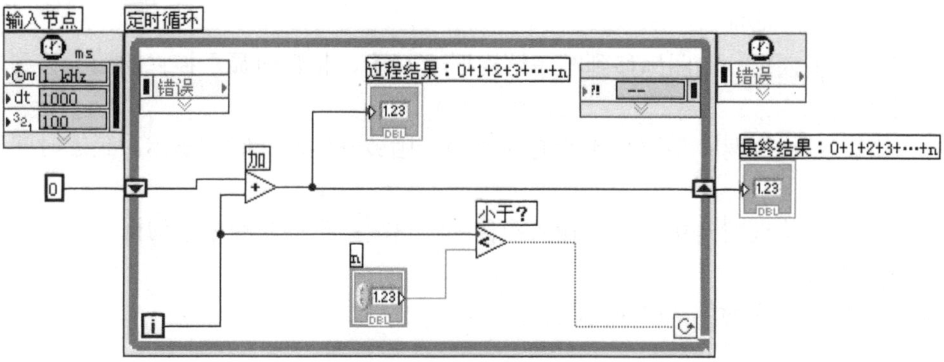

图 7-58　框图程序

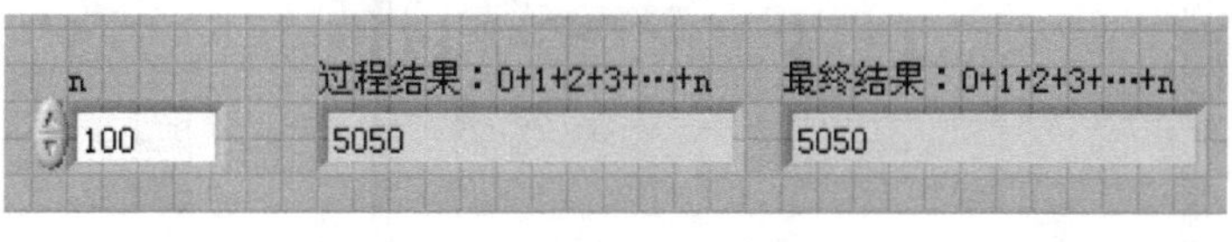

图 7-59　程序运行界面

实例 81　定时顺序结构的使用

一、设计任务

使用定时顺序结构将前一个框架中产生的数据传递到后续框架中使用。

二、任务实现

1. 程序前面板设计

新建 VI。切换到 LabVIEW 的前面板窗口，通过控件选板给程序前面板添加控件。

（1）添加 1 个数值输入控件：控件→数值→数值输入控件，将标签改为“IN”。

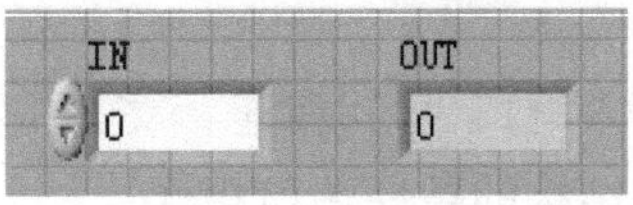

图 7-60　程序前面板

（2）添加 1 个数值显示控件：控件→数值→数值显示控件，将标签改为“OUT”。

设计的程序前面板如图 7-60 所示。

2. 框图程序设计

切换到 LabVIEW 的程序框图窗口，调整控件位置，添加节点与连线。

（1）添加 1 个定时顺序结构：函数→结构→定时结构→定时顺序（LabVIEW2015 以后版本，可以先添加平铺式顺序结构，再右击边框，出现快捷菜单，选择“替换为定时顺序”）。

将顺序结构框架设置为 3 个。方法是右键单击顺序式结构边框，在弹出的快捷菜单中选择“在后面添加帧”选项。

（2）将数值输入控件的图标移到顺序结构框架 0 中，将数值显示控件的图标移到顺序结构框架 2 中。

（3）在顺序结构框架 1 中添加 1 个定时函数：函数→定时→时间延迟。延迟时间设置为 5 秒。

（4）将顺序结构框架 0 中的数值输入控件的输出端口直接与顺序结构框架 2 中的数值显示控件的输入端口相连。

连线后的框图程序如图 7-61 所示。

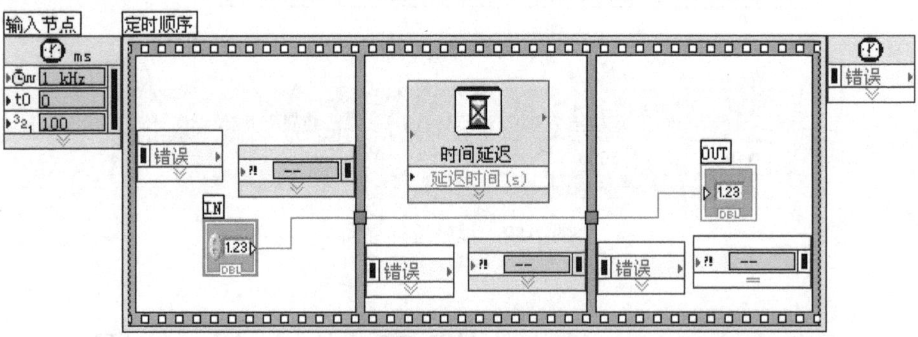

图 7-61　框图程序

3. 运行程序

切换到前面板窗口，单击工具栏“运行”按钮，运行程序。

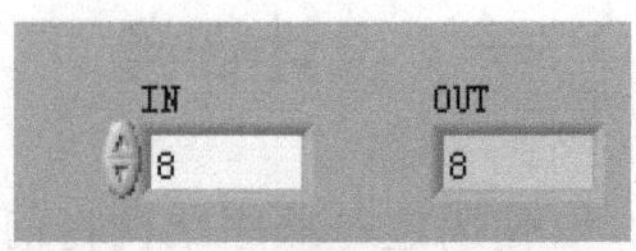

图 7-62　程序运行界面

本例输入数值 8，隔 5 秒后显示 8。

程序运行界面如图 7-62 所示。

实例 82　事件结构的使用

一、设计任务

单击滑动杆时，出现提示对话框；单击按钮时，出现提示对话框。

二、任务实现

1. 程序前面板设计

新建 VI。切换到 LabVIEW 的前面板窗口，通过控件选板给程序前面板添加控件。

（1）添加 1 个滑动杆控件：控件→数值→水平指针滑动杆，标签为“滑动杆”。

（2）添加 1 个按钮控件：控件→布尔→确定按钮，标签为“确定按钮”。

设计的程序前面板如图 7-63 所示。

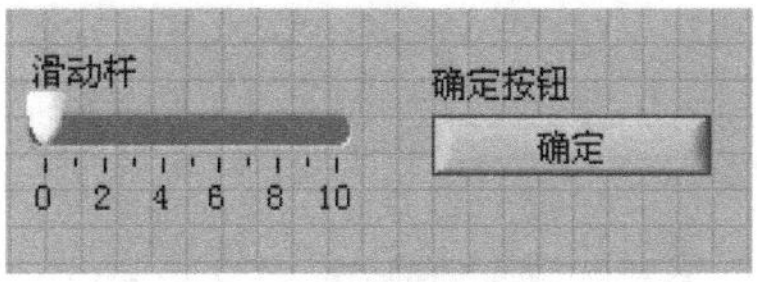

图 7-63　程序前面板

2. 框图程序设计

切换到 LabVIEW 的程序框图窗口，调整控件位置，添加节点与连线。

（1）添加 1 个事件结构：函数→结构→事件结构。

（2）在事件结构的图框上单击鼠标右键，从弹出的快捷菜单中选择“编辑本分支所处理的事件”选项，打开如图 7-64 所示的“编辑事件”对话框。

单击按钮删除超时事件。在事件源中选择“滑动杆”，从相应的事件窗口中选择“值改变”。单击“确定”按钮退出“编辑事件”对话框。

（3）在事件结构图框上单击鼠标右键，从弹出的快捷菜单中选择“添加事件分支...”选项，打开“编辑事件”对话框。在事件源中选择“确定按钮”，从相应的事件窗口中选择“鼠标按下”。这时，程序的“编辑事件”对话框如图 7-65 所示。单击“确定”按钮，退出对话框。

（4）在“‘滑动杆’：值改变”事件窗口中添加 1 个数值至小数字符串转换函数：函数→字符串→字符串/数值转换→数值至小数字符串转换。

（5）在“‘滑动杆’：值改变”事件窗口中添加 1 个连接字符串函数：函数→字符串→连接字符串。

（6）在“‘滑动杆’：值改变”事件窗口中添加 1 个字符串常量：函数→字符串→字符串常量，将值改为“当前数值是：”。

（7）在“‘滑动杆’：值改变”事件窗口中添加 1 个单按钮对话框：函数→对话框与用户界面→单按钮对话框。

（8）将滑动杆控件的图标移到“‘滑动杆’：值改变”事件窗口中；将滑动杆控件的输出端口与数值至小数字符串转换函数的输入端口“数字”相连。

（9）将数值至小数字符串转换函数的输出端口“F-格式字符串”与连接字符串函数的输入端口“字符串”相连。

（10）将字符串常量“当前数值是:”与连接字符串函数的输入端口“字符串”相连。

（11）将连接字符串函数的输出端口“连接的字符串”与单按钮对话框的输入端口“消息”相连。

连线后的框图程序如图 7-66 所示。

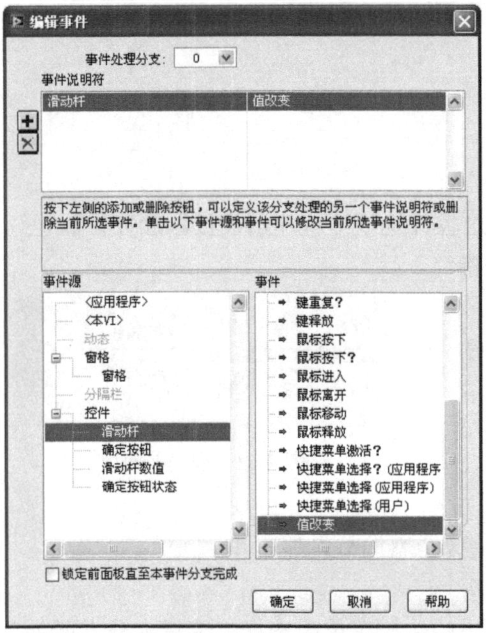

图 7-64 “编辑事件”对话框

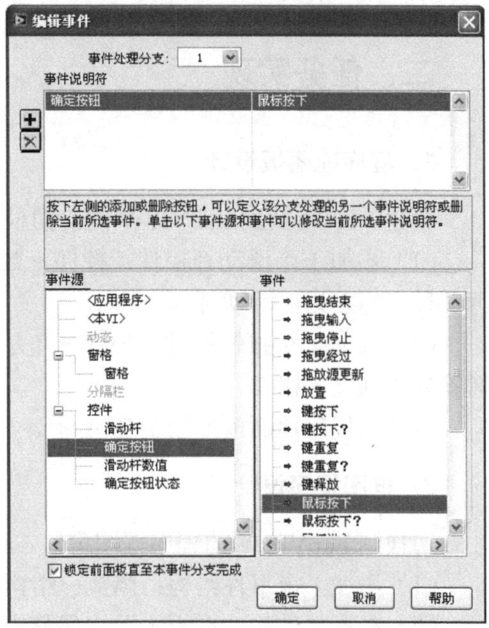

图 7-65 添加事件分支

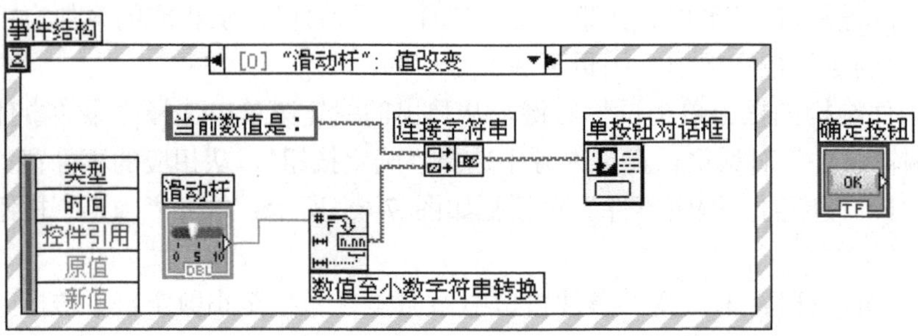

图 7-66 框图程序

（12）在“‘确定按钮’：鼠标按下”事件窗口中添加 1 个字符串常量：函数→字符串→字符串常量，将值改为“您按下了此按钮!”。

（13）在“‘确定按钮’：鼠标按下”事件窗口中添加 1 个单按钮对话框：函数→对话框与用户界面→单按钮对话框。

（14）将字符串常量“您按下了此按钮!”与单按钮对话框的输入端口“消息”相连。

连线后的框图程序如图 7-67 所示。

3. 运行程序

切换到前面板窗口，单击工具栏“连续运行”按钮，运行程序。

当更改水平指针滑动杆对象的数值时，出现提示对话框“当前数值是：…”；当按下“确定”按钮时，出现提示对话框“您按下了此按钮！”。

程序运行界面如图 7-68 所示。

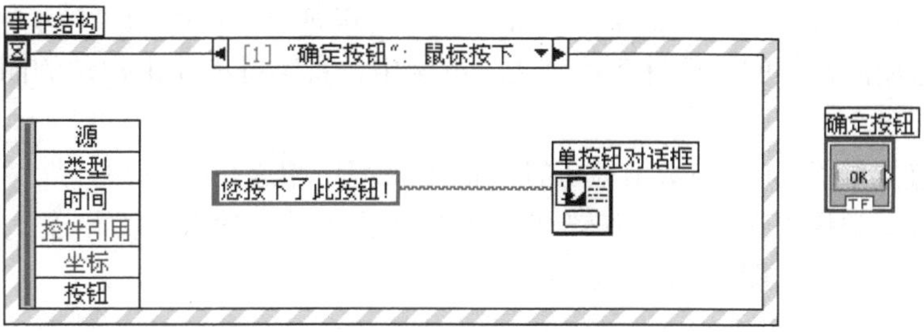

图 7-67　框图程序

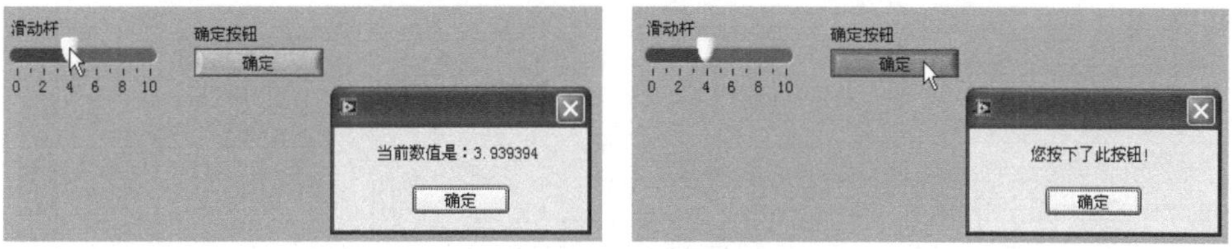

图 7-68　程序运行界面

实例 83　禁用结构的使用

一、设计任务

使用禁用结构，不显示数值输出，显示字符串输出。

二、任务实现

1. 程序前面板设计

新建 VI。切换到 LabVIEW 的前面板窗口，通过控件选板给程序前面板添加控件。

（1）添加 1 个数值显示控件：控件→数值→数值显示控件，将标签改为“数值输出”。

（2）添加 1 个字符串显示控件：控件→字符串与路径→字符串显示控件，将标签改为“字符串输出”。

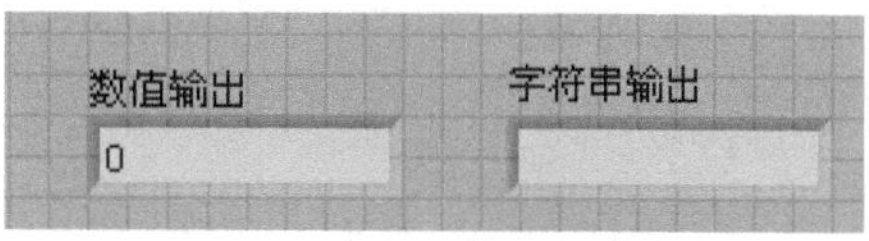

图 7-69　程序前面板

设计的程序前面板如图 7-69 所示。

2. 框图程序设计

切换到 LabVIEW 的程序框图窗口，调整控件位置，添加节点与连线。

（1）添加 1 个禁用结构：函数→结构→程序框图禁用结构。

（2）在禁用结构的“禁用”框架中添加 1 个数值常量，值改为“100”。

（3）在禁用结构的“启用”框架中添加 1 个字符串常量，值改为“显示字符串！”。

（4）将数值输出控件的图标移到“禁用”框架中；将字符串输出控件的图标移到“启用”框架中。

（5）将数值常量“100”与数值输出控件的输入端口相连。

（6）将字符串常量“显示字符串！”与字符串输出控件的输入端口相连。

连线后的框图程序如图 7-70 所示。

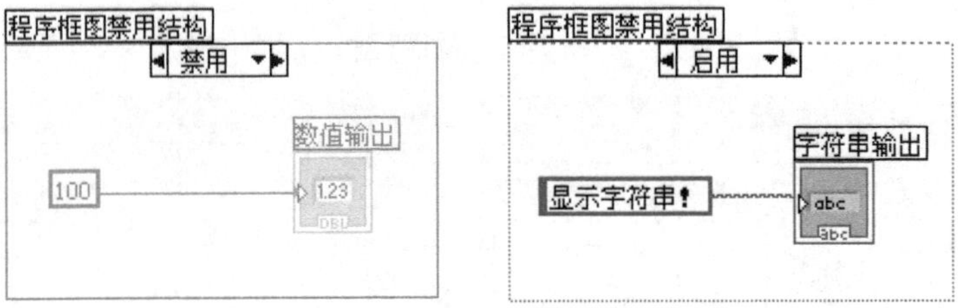

图 7-70 框图程序

3. 运行程序

切换到前面板窗口，单击工具栏“运行”按钮，运行程序。

程序运行后，没有显示数值输出；字符串输出“显示字符串！”。

程序运行界面如图 7-71 所示。

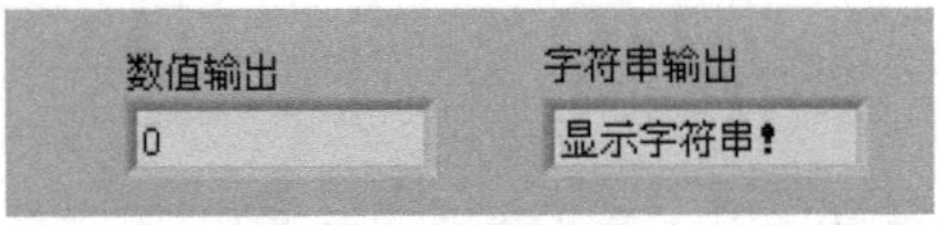

图 7-71 程序运行界面

第8章　变量与节点

本章通过实例介绍LabVIEW框图程序设计中变量（包括局部变量和全局变量）的创建及使用；节点（包括公式节点、反馈节点、表达式节点、属性节点）的创建及使用；子程序的创建与使用等。

实例基础　变量与节点概述

1．变量概述

在LabVIEW环境中，各个对象之间传递数据的基本途径是通过连线。但是需要在几个同时运行的程序之间传递数据时，显然是不能通过连线的。即使在一个程序内部各部分之间传递数据时，有时也会遇到连线的困难。另外，需要在程序中多个位置访问同一个面板对象，甚至有些是对它写入数据，有些是由它读出数据。在这些情况下，就需要使用变量。因此，变量是LabVIEW环境中传递数据的工具，主要解决数据和对象在同一VI程序中的复用和在不同VI程序中的共享问题。

LabVIEW中的变量有局部变量和全局变量两种。和其他编程语言不一样，变量不能直接创建，必须关联到一个前面板对象，依靠此对象来存储、读取数据。也就是说变量相当于前面板对象的一个副本，变量既可以存储数据，也可以读取数据，不像前面板对象只能进行其中一种操作。

1）局部变量

（1）局部变量的作用

局部变量只能在变量生成的程序中使用，它类似于传统编程语言中的局部变量。但由于LabVIEW的特殊性，局部变量又具有与传统编程语言中的局部变量不同的地方。

在LabVIEW中，前面板上的每一个控制或指示在框图程序上都有一个与之对应的端口。控制通过这个端口将数据传送给框图程序的其他节点。框图程序也可以通过这个端口为指示赋值。但是，这个端口是唯一的，一个控制或一个指示只有一个端口。用户在编程时，经常需要在同一个VI的框图程序中的不同位置多次为指示赋值，多次从控制中取出数据；或者是为控制赋值，从指示中取出数据。显然，这时仅用一个端口是无法实现这些操作的，而端口仅有一个。这不同于传统的编程语言，如定义一个变量a，在程序的任何地方，需要用到这个变量时，写一个a就可解决问题。因此，局部变量的引入解决了以上问题。

（2）局部变量的使用

根据需要，用户经常要为输入控件赋值或从显示控件中读出数据。但通过前面板对象的端口，用户不能为输入控件赋值，也不能从显示控件中读出数据。而利用局部变量，就可以解决这个问题。局部变量有“读”和“写”两种属性。当属性为“读”时，可以从局部变量中读出数据；当属性为“写”时，可以给这个局部变量赋值。通过这种方法，就可以达到给输入控件赋值或从显示控件中读出数据的目的。即局部变量既可以是输入量也可以是显示量。

在局部变量的右键弹出菜单中，选择“转换为读取”或“转换为写入”选项，可改变局部变量的属性。请注意，当局部变量的属性为“读”时，局部变量图标的边框用粗线来强调；当局部变量的属性为“写”时，局部变量图标的边框用细线表示。这就为用户编程提供了很大的灵活度。通过局部变量图标边框线条的粗细，用户可以很容易地区分出一个局部变量的属性。

（3）局部变量的特点

局部变量的引入为用户使用 LabVIEW 提供了方便。它具有许多特点，了解了这些特点，可以帮助用户更好地学习和使用 LabVIEW。

一个局部变量就是其相应前面板对象的一个数据复件，它要占用一定的内存。所以，应该在程序中控制使用局部变量，特别是对于那些包含大量数据的数组。若在程序中使用多个这种数组的局部变量，那么这些局部变量就会占用大量的内存，从而降低了程序运行效率。

LabVIEW 是一种并行处理语言，只要模块的输入有效，模块就会执行程序。当程序中有多个局部变量时，要特别注意这一点，因为这种并行执行可能造成意想不到的错误。例如，在程序的某一个地方，用户从一个输入控件的局部变量中读出数据；在另一个地方，又根据需要为这个输入控件的另一个局部变量赋值。如果这两个过程是并行发生的，就有可能使得读出的数据不是前面板对象原来的数据，而是赋值后的数据。这种错误不是明显的逻辑错误，很难发现，因此在编程过程中要特别注意，尽量避免这种错误的发生。

局部变量的另外一个特点与传统编程语言中的局部变量相似，就是它只能在同一个 VI 中使用，不能在不同的 VI 之间使用。若需要在不同的 VI 间进行数据传递，可使用全局变量。

使用局部变量可以在框图程序的不同位置访问前面板对象。前面板对象的局部变量相当于其端口的一个复件，它的值与该端口同步，也就是说，两者所包含的数据是相同的。

2）全局变量

（1）全局变量的作用

全局变量是 LabVIEW 中的一个对象。通过全局变量，可以在不同的 VI 之间进行数据传递。LabVIEW 中的全局变量与传统编程语言中的全局变量类似，但也有它的独特之处。

全局变量可以在任何 LabVIEW 程序中使用，用于程序之间的数据交换。全局变量同样需要关联到前面板对象，专门有一个程序文件来保存全局变量的关联对象，此程序只有前面板而无程序框图，前面板中可放置多个数据控制或显示对象。

（2）全局变量的特点

全局变量也有读和写两种属性，其用法和设置方法与局部变量相同。

LabVIEW 中的全局变量与传统编程语言中的全局变量相比有很大的不同之处。在传统编程语言中，全局变量只能是一个变量，一种数据类型。而 LabVIEW 中的全局变量则显得较为灵活，它以独立文件的形式存在，并且在一个全局变量中可以包含多个对象，拥有多种数据类型。

全局变量与子 VI 的不同之处在于它不是一个真正的 LabVIEW 程序，不能进行编程，只能用于简单的数据存储。但全局变量的数据交换速度是其他大多数数据类型的 10 倍。全局变量的另一个优点是可将所有的 Global 数据放入一个全局变量中，并且在程序执行时分别访问。由于 LabVIEW 中全局变量这些特点的存在，使得全局变量的功能非常强大，而且使用方便，易于管理。

通过全局变量在不同的 VI 之间进行数据交换，只是 LabVIEW 中 VI 之间数据交换的方式之一。通过 DDE（动态数据交换）也可以进行数据交换。

不管是局部变量还是全局变量，其图标中均显示其关联对象的标签文本，因此，关联对象的标签文本需要修改为能代表此变量含义的标签文本，以便变量的使用。全局变量与局部变量外观上的区别是全局变量图标中有一个小圆框。

多个变量可关联到同一对象，此时这些变量和其关联对象之间的数据同步，改变其中任何一个数据，其他变量或对象中的数据都跟着改变。

（3）全局变量的使用

将全局变量用在程序设计中有两种方法：一种是直接在程序之间复制/粘贴；另一种需要单击函数选板中的“选择 VI...”选项，从弹出的对话框中选中全局变量存储文件，就在程序框图中创建了一个全局变量，然后将光标替换为工具选板中的手形，便可将此全局变量关联到全局变量文件前面板中的任意对象。

（4）局部变量和全局变量使用注意事项

NI 公司为 LabVIEW 提供了局部变量和全局变量这两种传递数据的工具，但是 NI 公司却并不提倡过多地使用它们。很多使用 LabVIEW 开发应用程序的人也认为，局部变量和全局变量的使用是 LabVIEW 编程的难点。LabVIEW 程序最大的特点就是它的数据流驱动的执行方式，但是局部变量和全局变量从本质上讲并不是数据流的一个组成部分。它们掩盖了数据流的进程，使程序变得难以读懂。另外，使用局部变量和全局变量还要注意以下问题。

① 局部变量和全局变量的初始化。

在使用局部变量和全局变量的程序运行之前，局部变量和全局变量的值是与它们相关的前面板对象的默认值。如果不能够确信这些值是否符合程序执行的要求，就需要对它们进行初始化，即赋予它们能够保证使程序得到预期结果的正确的初始值。

② 使用局部变量和全局变量时对于计算机内存的考虑。

主调程序通过端口板端口连线的方式向被调用的子程序传递数据时，端口板并不会在缓冲区中建立数据副本。但是使用局部变量传递数据时，就需要在内存中将与它相关的前面板控件复制出一个数据副本。如果需要传递大量数据，就会占用大量内存，使程序的执行变得缓慢。

程序由全局变量读取数据时，LabVIEW 也为全局变量存储的数据建立了一个副本。这样当操作大的数组或字符串时，内存与性能问题变得非常突出。特别是对数组操作，修改数组中的一个成员，LabVIEW 就会重新存储整个数组。从程序中几个不同位置读取全局变量时，就会建立几个数据缓冲区。

2. 节点概述

1）公式节点

（1）公式节点的作用

LabVIEW 是一种图形化编程语言，主要编程元素和结构节点是系统预先定义的，用户只需要调用相应节点构成框图程序即可，这种方式虽然方便直接，但是灵活性受到了限制，尤其对于复杂的数学处理，变化形式多种多样，LabVIEW 不可能把所存的数学运算和组合方式都形成图标，这样会使程序显得冗杂且难以读懂。

为了解决这一问题，LabVIEW 另辟蹊径，提供了一种专用于处理数学公式编程的特殊结构形式，称为公式节点。在公式节点框架内，LabVIEW 允许用户像书写数学公式或方程式一样直接编写数学处理节点。

（2）公式节点的语法

公式节点中代码的语法与 C 语言相同，可以进行各种数学运算，这种兼容性使 LabVIEW 的功能更加强大，也更容易使用。

公式节点中也可以声明变量，使用 C 语言的语法，以及加语句注释，每个公式语句也是以分号结束的。公式节点的变量可以与输入/输出端口连线无关，但是变量不能有单位。

公式节点中允许使用的函数名可以在上下文帮助窗口中找到。而运算符、语法和函数的详细说明则需要在下一级的帮助窗口中才能找到。

使用文本工具向公式节点中输入公式，也可以将符合语法要求的代码直接复制到公式节点中。一个公式节点可以有多个公式。

在公式节点中不能使用循环结构和复杂的条件结构，但可以使用简单的条件结构。

（3）公式节点的特点

右键单击端口，在弹出的快捷菜单中选择“转换为输出”或“转换为输入”命令，可以对输入/输出端口数据流方向进行转换。在端口的方框中输入变量名，变量名要区分大小写。一个公式节点可以有多个变量，输入端口不能重名，输出端口也不能重名，但是输入和输出端口可以重名。每个输入端口必须与程序框图中一个为变量赋值的端口连线。输出端口连接到显示件或需要此数据的后续节点。

公式节点的引入使得 LabVIEW 的编程更加灵活，对于一些稍微复杂的计算公式，用图形化编程可能会有些烦琐，此时若采用公式节点来实现这些计算公式，会减少编程的工作量。在进行 LabVIEW 编程时，可根据图形化编程和公式节点各自的特点，灵活使用不同的编程方法，这样可以大大提高编程的效率。

使用公式节点时，有一点应当注意：在公式节点框架中出现的所有变量必须有一个相对应的输入端口或输出端口，否则 LabVIEW 会报错。

LabVIEW 会自动检查公式中的语法错误。

2）反馈节点

当 For 循环或 While 循环框比较大时，使用移位寄存器会造成过长的连线，因此 LabVIEW 提供了反馈节点。在 For 循环或 While 循环中，当用户把一个节点的输出连接到它的输入时，连线中会自动插入一个反馈节点，同时自动创建一个初始化端口。

反馈节点的功能是在 While 循环或者 For 循环中，将数据从一次循环传递到下一次循环。从这一点来讲，反馈节点的功能和循环结构中的移位寄存器的功能非常相似，因而在循环结构中这两种对象可以相互代替使用。

反馈节点只能用在 While 循环或者 For 循环中，是为循环结构设置的一种传递数据的机制。用反馈节点代替循环结构中的移位寄存器，在某些时候会使程序结构变得简洁。

反馈节点箭头的方向表示数据流的方向。反馈节点有两个端口，输入端口在每次循环结束时将当前值存入，输出端口在每次循环开始时把上一次循环存入的值输出。

3）表达式节点

在 LabVIEW 的数值函数子选板中还有一个与公式节点类似的表达式节点。

表达式节点可以视为一个简单的公式节点，因为公式节点的大部分函数、运算符和语法规则在这里都可以用，但是它只有一个输入端口和一个输出端口，这意味着它只能接收一个变量，求出一个值。它的语句也不需要以分号来结束。

表达式节点放进程序框图后即可以用文本工具来输入数学表达式，它的边框大小与表达式是自动适应的。左边的端口连接输入变量，右边的端口连接输出值。

如果输入变量连接一个数组或簇，则输出值也是数组或簇，表达式节点依次对数组或簇中的所有成员数据进行计算，输出各个计算值。

4）属性节点

在程序的执行过程中，用户可以通过属性节点获取或设置与属性节点关联的前面板控件的属性。例如，在程序运行的某个特定阶段，希望禁用某些前面板控件，以避免用户的误操作；而在程序运行的其他阶段，又希望启用这些控件，利用属性节点便可以实现这些功能的动态设置。

实例 84　局部变量的创建与使用

一、设计任务

通过旋钮改变数值大小，当旋钮数值大于等于 5 时，指示灯为一种颜色，小于 5 时为另一种颜色。

二、任务实现

1. 程序前面板设计

新建 VI。切换到 LabVIEW 的前面板窗口，通过控件选板给程序前面板添加控件。

（1）添加 1 个旋钮控件：控件→数值→旋钮。标签为“旋钮”。

（2）添加 1 个仪表控件：控件→数值→仪表。标签为“仪表”。

（3）添加 1 个指示灯控件：控件→布尔→圆形指示灯。标签为“上限灯”。

（4）添加 1 个停止按钮按钮：控件→布尔→停止按钮。

设计的程序前面板如图 8-1 所示。

2. 框图程序设计

切换到 LabVIEW 的程序框图窗口，调整控件位置，添加节点与连线。

（1）添加 1 个 While 循环结构：函数→结构→While 循环。

以下在 While 循环结构框架中添加节点并连线。

（2）添加 1 个数值常量：函数→数值→数值常量。将值设为“5”。

（3）添加 1 个比较函数：函数→比较→大于等于?。

（4）添加 1 个条件结构：函数→结构→条件结构。

（5）在条件结构“真”选项中添加 1 个真常量：函数→布尔→真常量。

（6）在条件结构“假”选项中添加 1 个假常量：函数→布尔→假常量。

（7）在条件结构“假”选项中创建 1 个局部变量：函数→结构→局部变量。

开始时局部变量的图标上有一个问号，此时的局部变量没有任何用处，因为它并没有与前面板上的输入或显示相关联。

右击局部变量图标，会弹出一个快捷菜单，将鼠标移到“选择项”，弹出的菜单会将前面板上所有输入或显示控件的名称列出，选择所需要的名称如“上限灯”，如图 8-2 所示，完成前面板对象的一个局部变量的创建工作，此时局部变量中间会出现被选择控件的名称。

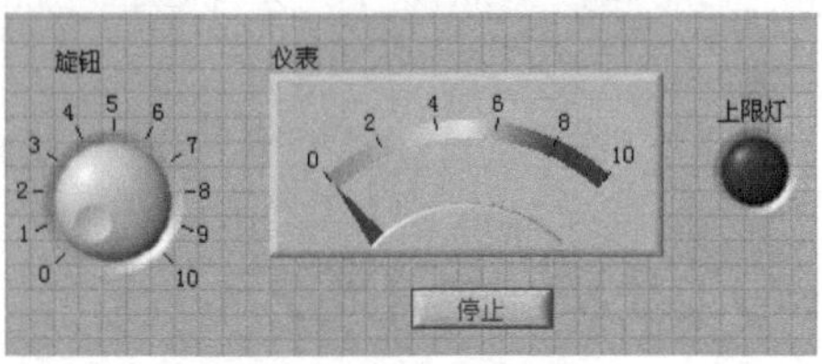

图 8-1　程序前面板

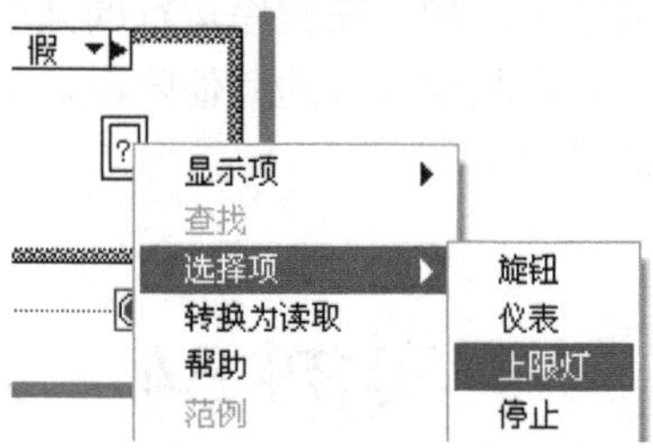

图 8-2　建立局部变量关联

（8）将旋钮控件、仪表控件、停止按钮控件的图标移到 While 循环结构框架中；将上限灯控件图标移到条件结构“真”选项中。

（9）将旋钮控件与比较函数“大于等于?”的输入端口“x”相连；再与仪表控件相连。

（10）将数值常量“5”与比较函数“大于等于?”的输入端口“y”相连。

（11）将比较函数“大于等于?”的输出端口“x>=y?”与条件结构的选择端口“?”相连。

（12）在条件结构“真”选项中将真常量与“上限灯”控件的输入端口相连。

（13）在条件结构“假”选项中将假常量与“上限灯”控件的局部变量相连。

（14）将停止按钮控件的输出端口与循环结构的条件端口相连。

连线后的框图程序如图 8-3 所示。

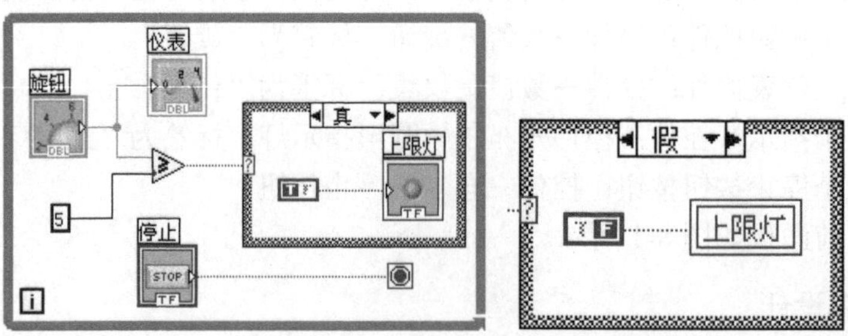

图 8-3　框图程序

3. 运行程序

切换到前面板窗口，单击工具栏“运行”按钮，运行程序。

转动旋钮，数值变化，仪表指针随着转动，当旋钮数值大于等于 5 时，指示灯变为绿色，小于 5 时为棕色（也可能是其他颜色，与指示灯控件的颜色设置有关）。

程序运行界面如图 8-4 所示。

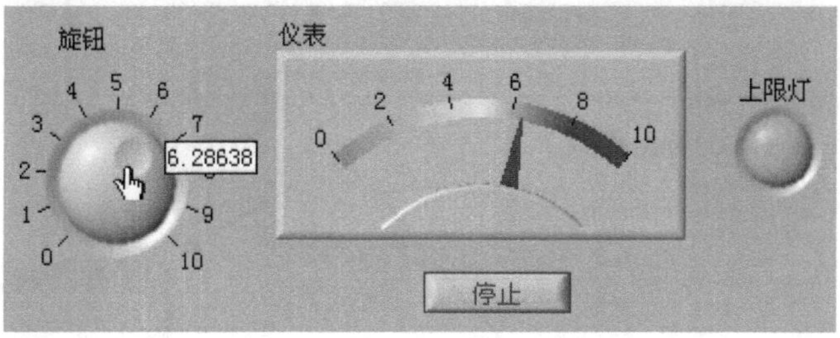

图 8-4　程序运行界面

实例 85　全局变量的创建与使用

一、设计任务

创建一个全局变量和两个 VI。第一个 VI 程序中的数值变化传递到第二个 VI 程序中。

二、任务实现

1. 全局变量的创建

1）程序前面板设计

新建 VI。切换到 LabVIEW 的前面板窗口，通过控件选板给程序前面板添加控件。

（1）添加 1 个旋钮控件：控件→数值→旋钮。标签为“旋钮”。

（2）添加 1 个仪表控件：控件→数值→仪表。标签为“仪表”。

（3）添加 1 个停止按钮：控件→布尔→停止按钮。

设计的程序前面板如图 8-5 所示。

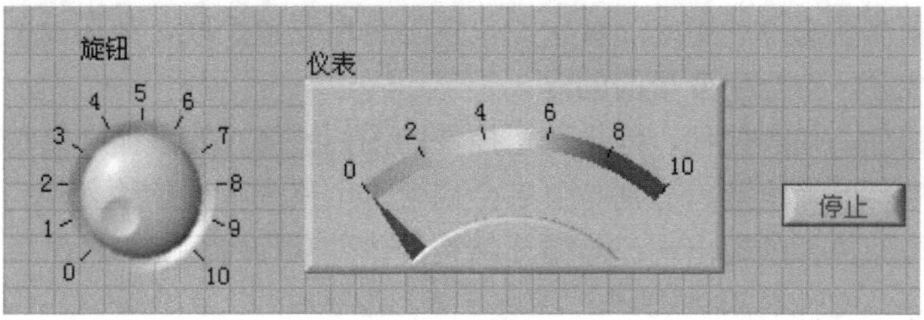

图 8-5　程序前面板

2）框图程序设计

切换到 LabVIEW 的程序框图窗口，调整控件位置，添加节点与连线。

（1）添加 1 个 While 循环结构：函数→结构→While 循环。

（2）在 While 循环结构中创建 1 个全局变量：函数→结构→全局变量。

将全局变量图标放至循环结构框架中。双击全局变量图标，打开其前面板，如图 8-6 所示。

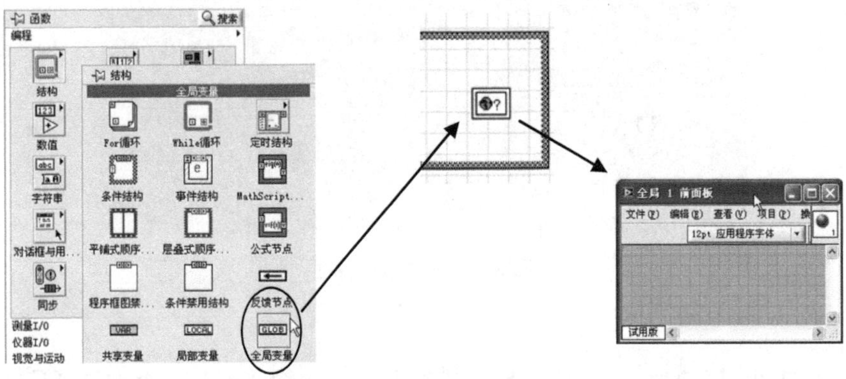

图 8-6　创建全局变量

切换到程序前面板，选择需要的控件对象，如仪表，并将其拖入全局变量的前面板中，如图 8-7 所示。注意对象类型须和全局变量将传递的数据类型一致。

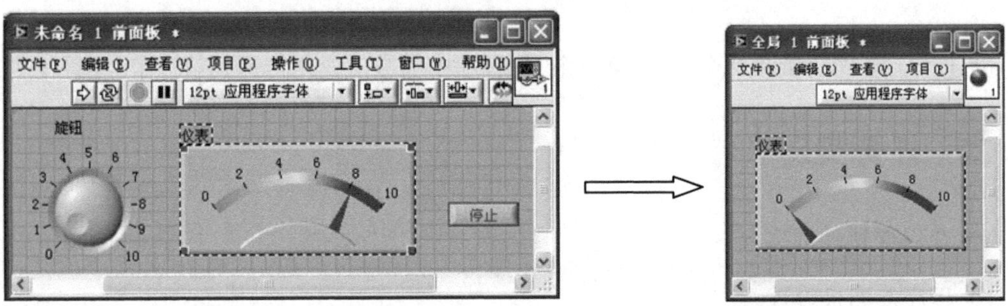

图 8-7　将程序前面板中的“仪表”拖入全局变量前面板窗口中

保存这个全局变量，最好以“Global”结尾命名此文件，如“TestGlobal.vi”，以便其他程序中全局变量与前面板对象关联时快速定位。然后关闭全局变量的前面板窗口。

切换到程序框图窗口，将鼠标切换至操作工具状态，右击全局变量的图标，在弹出的快捷菜单中选择“选择项”，将会出现一个弹出菜单。菜单会将全局变量中包含的所有对象的名称列出，然后根据需要选择一相应的对象如仪表与全局变量关联，如图 8-8 所示。

至此，就完成了一个全局变量的创建。

（3）将旋钮控件、仪表控件、停止按钮控件的图标移到 While 循环结构框架中。

（4）将旋钮控件的输出端口分别与仪表全局变量、仪表控件的输入端口相连。

（5）将停止按钮控件的输出端口与循环结构的条件端口相连。

（6）保存程序，文件名为“VI1”。

连线后的框图程序如图 8-9 所示。

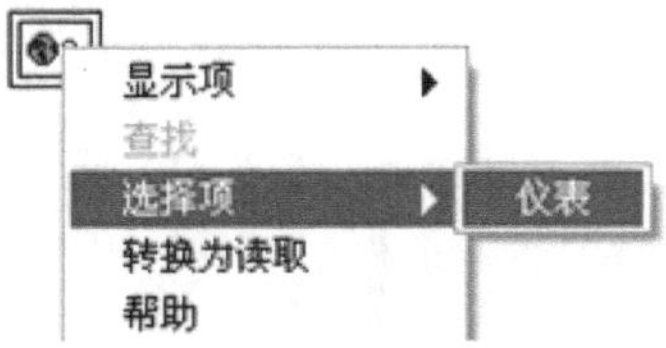

图 8-8　建立全局变量关联

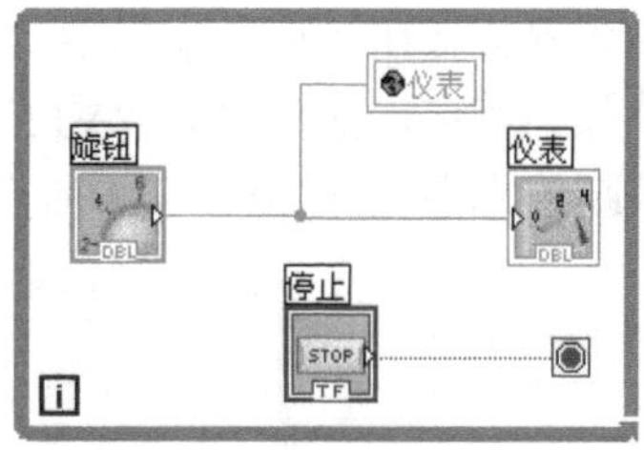

图 8-9　框图程序

2．全局变量的使用

新建 1 个 LabVIEW 程序。

1）程序前面板设计

切换到 LabVIEW 的前面板窗口，通过控件选板给程序前面板添加控件。

(1)添加 1 个仪表控件：控件→数值→仪表。标签为“仪表”。

(2) 添加 1 个停止按钮：控件→布尔→停止按钮。

设计的程序前面板如图 8-10 所示。

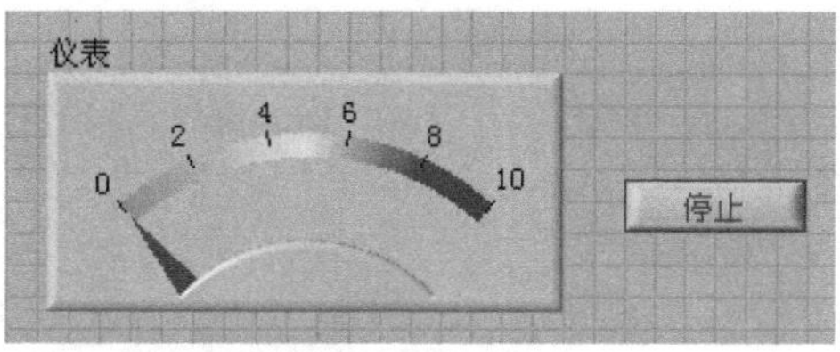

图 8-10　程序前面板

2）框图程序设计

切换到 LabVIEW 的程序框图窗口，调整控件位置，添加节点与连线。

(1) 添加 1 个 While 循环结构：函数→结构→While 循环。

(2) 在 While 循环结构中添加全局变量。进入函数选板，执行“选择 VI...”，出现“选择需打开的 VI”对话框，选择全局变量所在的程序文件“testGlobal.vi”，如图 8-11 所示，单击确定按钮，将全局变量图标放至循环结构框架中。

(3) 右击全局变量图标，在弹出的快捷菜单中选择“转换为读取”，如图 8-12 所示。

图 8-11　选择全局变量 VI

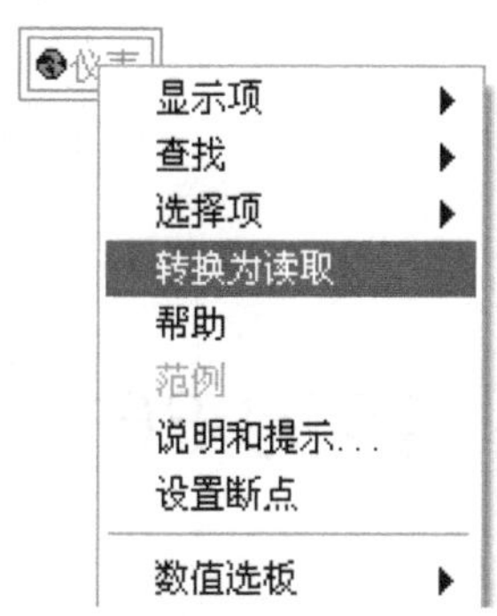

图 8-12　全局变量读写属性设置

(4) 将仪表控件、停止按钮控件的图标移到 While 循环结构框架中。

(5) 将全局变量与仪表控件的输入端口相连。

（6）将停止按钮控件的输出端口与循环结构的条件端口相连。
（7）保存程序，文件名为“VI2”。
连线后的框图程序如图 8-13 所示。

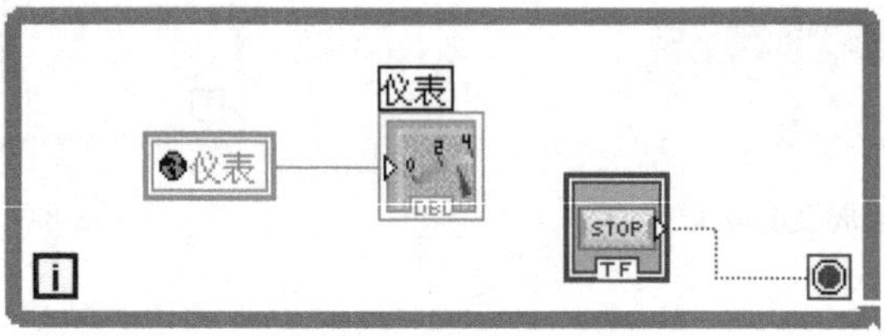

图 8-13　框图程序

3）运行程序

同时“运行”VI1 程序和 VI2 程序。在 VI1.vi 程序中，转动旋钮，数值变化，仪表指针随着转动。同时旋钮数值也存到了全局变量（写属性）中，VI1.vi 程序运行界面如图 8-14 所示。

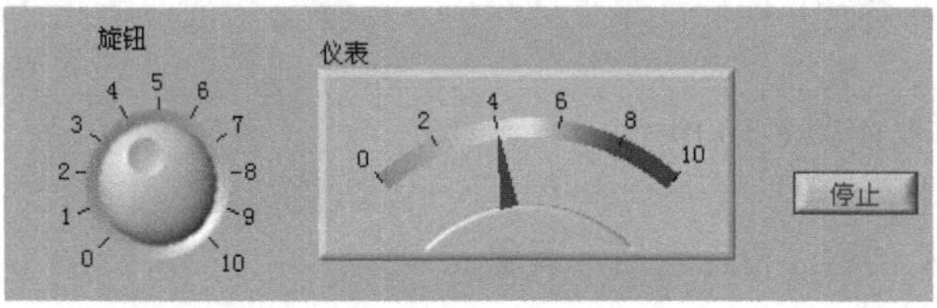

图 8-14　VI1.vi 程序运行界面

VI2.vi 程序从全局变量（读属性）中将数值读出，并送至前面板上的仪表中将数值变化显示出来，VI2.vi 程序运行界面如图 8-15 所示。

可以看到 VI2.vi 程序画面中的仪表指针与 VI1.vi 程序中仪表指针转动一致。

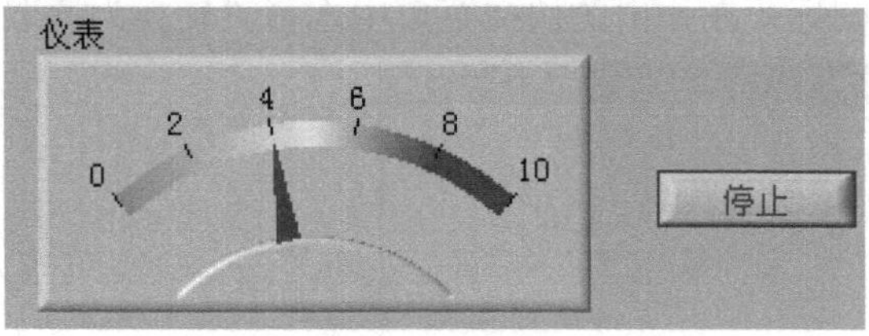

图 8-15　VI2.vi 程序运行界面

实例 86　使用公式节点进行数学运算

一、设计任务

利用公式节点计算 y=100+10x。

二、任务实现

1. 程序前面板设计

新建 VI。切换到 LabVIEW 的前面板窗口，通过控件选板给程序前面板添加控件。

（1）添加 1 个数值输入控件：控件→数值→数值输入控件。将标签改为“x”。

（2）添加 1 个数值显示控件：控件→数值→数值显示控件。将标签改为“y”。

设计的程序前面板如图 8-16 所示。

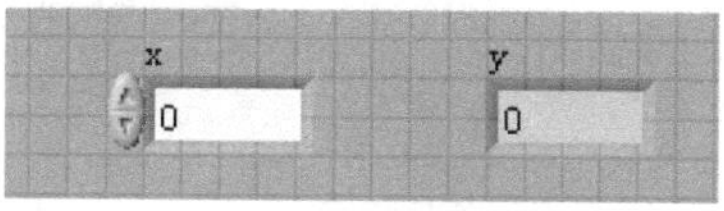

图 8-16　程序前面板

2. 框图程序设计

切换到 LabVIEW 的程序框图窗口，调整控件位置，添加节点与连线。

（1）添加 1 个公式节点：函数→结构→公式节点。选中公式节点，用鼠标在框图程序中拖动，画出公式节点的图框，如图 8-17 所示。

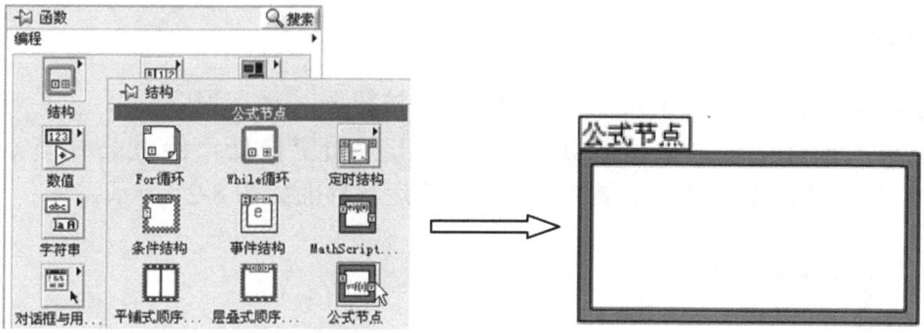

图 8-17　添加公式节点

（2）创建输入端口：右击公式节点左边框，从弹出菜单中选择“添加输入”，然后在出现的端口中输入变量名称，如“x”，就完成了一个输入端口的创建，如图 8-18 所示。

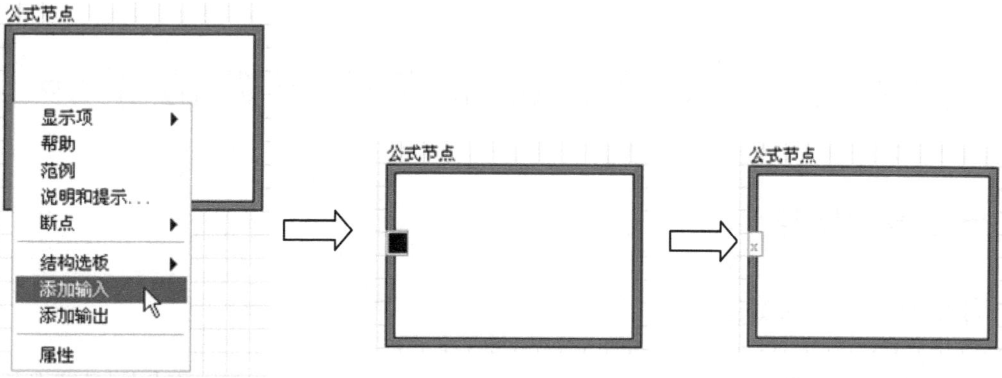

图 8-18　添加输入端口

（3）创建输出端口：右击公式节点右边框，从弹出菜单中选择“添加输出”，然后在出现的端口中输入变量名称，如“y”，就完成了一个输出端口的创建，如图 8-19 所示。

（4）按照 C 语言的语法规则在公式节点的框架中输入公式，如“y=100+10*x;”。

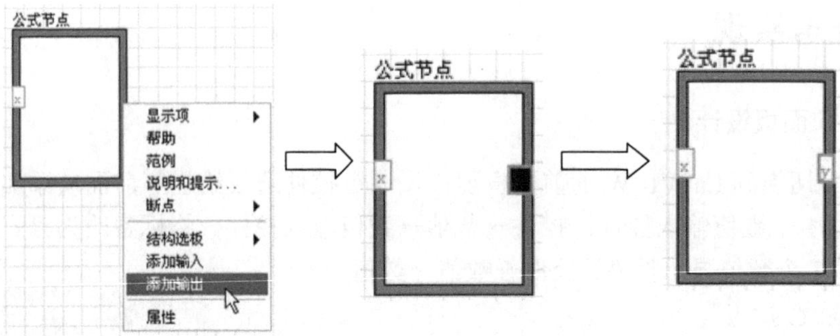

图 8-19　添加输出端口

至此，就完成了一个完整的公式节点的创建。

注意：公式节点框架内每个公式后都必须有分号（半角字符“;”）结尾。

（5）将数值输入控件的输出端口与公式节点输入端口“输入变量”相连。

（6）将公式节点的输出端口“输出变量”与数值显示控件的输入端口相连。

连线后的框图程序如图 8-20 所示。

3．运行程序

切换到前面板窗口，单击工具栏“连续运行”按钮，运行程序。

在数值输入控件中输入数值，如“5”，单击界面空白处，经过公式节点中的公式“y=100+10*x;”计算，得到输出结果“150”。程序运行界面如图 8-21 所示。

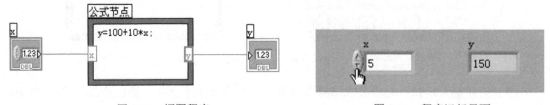

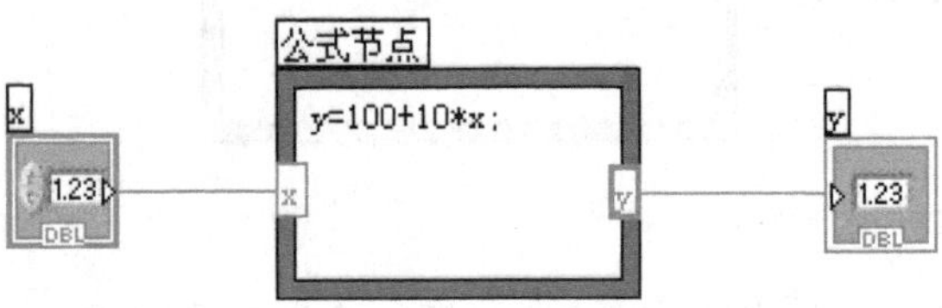

图 8-20　框图程序

图 8-21　程序运行界面

实例 87　使用反馈节点进行数值累加

一、设计任务

利用反馈节点实现数值累加。

二、任务实现

1．程序前面板设计

新建 VI。切换到 LabVIEW 的前面板窗口，通过控件选板给程序前面板添加控件。

（1）添加 1 个数值显示控件：控件→数值→数值显示控件。标签为“数值”。

（2）添加 1 个按钮控件：控件→布尔→停止按钮。

设计的程序前面板如图 8-22 所示。

2．框图程序设计

切换到 LabVIEW 的程序框图窗口，调整控件位置，添加节点与连线。

（1）添加 1 个 While 循环结构：函数→结构→While 循环。

以下在 While 循环结构框架中添加节点并连线。

（2）添加 1 个数值常量：函数→数值→数值常量。将值设为“1”。

（3）添加 1 个加函数：函数→数值→加。

（4）添加 1 个定时函数：函数→定时→时间延迟。延迟时间采用默认值。

（5）将数值显示控件、停止按钮控件的图标移到 While 循环结构框架中。

（6）添加 1 个反馈节点：函数→结构→反馈节点。选中公式节点，用鼠标在框图程序中拖动，画出公式节点的图框。（也可直接将加函数的输出端口“x+y”与加函数的输入端口“x”相连，此时连线中会自动插入一个反馈节点，同时自动创建一个初始化端口）。

（7）将数值常量“1”与加函数的输入端口“y”相连。

（8）将加函数的输出端口“x+y”与数值显示控件的输入端口相连。

（9）将停止按钮控件的输出端口与循环结构的条件端口相连。

连线后的框图程序如图 8-23 所示。

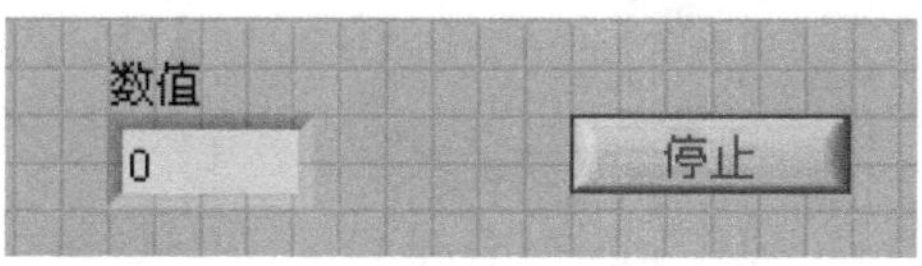

图 8-22　程序前面板

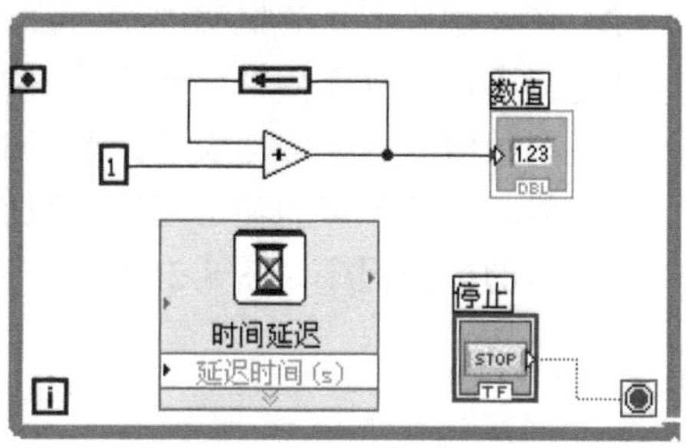

图 8-23　框图程序

3．运行程序

切换到前面板窗口，单击工具栏“运行”按钮，运行程序。

程序运行后，数值从 1 开始每隔 1 秒加 1，并输出显示。单击“停止按钮”，停止循环累加，退出程序。

程序运行界面如图 8-24 所示。

图 8-24　程序运行界面

实例 88　使用表达式节点进行数学运算

一、设计任务

利用表达式节点计算 $y=3x+100$。

二、任务实现

1. 程序前面板设计

新建 VI。切换到 LabVIEW 的前面板窗口，通过控件选板给程序前面板添加控件。

（1）添加 1 个数值输入控件：控件→数值→数值输入控件。将标签改为“x”。

（2）添加 1 个数值显示控件：控件→数值→数值显示控件。将标签改为“y”。

设计的程序前面板如图 8-25 所示。

2. 框图程序设计

切换到 LabVIEW 的程序框图窗口，调整控件位置，添加节点与连线。

（1）添加 1 个表达式节点：函数→数值→表达式节点。

（2）在表达式节点的框架中输入公式，如“3*x+100”。

注意： 表达式节点框架内的公式不需要分号结尾。

（3）将数值输入控件与表达式节点的输入端口相连。

（4）将表达式节点的输出端口与数值显示控件的输入端口相连。

连线后的框图程序如图 8-26 所示。

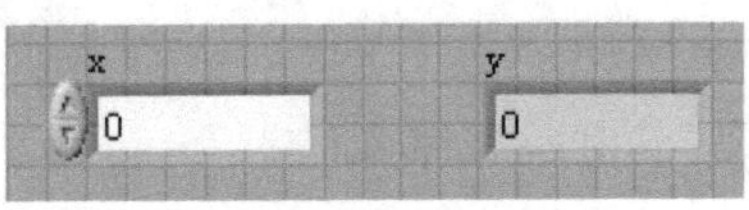

图 8-25　程序前面板

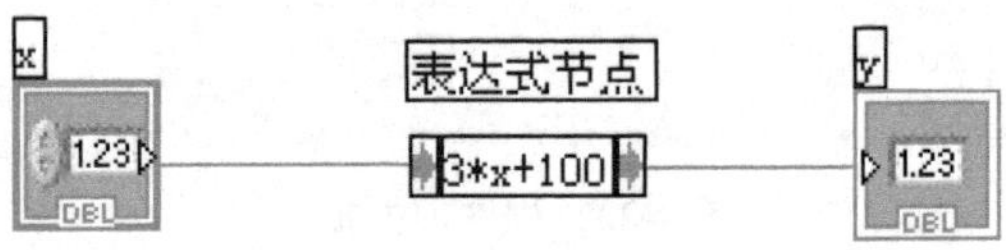

图 8-26　框图程序

3. 运行程序

切换到前面板窗口，单击工具栏“连续运行”按钮，运行程序。

在数值输入控件中输入数值，如“10”，单击界面空白处，经过表达式节点中的公式“3*x+100”计算，得到输出结果“130”。

程序运行界面如图 8-27 所示。

图 8-27　程序运行界面

实例 89　使用属性节点控制控件的可见性

一、设计任务

利用属性节点使指示灯控件可见或不可见。

二、任务实现

1. 程序前面板设计

新建 VI。切换到 LabVIEW 的前面板窗口，通过控件选板给程序前面板添加控件。

（1）添加 1 个开关控件：控件→布尔→滑动开关，标签为“开关”。

（2）添加 1 个指示灯控件：控件→布尔→圆形指示灯，标签为“灯”。

设计的程序前面板如图 8-28 所示。

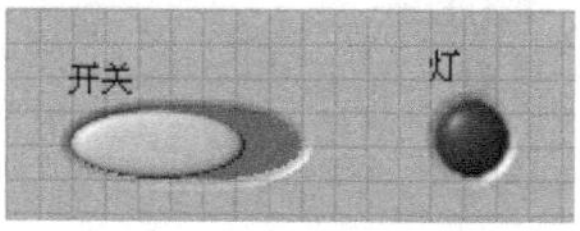

图 8-28　程序前面板

2. 框图程序设计

切换到 LabVIEW 的程序框图窗口，调整控件位置，添加节点与连线。

（1）右键单击前面板指示灯控件，在弹出的快捷菜单中选择“创建”→“属性节点”选项，此时将会弹出一个下级子菜单，该菜单包含指示灯控件的所有可选属性，如图 8-29 所示。用户选定某项属性后,如“可见”，便可在程序框图窗口创建一个属性节点。

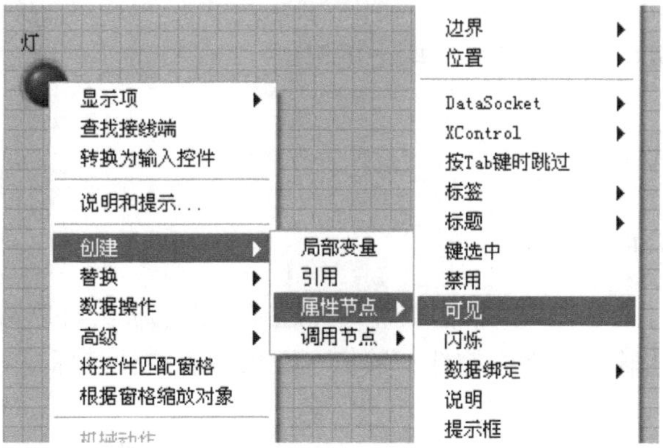

图 8-29　指示灯属性节点设置

说明：当属性节点与指示灯控件的“可见”属性相关联时，属性节点的输入端口属于布尔型端口。当输入为“真”时，指示灯控件在前面板是可见的；当输入为“假”时，指示灯控件在前面板则是不可见的。

用户还可以给属性节点添加与其相关联的属性。方法如下：直接用鼠标左键拖动属性节点上下边框的尺寸控制点，即可添加属性。

（2）将属性节点设置成“写入”状态。在默认情况下，属性节点处于“读取”状态，用户可以将属性节点设置成“写入”状态。方法如下：右键单击属性节点，在弹出的快捷菜单中选择“转换为写入”选项，即可将属性节点设置成“写入”状态。

（3）将开关控件的输出端口与灯属性节点的输入端口“可见”相连。

连线后的框图程序如图 8-30 所示。

3. 运行程序

切换到前面板窗口，单击工具栏“连续运行”按钮，运行程序。

程序运行后看不见指示灯，如图 8-31（a）所示，单击开关使开关键置于右侧位置，指示灯出现（可见），如图 8-31（b）所示。

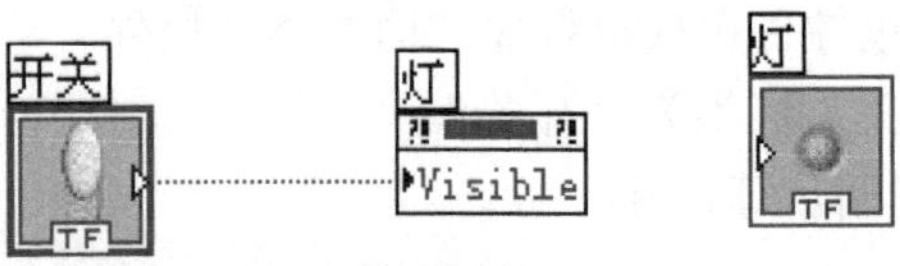

图 8-30　框图程序

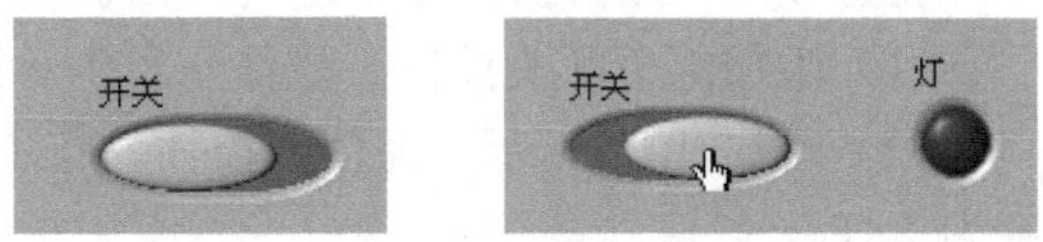

（a）　（b）

图 8-31　程序运行界面

实例 90　使用属性节点控制控件的可用性

一、设计任务

利用属性节点使数值输入控件可用或不可用。

二、任务实现

1. 程序前面板设计

新建 VI。切换到 LabVIEW 的前面板窗口，通过控件选板给程序前面板添加控件。

（1）添加两个数值输入控件：控件→数值→数值输入控件，标签分别改为“数值条件”和“数值输入”。

（2）添加 1 个数值显示控件：控件→数值→数值显示控件，标签改为“数值显示”。

设计的程序前面板如图 8-32 所示。

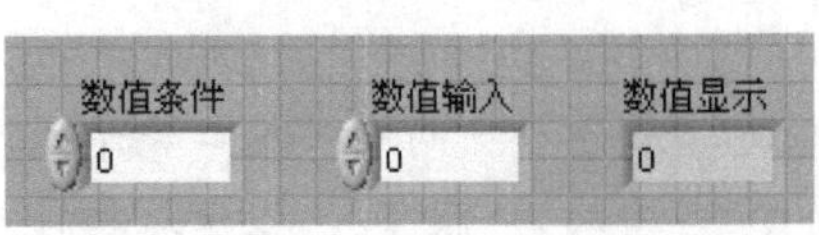

图 8-32　程序前面板

2. 框图程序设计

切换到 LabVIEW 的程序框图窗口，调整控件位置，添加节点与连线。

（1）右键单击前面板“数值输入”控件，在弹出的快捷菜单中选择“创建”→“属性节点”命令，此时将会弹出一个下级子菜单，该菜单包含数值输入控件的所有可选属性，如图 8-33 所示。用户选定某项属性后，如“禁用”，便可在程序框图窗口创建一个属性节点。

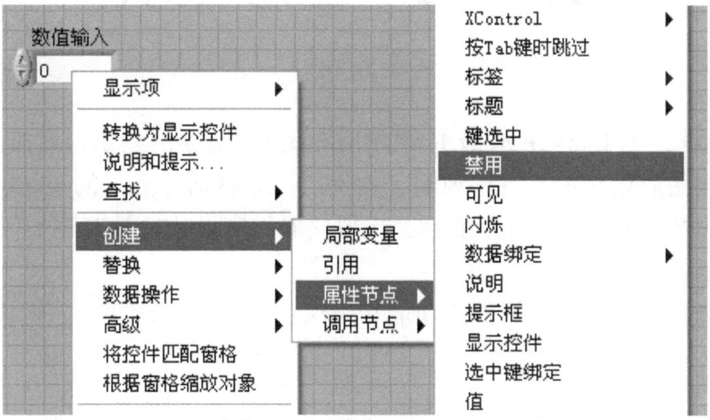

图 8-33　属性节点设置

当属性节点与数值控件的“禁用”属性相关联时，属性节点的输入端口属于 U8 型端口。

（2）将属性节点设置成“写入”状态。在默认情况下，属性节点处于“读取”状态，用户可以将属性节点设置成“写入”状态。右键单击属性节点，在弹出的快捷菜单中选择“转换为写入”选项，即可将属性节点设置成“写入”状态。

（3）将数值条件输入控件的输出端口与数值输入属性节点的输入端口“禁用”相连。

（4）将数值输入控件的输出端口与数值显示控件的输入端口相连。

连线后的框图程序如图 8-34 所示。

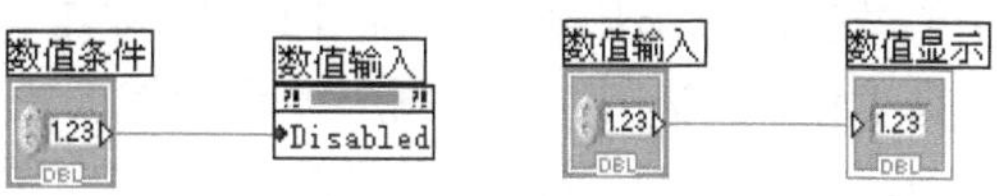

图 8-34　框图程序

3．运行程序

切换到前面板窗口，单击工具栏“连续运行”按钮，运行程序。

当数值条件控件输入为 0 时，数值输入控件处于“启用”状态，用户可以使用该控件，如图 8-35（a）所示；当数值条件控件输入为 1 时，数值输入控件处于“禁用”状态，用户不能使用该控件，如图 8-35（b）所示；当数值条件控件输入为 2 时，数值输入控件处于“禁用并变灰显”状态，用户不能使用该控件，且该控件变成灰色，如图 8-35（c）所示。

（a）　（b）　（c）

图 8-35　程序运行界面

第 9 章　图形显示

数据采集 DAQ 作为 LabVIEW 最重要的组成部分，数据的显示自然成为 LabVIEW 中的重要内容。数据的图形化显示具有直观明了的优点，能够增强数据的表达能力，许多实际仪器，如示波器，都提供了丰富的图形显示。虚拟仪器程序设计也具有这一优点，LabVIEW 对图形化显示提供了强大的支持。

本章通过实例介绍图形显示控件的功能和用法。

实例基础　图形显示概述

LabVIEW 提供了两个基本的图形显示工具：图和图表。图采集所有需要显示的数据，并可以对数据进行处理后一次性显示结果；图表将采集的数据逐点地显示为图形，可以反映数据的变化趋势，类似于传统的模拟示波器、波形记录仪。

LabVIEW 中的图形控件主要用于 LabVIEW 程序中数据的形象化显示，例如，可以将程序中的数据流在形如示波器窗口的控件中显示，也可以利用图形控件来显示图片或图像。

在 LabVIEW 中，用于图形显示的控件主要位于控件选板中的图形子选板中，如图 9-1 所示，包括波形图表、波形图、XY 图、强度图表、强度图和三维曲线图等。

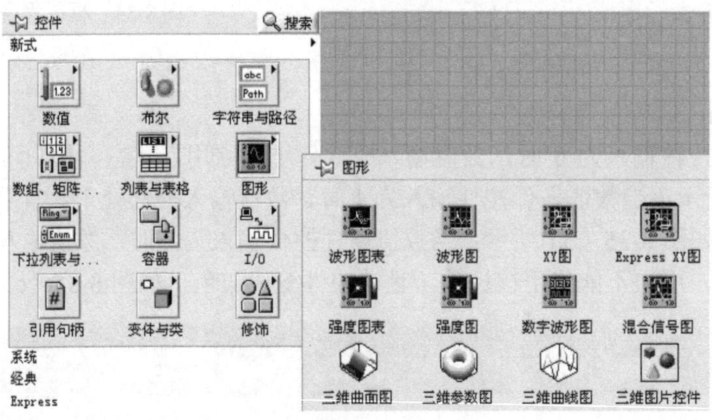

图 9-1　图形控件子选板

1．波形图表控件

波形图表控件实时显示一个数据点或若干个数据点，而且新输入的数据点添加到已有曲线的尾部进行连续地显示，因而这种显示方式可以直观地反映被测参数的变化趋势，例如，显示一个实时变化的电压/电流波形或曲线，传统的模拟示波器、波形记录仪就是基于这种显示原理的。

波形图表控件可以接收标量数据（一个数据点），也可以接收数组（若干个数据点）。如果接收的是单点数据，波形图表控件将数据顺序地添加到原有曲线的尾部，若波形超过横轴（或称时间轴、X 标尺）设定的显示范围，曲线将在横轴方向上一位一位地向左移动更新；如果接收的是数组，波形图表控件将会把数组中的元素一次性添加到原有曲线的尾部，若波形超过横轴设定的显示范围，曲线将在横轴方向上向左移动，每次移动的位数是输入数组元素的个数。

波形图表控件开辟一个显示缓冲器，这个缓冲器按照先进先出的规则工作，该显示缓冲器用于保存部分历史数据。

2. 波形图控件

波形图表控件和波形图控件是 LabVIEW 中的两大类图形显示控件，两者具有许多相似的性质，但两者在数据刷新方式等诸多方面存在不同的特性。

波形图表控件具有不同的数据刷新模式，而波形图控件则不具备这样的特性。波形图控件将输入的一维数组数据一次性地显示出来，同时清除前一次显示的波形。而波形图表控件则是实时地显示一个或若干个数据点，并且这些数据点将被添加到原来波形的尾部，原来的波形并没有被清除。

由于波形图表控件是具有实时显示特性的控件，因此该控件的系统内存开销要比波形图控件的大。

在使用 LabVIEW 开发应用程序的过程中，究竟该使用哪个控件，要结合各个方面的因素综合考虑。既要考虑显示的实际需要，还需考虑系统的硬件配置。

3. XY 图控件

上面介绍的波形图表和波形图控件的 X 标尺都是等间距均匀分布的，这在实际的应用中会有一定的局限性。例如，对于 Y 值随 X 值变化的曲线，如椭圆曲线，使用上述两种控件显示都是不合适的，XY 图控件则适合显示这样的曲线。

XY 图控件与波形图控件的显示机制类似，都是一次性地显示全部的输入数据，但两者的基本输入数据类型却是不同的。XY 图控件接收的是簇数组数据，簇数组中的两个元素（均为一维数组）分别代表 X 标尺和 Y 标尺的坐标值。

4. 强度图表控件

强度图表控件和强度图控件提供了一种在二维平面上表现三维数据的机制，其基本的输入数据类型是 DBL 型的二维数组。在默认的情况下，二维数组的行、列索引分别对应强度图表控件 X、Y 标尺的坐标，而二维数组元素的值在强度图表控件上使用蓝色的具有不同亮度的小方格来表示，相当于三维坐标中的 Z 轴坐标。

强度图表控件与强度图控件之间的异同类似于前面介绍的波形图表与波形图之间的异同，两者的主要差别主要在于数据的刷新方式不同。

显示区域每个小方格（代表一个数据点）的颜色用户是可以自行设置的。右击强度图表控件或强度图控件右侧梯度组件的某一刻度，在弹出的快捷菜单上选择“刻度颜色”选项，此时将会弹出一个颜色设置窗口，在该窗口上可以给刻度设置各种颜色。当然，用户还可以在该快捷菜单上进行添加刻度的操作，并为添加的刻度设置颜色。

实例 91 使用波形图表控件显示正弦波形

一、设计任务

使用波形图表控件显示正弦波形。

二、任务实现

1. 程序前面板设计

新建 VI。切换到 LabVIEW 的前面板窗口，通过控件选板给程序前面板添加控件。

(1) 添加 1 个波形图表控件：控件→图形→波形图表。

(2) 添加 1 个停止按钮：控件→布尔→停止按钮。

设计的程序前面板如图 9-2 所示。

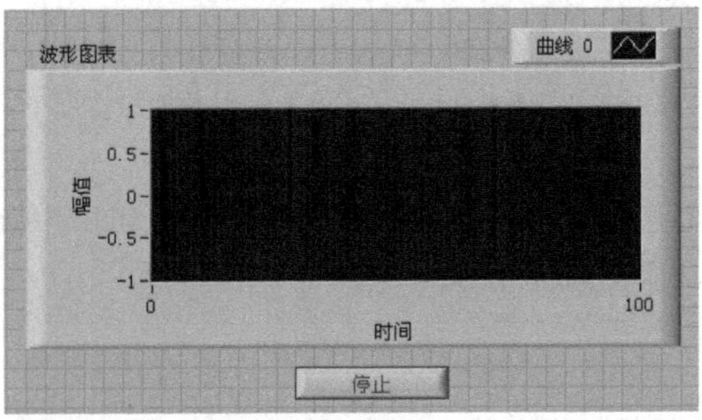

图 9-2 程序前面板

2. 框图程序设计

切换到 LabVIEW 的程序框图窗口，调整控件位置，添加节点与连线。

(1) 添加 1 个 While 循环结构：函数→结构→While 循环。

以下在 While 循环结构框架中添加节点并连线。

(2) 添加 1 个除函数：函数→数值→除。

(3) 添加 1 个数值常量：函数→数值→数值常量。将值设为“10”。

(4) 添加 1 个定时函数：函数→定时→时间延迟。将延迟时间设为“0.5”秒。

(5) 添加 1 个正弦函数：函数→数学→基本与特殊函数→三角函数→正弦（LabVIEW2015 版在“初等与特殊函数”子选板中添加）。

(6) 将波形图表控件、停止按钮控件的图标移到 While 循环结构框架中。

(7) 将循环结构的循环端口与除函数的输入端口“x”相连。

(8) 将数值常量“10”与除函数的输入端口“y”相连。

(9) 将除函数的输出端口“x/y”与正弦函数的输入端口“x”相连。

(10) 将正弦函数的输出端口“sin(x)”与波形图表控件的输入端口相连。

(11) 将停止按钮控件与循环结构的条件端口◉相连。

连线后的框图程序如图 9-3 所示。

3. 运行程序

切换到前面板窗口，单击工具栏“运行”按钮，运行程序。

程序实时绘制、显示正弦波形。程序运行界面如图 9-4 所示。

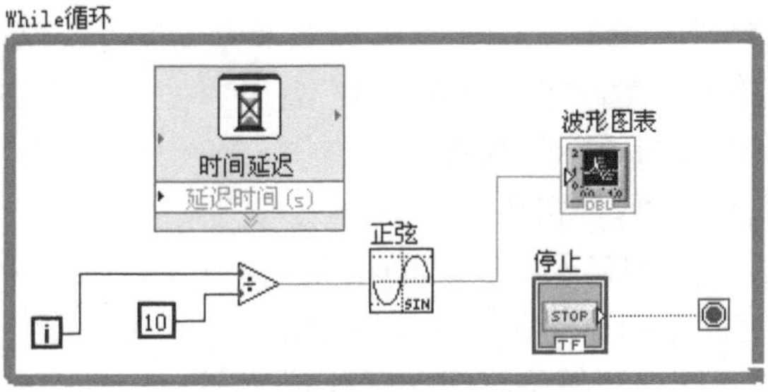

图 9-3　框图程序

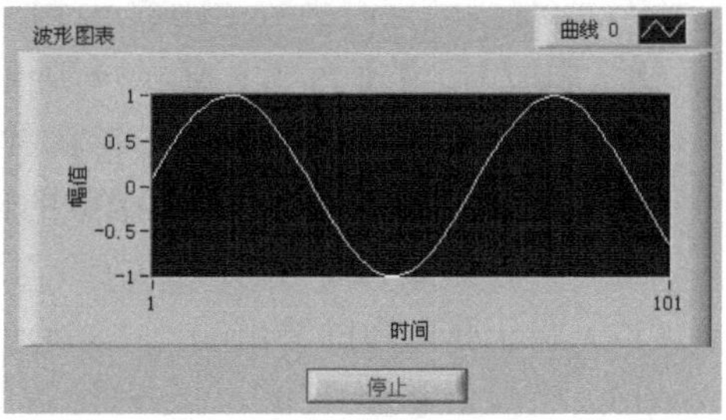

图 9-4　程序运行界面

实例 92　使用波形图控件显示正弦波形

一、设计任务

使用波形图控件显示正弦波形。

二、任务实现

1. 程序前面板设计

新建 VI。切换到 LabVIEW 的前面板窗口，通过控件选板给程序前面板添加控件。

添加 1 个波形图控件：控件→图形→波形图。标签为“波形图”。

设计的程序前面板如图 9-5 所示。

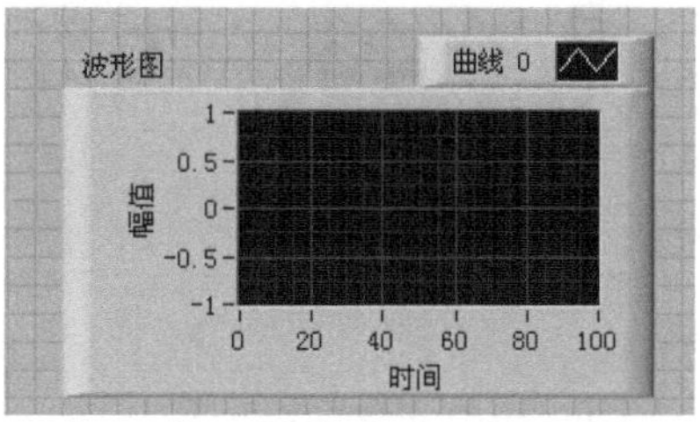

图 9-5　程序前面板

2. 框图程序设计

切换到 LabVIEW 的程序框图窗口，添加节点与连线。

（1）添加 1 个数值常量：函数→数值→数值常量。将值设为“100”。

（2）添加 1 个 For 循环结构：函数→结构→For 循环。

（3）将数值常量“100”与 For 循环结构的计数端口“N”相连。

以下在 For 循环结构框架中添加节点并连线。

（4）添加 1 个除函数：函数→数值→除。

（5）添加 1 个数值常量：函数→数值→数值常量。将值设为“10”。

（6）添加 1 个正弦函数：函数→数学→基本与特殊函数→三角函数→正弦（LabVIEW2015 版在“初等与特殊函数”子选板中添加）。

（7）添加 1 个定时函数：函数→定时→等待（ms）。

（8）添加 1 个数值常量：函数→数值→数值常量。将值设为“50”。

（9）将循环结构的循环端口与除函数的输入端口“x”相连。

（10）将数值常量“10”与除函数的输入端口“y”相连。

（11）将除函数的输出端口“x/y”与正弦函数的输入端口“x”相连。

（12）将正弦函数的输出端口“sin(x)”与波形图控件的输入端口相连。

（13）将数值常量“50”与定时函数的输入端口“等待时间（毫秒）”相连。

连线后的框图程序如图 9-6 所示。

3．运行程序

切换到前面板窗口，单击工具栏“运行”按钮，运行程序。

程序执行后，等待 50ms，画面上的波形图控件一次性显示正弦波形，并终止程序。

程序运行界面如图 9-7 所示。

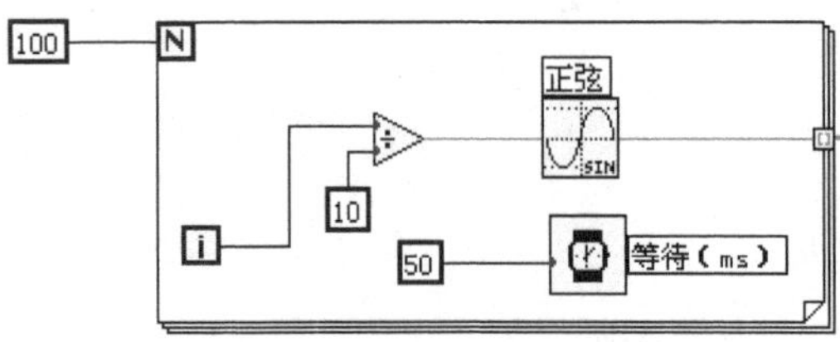

图 9-6　框图程序

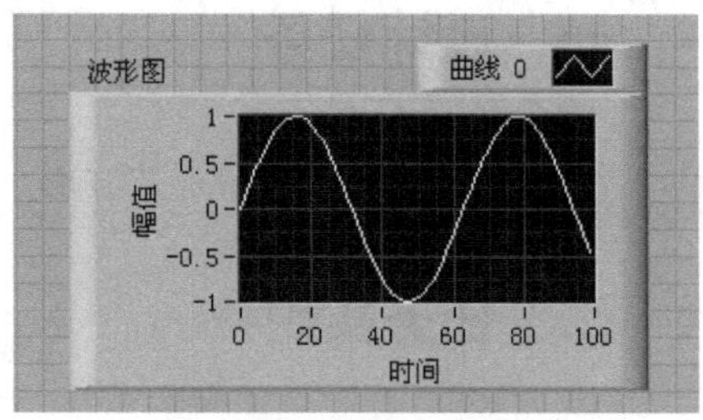

图 9-7　程序运行界面

实例 93　波形图表与波形图控件的比较

一、设计任务

同时使用波形图表控件和波形图控件显示随机波形，比较两个控件的数据刷新方式。

二、任务实现

1．程序前面板设计

新建 VI。切换到 LabVIEW 的前面板窗口，通过控件选板给程序前面板添加控件。

（1）添加 1 个波形图表控件：控件→图形→波形图表。

（2）添加 1 个波形图控件：控件→图形→波形图。

设计的程序前面板如图 9-8 所示。

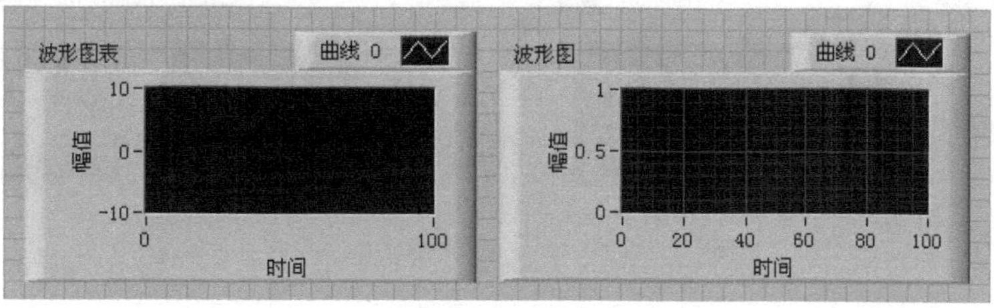

图 9-8　程序前面板

2．框图程序设计

切换到 LabVIEW 的程序框图窗口，添加节点与连线。

（1）添加 1 个数值常量：函数→数值→数值常量。将值设为“100”。

（2）添加 1 个 For 循环结构：函数→结构→For 循环。

（3）将数值常量“100”与 For 循环结构的计数端口“N”相连。

以下在 For 循环结构框架中添加节点并连线。

（4）添加 1 个随机数函数：函数→数值→随机数（0-1）。

（5）添加 1 个数值常量：函数→数值→数值常量。将值设为“50”。

（6）添加 1 个定时函数：函数→定时→等待（ms）。

（7）将波形图表控件图标移到循环结构框架中。

（8）将随机数（0-1）函数的输出端口“数字（0-1）”与循环结构框架内的波形图表控件相连，再与循环结构框架外的波形图控件相连。

（9）将数值常量“50”与定时函数等待（ms）的输入端口“等待时间（毫秒）”相连。

连线后的框图程序如图 9-9 所示。

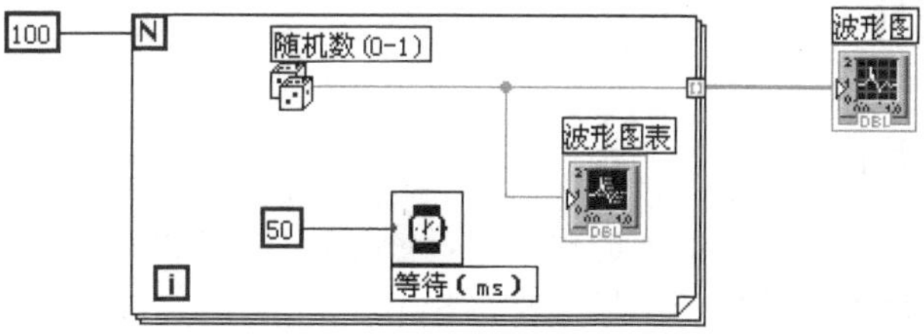

图 9-9　框图程序

3．运行程序

切换到前面板窗口，单击工具栏“运行”按钮，运行程序。

本例使用波形图表和波形图控件显示同一个“随机数（0-1）”函数产生的随机数，通过比较显示结果可以直观地看出波形图和波形图表控件的差异。两个控件最终显示的波形是一样的，但是两者的显示机制却是完全不同的。

在 VI 的运行过程中，可以看到随机数（0-1）函数产生的随机数逐个地在波形图表控件上显示，如果 VI 没有执行完毕，波形图控件并不显示任何波形，如图 9-10 所示。VI 运行结束时，VI 产生的 100 个随机数并在波形图控件上一次性地显示出来，如图 9-11 所示。

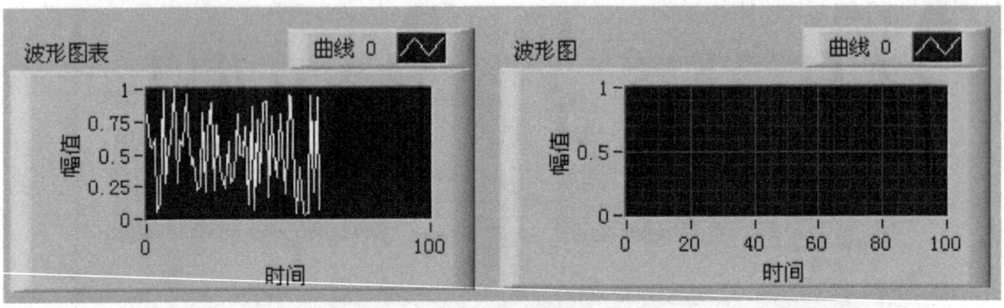

图 9-10　程序运行界面（一）

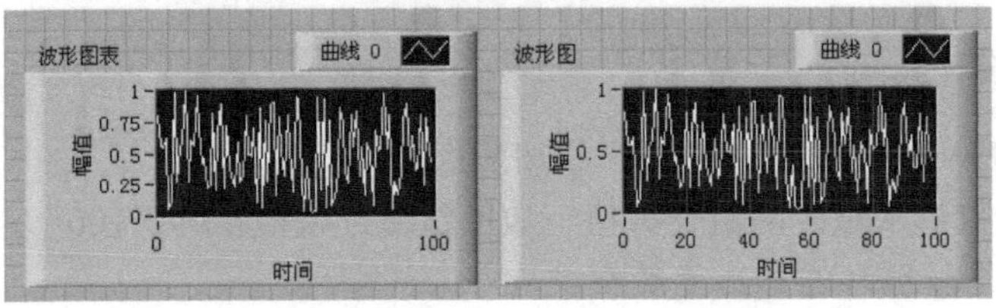

图 9-11　程序运行界面（二）

实例 94　使用 XY 图控件显示一条曲线

一、设计任务

使用 XY 图控件显示一条曲线。

二、任务实现

1. 程序前面板设计

新建 VI。切换到 LabVIEW 的前面板窗口，通过控件选板给程序前面板添加控件。

添加 1 个 XY 图控件：控件→图形→XY 图。

设计的程序前面板如图 9-12 所示。

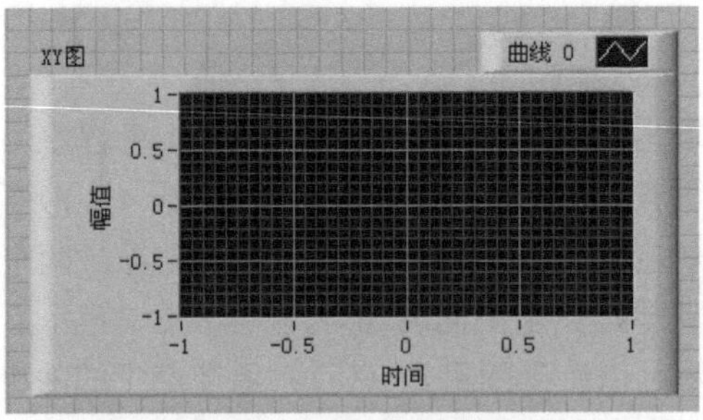

图 9-12　程序前面板

2. 框图程序设计

切换到 LabVIEW 的程序框图窗口，添加节点与连线。

（1）添加 1 个数值常量：函数→数值→数值常量。将值改为“3”。

（2）添加 1 个 For 循环结构：函数→结构→For 循环。

（3）将数值常量“3”与 For 循环结构的计数端口“N”相连。

以下在 For 循环结构框架中添加节点并连线。

（4）在 For 循环结构中添加 1 个数值常量：函数→数值→数值常量。将值改为“500”。

（5）在 For 循环结构中添加 1 个定时函数：函数→定时→等待下一个整数倍毫秒。

（6）在 For 循环结构中添加 2 个正弦信号函数：函数→信号处理→信号生成→正弦信号。

（7）在 For 循环结构中添加 1 个捆绑函数：函数→簇与变体→捆绑。

（8）在 For 循环结构中添加 1 个条件结构：函数→结构→条件结构。

（9）在条件结构框架 0、1 和 2 中分别添加数值常量：函数→数值→数值常量。值分别改为“45”“70”和“90”。

（10）将 For 循环结构的循环端口与条件结构的选择端口?相连。此时条件结构的框架标识符自动变为 0 和 1。选择框架 1，右键单击，在弹出的菜单中选择“在后面添加分支”。

（11）将条件结构中的 3 个数值常量分别与下面的正弦信号函数的输入端口“相位（度）”相连。

（12）分别将 2 个正弦信号函数的输出端口“正弦信号”与捆绑函数的 2 个输入端口相连。

（13）将 XY 图控件的图标移到 For 循环结构中。然后将捆绑函数的输出端口“输出簇”与 XY 图控件相连。

（14）将数值常量“500”与等待下一个整数倍毫秒函数的输入端口“毫秒倍数”相连。

连线后的框图程序如图 9-13 所示。

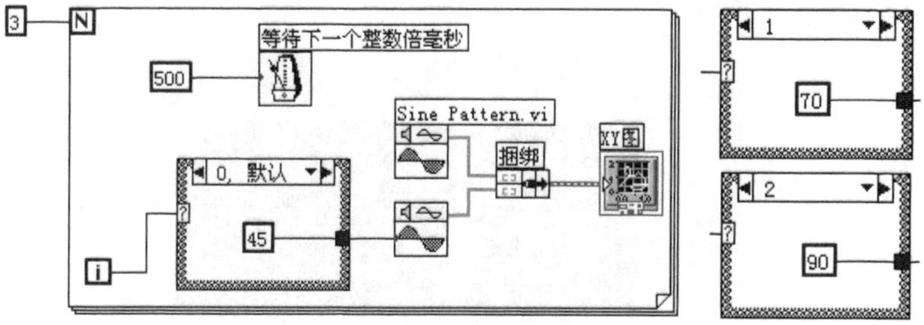

图 9-13　框图程序

3. 运行程序

切换到前面板窗口，单击工具栏“运行”按钮，运行程序。

本例中，两个正弦函数 Sine Pattern.vi 节点产生的正弦信号经“捆绑”节点打包后送往 XY 图控件显示。两个正弦信号分别作为 XY 图控件的横坐标和纵坐标，如果两者的相位差相差为 45 度和 70 度时，显示的结果是两个具有不同曲率的椭圆；如果两者相位差为 90 度时，显示的结果是一个正圆。

程序运行界面如图 9-14 所示。

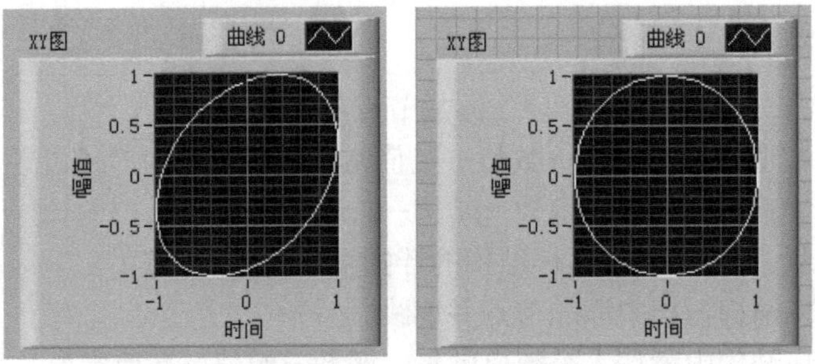

图 9-14　程序运行界面

实例 95　使用 XY 图控件显示两条曲线

一、设计任务

使用 XY 图控件显示两条曲线。

二、任务实现

1. 程序前面板设计

新建 VI。切换到 LabVIEW 的前面板窗口，通过控件选板给程序前面板添加控件。

添加 1 个 XY 图控件：控件→图形→XY 图。

设计的程序前面板如图 9-15 所示。

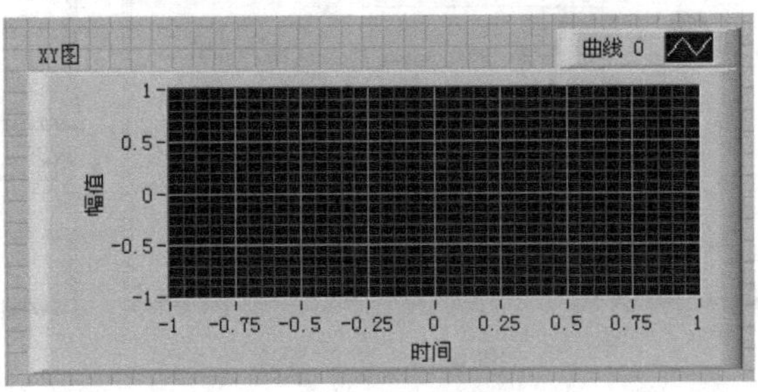

图 9-15　程序前面板

2. 框图程序设计

（1）添加 4 个正弦信号函数：函数→信号处理→信号生成→正弦信号。

（2）添加 2 个数值常量：函数→数值→数值常量。将值分别改为“45”和“90”。

（3）添加 2 个捆绑函数：函数→簇与变体→捆绑。

（4）添加 1 个创建数组函数：函数→数组→创建数组。将函数的输入端口元素设置为 2 个。

（5）将 2 个数值常量“45”和“90”分别与 2 个正弦函数的输入端口“相位（度）”相连。

（6）分别将 4 个正弦信号函数的输出端口“正弦信号”与 2 个捆绑函数的输入端口相连。

（7）分别将 2 个捆绑函数的输出端口“输出簇”与创建数组函数的输入端口“元素”相连。

（8）将创建数组函数的输出端口添加的数组与 XY 图控件相连。

连线后的框图程序如图 9-16 所示。

3．运行程序

切换到前面板窗口，单击工具栏“连续运行”按钮，运行程序。

本例中，调用“创建数组”节点将两个簇数组构成一个一维数组，然后送往 XY 图控件显示，这样即可在 XY 图控件上显示两条曲线。

程序运行界面如图 9-17 所示。

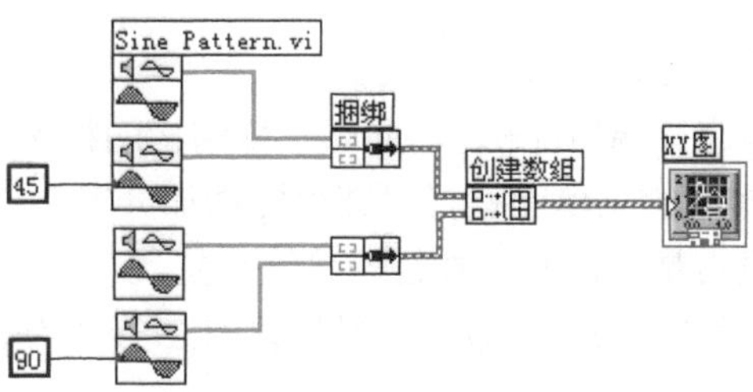

图 9-16　框图程序

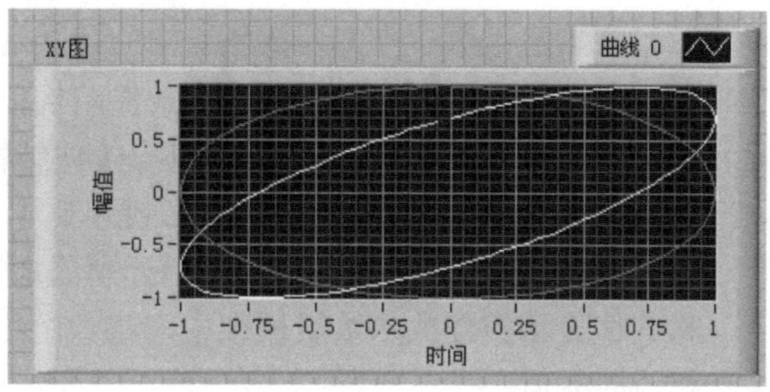

图 9-17　程序运行界面

实例 96　强度图与强度图表控件的比较

一、设计任务

使用强度图表控件和强度图控件显示一组相同的二维数组数据，通过显示结果比较强度图表控件和强度图控件的差异。

二、任务实现

1．程序前面板设计

新建 VI。切换到 LabVIEW 的前面板窗口，通过控件选板给程序前面板添加控件。

（1）添加 1 个强度图表控件：控件→图形→强度图表。

（2）添加 1 个强度图控件：控件→图形→强度图。

将 2 个控件的频率均设置为 0-4，将时间均设置为 0-2。

设计的程序前面板如图 9-18 所示。

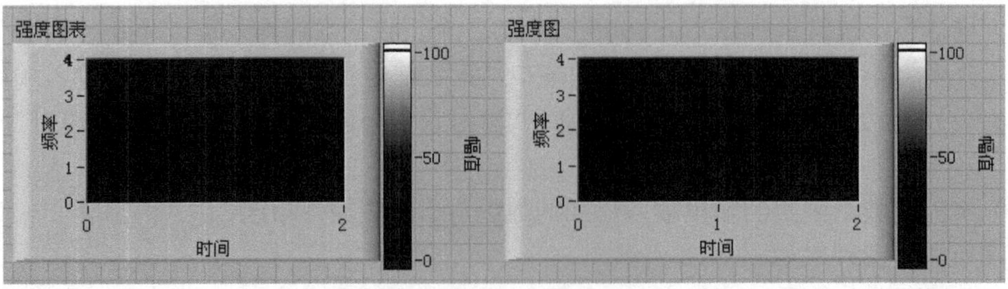

图 9-18　程序前面板

2. 框图程序设计

切换到 LabVIEW 的程序框图窗口，添加节点与连线。

（1）添加 1 个 For 循环结构：函数→结构→For 循环。

（2）添加 1 个数值常量：函数→数值→数值常量。将值改为 3。

（3）将数值常量 3 与 For 循环结构的计数端口 N 相连。

（4）在 For 循环结构中添加 1 个条件结构：函数→结构→条件结构。

（5）将 For 循环结构的循环端口与条件结构的选择端口?相连。此时条件结构的框架标识符自动变为 0 和 1。选择框架 1，右键单击，在弹出的菜单中选择“在后面添加分支”。

（6）在条件结构框架 0、1 和 2 中分别添加数组常量：函数→数组→数组常量。

将数值显示控件放入数组框架中，将数组维数设置为 2，将成员数量设置为 2 行 4 列。填入相应的数值。

（7）将强度图表控件和强度图控件的图标移到 For 循环结构中。

（8）将条件结构中的 3 个数组常量分别与强度图表控件、强度图控件的输入端口相连。

（9）在 For 循环结构中添加 1 个定时函数：函数→定时→等待下一个整数倍毫秒。

（10）在 For 循环结构中添加 1 个数值常量：函数→数值→数值常量。将值改为“500”。

（11）将数值常量“500”与等待下一个整数倍毫秒函数的输入端口“毫秒倍数”相连。

连线后的框图程序如图 9-19 所示。

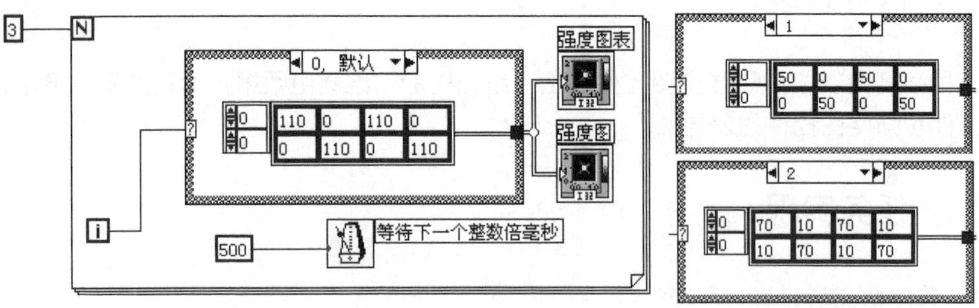

图 9-19　框图程序

3. 运行程序

切换到前面板窗口，单击工具栏“运行”按钮，运行程序。

可以很明显地看出强度图表控件和强度图控件在数据刷新模式方面的差异，强度图表控件的显示缓存保存了各次循环的历史数据，而强度图控件的历史数据则被新数据覆盖了。

程序运行界面如图 9-20 所示。

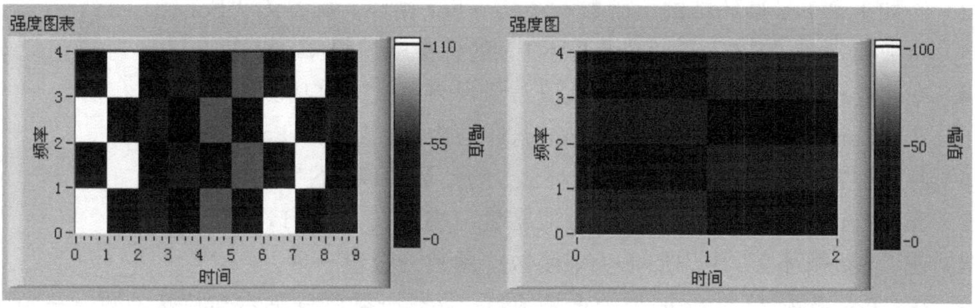

图 9-20　程序运行界面

实例 97　使用三维曲面控件显示正弦波

一、设计任务

使用三维曲面控件显示正弦波。

二、任务实现

1. 程序前面板设计

新建 VI。切换到 LabVIEW 的前面板窗口，通过控件选板给程序前面板添加控件。
添加 1 个三维曲面图控件：控件→图形→三维曲面图。标签为“三维曲面”。
设计的程序前面板如图 9-21 所示。

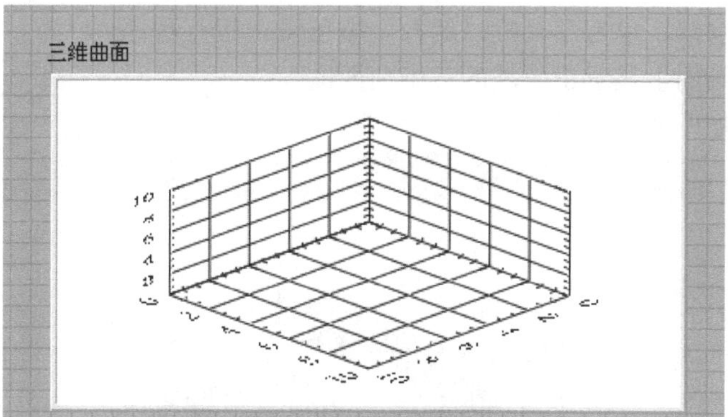

图 9-21　程序前面板

2. 框图程序设计

切换到 LabVIEW 的程序框图窗口，添加节点与连线。

（1）添加 1 个数值常量：函数→数值→数值常量。将值设为“100”。

（2）添加 1 个 For 循环结构：函数→结构→For 循环。标签为“For 循环 1”。

（3）将数值常量“100”与“For 循环 1”的计数端口“N”相连。

（4）在“For 循环 1”中添加 1 个数值常量，将值设为“100”。

（5）在“For 循环 1”中添加 1 个 For 循环结构，标签为“For 循环 2”。

（6）将数值常量“100”与“For 循环 2”的计数端口“N”相连。

（7）在“For 循环 2”中添加 1 个数值常量，将值设为“0.1”。

（8）在“For 循环 2”中添加 1 个乘函数：函数→数值→乘。

（9）在“For 循环 2”中添加 1 个正弦函数：函数→数学→基本与特殊函数→三角函数→正弦（LabVIEW2015 版在“初等与特殊函数”子选板中添加）。

（10）将数值常量“0.1”与乘函数的输入端口“x”相连。

（11）将循环结构的循环端口与乘函数的输入端口“y”相连。

（12）将乘函数的输出端口“x*y”与正弦函数的输入端口“x”相连。

（13）将正弦函数的输出端口“sin（x）”与三维曲面图控件的输入端口“z 矩阵”相连。

连线后的框图程序如图 9-22 所示。

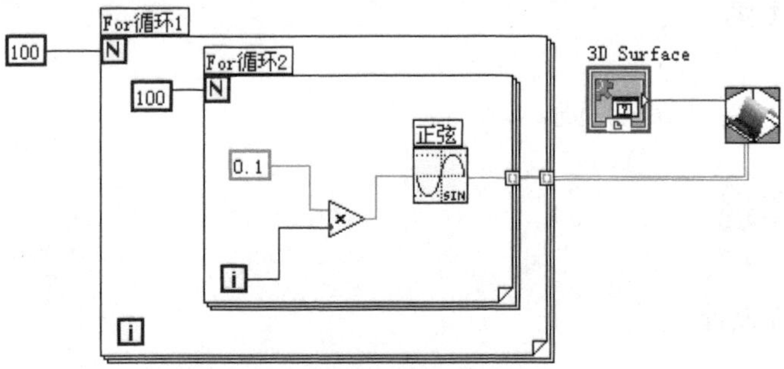

图 9-22　框图程序

3. 运行程序

切换到前面板窗口，单击工具栏“运行”按钮，运行程序。

程序执行后，画面上显示正弦波的三维曲面图。

程序运行界面如图 9-23 所示。

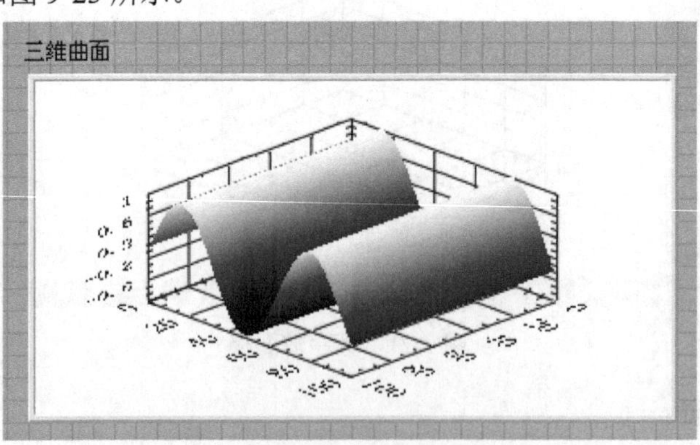

图 9-23　程序运行界面

实例 98　滤除信号噪声

一、设计任务

使用仿真信号 Express VI 产生一个带噪声的波形，使用滤波器 Express VI 滤除噪声。

二、任务实现

1. 程序前面板设计

新建 VI。切换到 LabVIEW 的前面板窗口，通过控件选板给程序前面板添加控件。

（1）添加 2 个波形图控件：控件→图形→波形图。标签分别为“原始信号”和“滤波后信号”。

（2）为了设置波形运行参数，添加 4 个数值输入控件：控件→数值→数值输入控件，将标签分别设为“频率”“幅值”“相位”和“低截止频率”。

设计的程序前面板如图 9-24 所示。

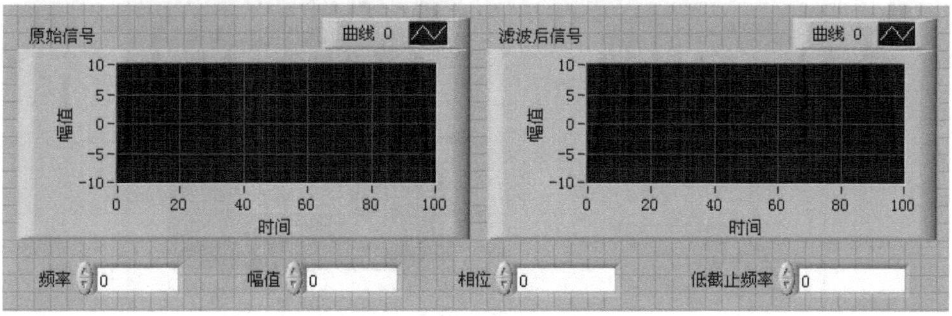

图 9-24　程序前面板

2. 框图程序设计

切换到 LabVIEW 的程序框图窗口，添加节点与连线。

（1）添加 1 个仿真信号 Express VI：函数→Express→信号分析→仿真信号。弹出“配置仿真信号”对话框。信号类型选择“正弦”，频率设为 10.1，幅值设为 1，勾选“添加噪声”复选框，噪声类型选择“高斯白噪声”，采样率设为 100000Hz，采样数选择“自动”，勾选“整数周期数”，其他参数配置如图 9-25 所示。

（2）添加 1 个滤波器 Express VI：函数→Express→信号分析→滤波器。弹出“配置滤波器”对话框。滤波器类型选择“低通”，截止频率设为 20Hz，选择“无限长冲击响应滤波器”，其他配置如图 9-26 所示。

（3）将“频率”“幅值”和“相位”数值输入控件的输出端口分别与仿真信号 Express VI 的输入端口“频率”“幅值”和“相位”相连。

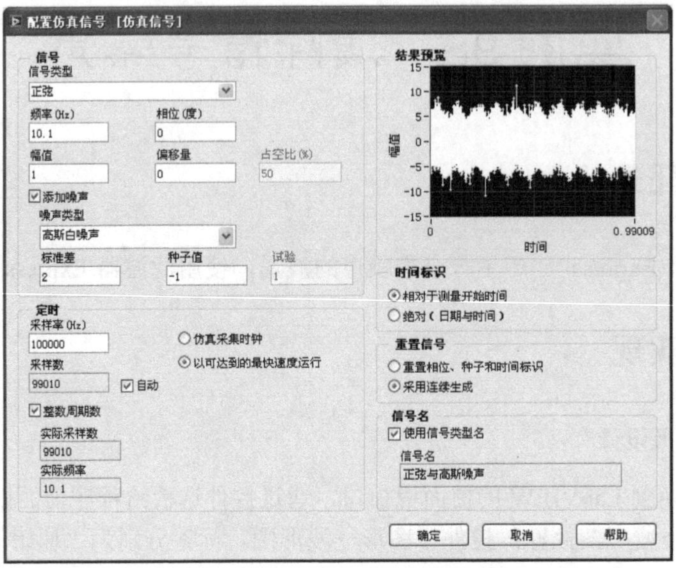

图 9-25　仿真信号 Express VI 的配置对话框

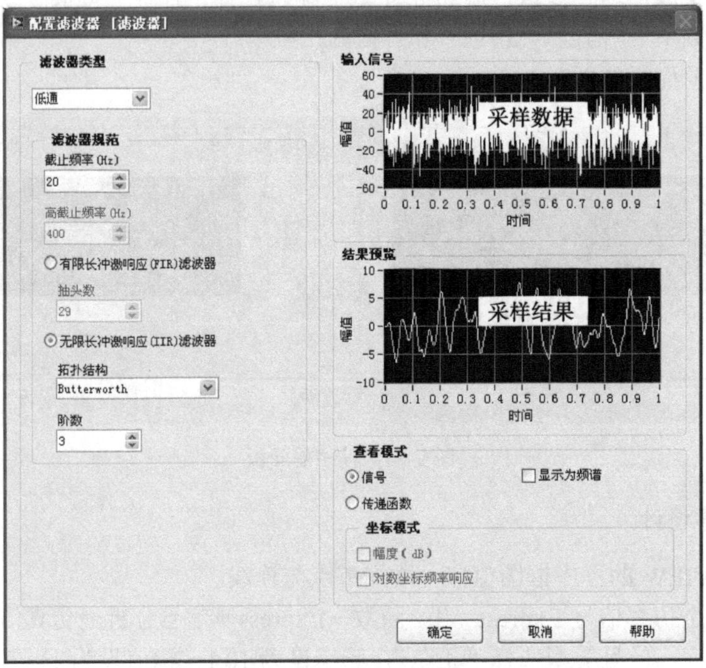

图 9-26　滤波器 Express VI 的配置对话框

（4）将仿真信号 Express VI 的输出端口“正弦与高斯噪声”与滤波器 Express VI 的输入端口“信号”相连；再与“原始信号”波形图控件相连。

（5）将“低截止频率”数值输入控件的输出端口与滤波器 Express VI 的输入端口“低截止频率”相连。

（6）将滤波器 Express VI 的输出端口“滤波后信号”与“滤波后信号”波形图控件相连。

连线后的框图程序如图 9-27 所示。

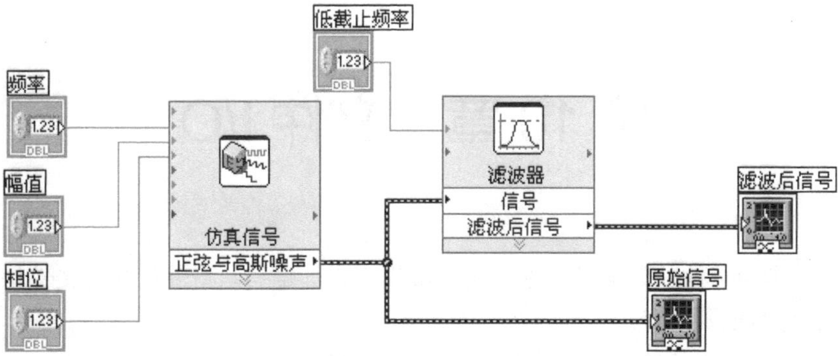

图 9-27　框图程序

3. 运行程序

切换到前面板窗口，首先设置频率、幅值、相位和截止频率的初始值分别为“10.1”“2”“180”和“20”，然后单击工具栏“连续运行”按钮，运行程序。

程序执行后，画面上的波形图控件分别显示带噪声的正弦波和滤除噪声后的正弦波。

程序运行界面如图 9-28 所示。

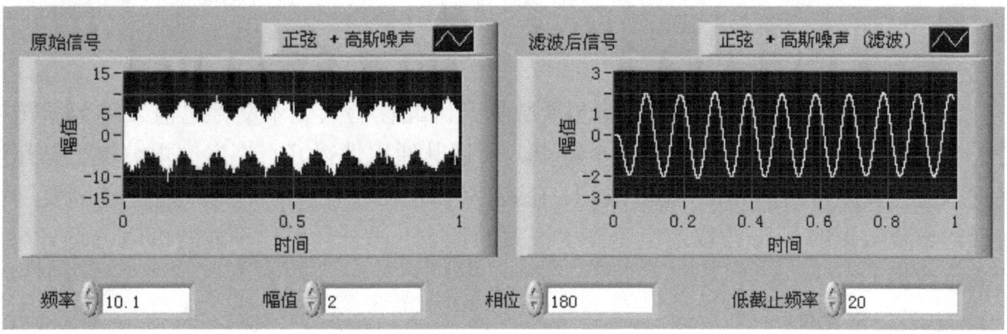

图 9-28　程序运行界面

第 10 章　文件 I/O

LabVIEW 作为一种以数据采集见长的高级程序设计语言，测量数据的文件保存和数据存储文件的读取是其重要内容。

本章通过实例介绍几种常用文件 I/O 节点的功能和用法。

实例基础　文件 I/O 概述

1. 文件类型

LabVIEW 提供多种类型的文件供用户使用，下面介绍几种在数据采集中时常用到的文件类型。

1）文本文件

文本文件以 ASCII 码的格式存储测量数据，因此在写入文本文件之前须将数据转换为 ASCII 字符串。因为文本文件具有这个特点，所以其通用性很好，许多文本编辑工具都可以访问文本文件，如常用的 Microsoft Word、Excel 等。但由于在保存/读取文件之前需要进行数据转换，导致数据的写入/读取速度受到了很大的影响。另外，用户不能随机地访问文本文件中的某个数据。

2）电子表格文件

电子表格文件实际上是一种文本文件，数据仍以 ASCII 码的格式存储，只是该类型的文件对输入的数据在格式上做了一些规定，如用制表符 Tab 表示列标记。

3）二进制文件

使用二进制文件格式对测量数据进行读/写操作时不需要任何的数据转换，因此这种文件格式是一种效率很高的文件存储格式，而且这种格式的记录文件占用的硬盘空间比较小。但二进制文件不能使用普通的文本编辑工具对其进行访问，因此这种格式的数据记录文件的通用性比较差。

4）数据记录文件

数据记录文件本质上也是一种二进制格式的文件，所不同的是，数据记录文件以记录的格式存储数据，一个记录中可以包含多种不同类型的数据。另外，这种数据记录文件只能使用 LabVIEW 对其进行读/写操作。

5）波形文件

波形文件能够将波形数据的许多信息保存下来，如波形的起始时刻、采样间隔等。

2. 文件操作

LabVIEW 对文件的操作包括以下多个方面的内容：打开/创建一个文件；读、写文件；关闭文件；文件的移动/重命名；修改文件属性。

文件操作过程中需要用到引用句柄。引用句柄是一种特殊的数据类型，位于控件选板的“新式”→“引用句柄”控件子选板中。每次打开/新建一个文件时，LabVIEW 都会返回一个引用句柄。引用句柄包含该文件许多相关的信息，包括文件的大小、访问权限等，所有针对该文件的操作都可以通过这个引用句柄进行。文件被关闭后，引用句柄将被释放。每次打开文件时返回的引用句柄是不相同的。

LabVIEW 提供众多的文件 I/O 节点，以满足用户不同的需求。文件 I/O 节点位于函数选板上的“编程”→“文件 I/O”函数子选板中，如图 10-1 所示。

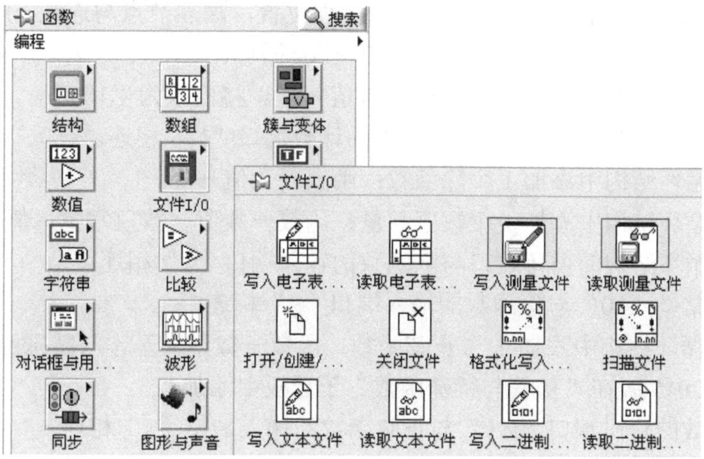

图 10-1　文件 I/O 节点

实例 99　写入文本文件

一、设计任务

实时绘制正弦曲线，并将绘图数据存入文本文件中。

二、任务实现

1. 程序前面板设计

新建 VI。切换到 LabVIEW 的前面板窗口，通过控件选板给程序前面板添加控件。

添加 1 个波形图表控件：控件→图形→波形图表。

设计的程序前面板如图 10-2 所示。

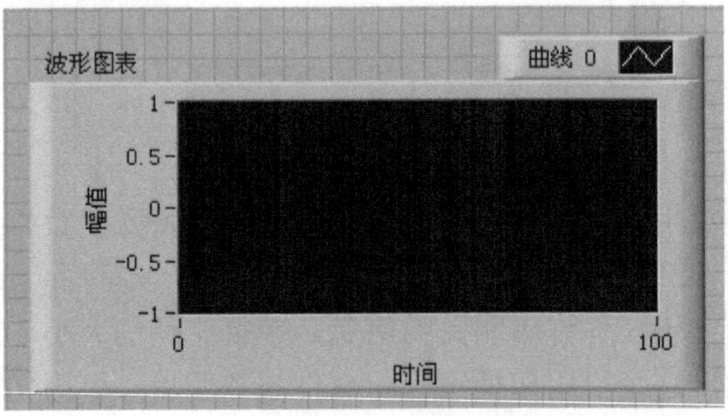

图 10-2　程序前面板

2．框图程序设计

切换到 LabVIEW 的程序框图窗口，调整控件位置，添加节点与连线。

（1）添加 1 个 For 循环结构：函数→结构→For 循环。

（2）添加 1 个数值常量：函数→数值→数值常量。将值改为“100”。

（3）将数值常量“100”与 For 循环结构的计数端口“N”相连。

（4）在 For 循环结构中添加 1 个除函数：函数→数值→除。

（5）在 For 循环结构中添加 1 个数值常量：函数→数值→数值常量，值改为“10”。

（6）将 For 循环结构的循环端口与除函数的输入端口“x”相连。

（7）将数值常量“10”与除函数的输入端口“y”相连。

（8）在 For 循环结构中添加 1 个正弦函数：函数→数学→基本与特殊函数→三角函数→正弦（LabVIEW2015 版在“初等与特殊函数”子选板中添加）。

（9）将除函数的输出端口“x/y”与正弦函数的输入端口“x”相连。

（10）将波形图表控件的图标移到 For 循环结构中。

（11）将正弦函数的输出端口“sin(x)”与波形图表控件的输入端口相连。

（12)在 For 循环结构中添加 1 个字符串常量:函数→字符串→字符串常量,值改为“%.4f”。

（13）在 For 循环结构中添加 1 个格式化写入字符串函数：函数→字符串→格式化写入字符串。

（14）将正弦函数的输出端口“sin(x)”与格式化写入字符串函数的输入端口“输入 1”相连。

（15）将字符串常量“%.4f”与格式化写入字符串函数的输入端口“格式字符串”相连。

（16）在 For 循环结构中添加 1 个数值常量：函数→数值→数值常量。将值改为“50”。

（17）在 For 循环结构中添加 1 个定时函数：函数→定时→等待（ms）。

（18）在 For 循环结构中将数值常量“50”与定时函数等待（ms）的输入端口“等待时间”相连。

（19）添加 1 个字符串常量：函数→字符串→字符串常量，值改为“输入文件名”。

（20）添加 1 个文件对话框函数：函数→文件 I/O→高级文件函数→文件对话框。

（21）添加 1 个写入文本文件函数：函数→文件 I/O→写入文本文件。

（22）将字符串常量“输入文件名”与文件对话框函数的输入端口“提示”相连。

（23）将格式化写入字符串函数的输出端口“结果字符串”与写入文本文件函数的输入端

口“文本”相连。

（24）将文件对话框函数的输出端口“所选路径”与写入文本文件函数的输入端口“文件（使用对话框）”相连。

连线后的框图程序如图 10-3 所示。

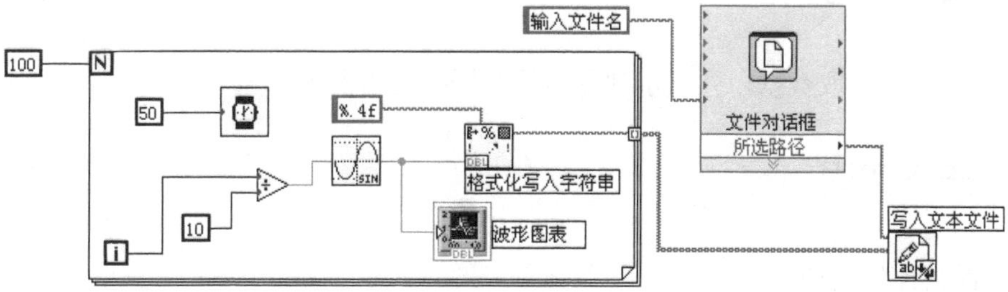

图 10-3　框图程序

3. 运行程序

切换到前面板窗口，单击工具栏“运行”按钮，运行程序。

程序实时绘制正弦曲线，同时出现“输入文件名”对话框，如图 10-4 所示，选择或输入文本文件名，如 test.txt，绘制曲线的数据保存到指定的文本文件 test.txt 中。可使用“记事本”程序打开文本文件 test.txt，观察保存的数据，如图 10-5 所示。

图 10-4　输入文件名对话框

图 10-5　使用记事本观察保存的数据

程序运行界面如图 10-6 所示。

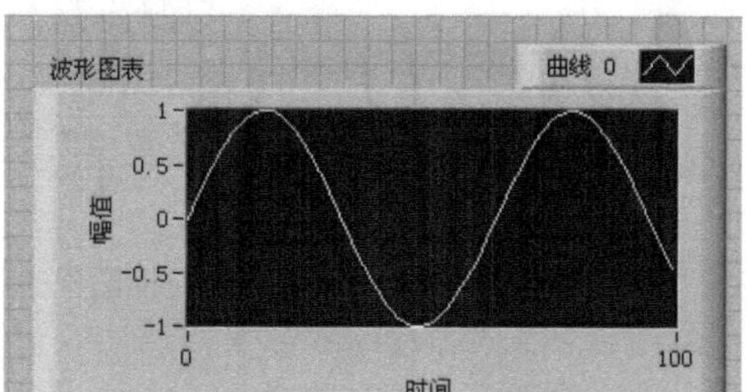

图 10-6　程序运行界面

实例 100　读取文本文件

一、设计任务

从文本文件中读取数据，并显示到界面的字符串文本框中。

二、任务实现

1. 程序前面板设计

新建 VI。切换到 LabVIEW 的前面板窗口，通过控件选板给程序前面板添加控件。

添加 1 个字符串显示控件：控件→字符串与路径→字符串显示控件，标签为“字符串”。

设计的程序前面板如图 10-7 所示。

2. 框图程序设计

新建 VI。切换到 LabVIEW 的前面板窗口，通过控件选板给程序前面板添加控件。

（1）添加 1 个字符串常量：函数→字符串→字符串常量，值改为“请选择文本文件”。

（2）添加 1 个文件对话框函数：函数→文件 I/O→高级文件函数→文件对话框。

（3）添加 1 个读取文本文件函数：函数→文件 I/O→读取文本文件。

（4）将字符串常量“请选择文本文件”与文件对话框函数的输入端口“提示”相连。

（5）将文件对话框函数的输出端口“所选路径”与读取文本文件函数的输入端口“文件（使用对话框）”相连。

（6）将读取文本文件函数的输出端口“文本”与字符串显示控件的输入端口相连。

连线后的框图程序如图 10-8 所示。

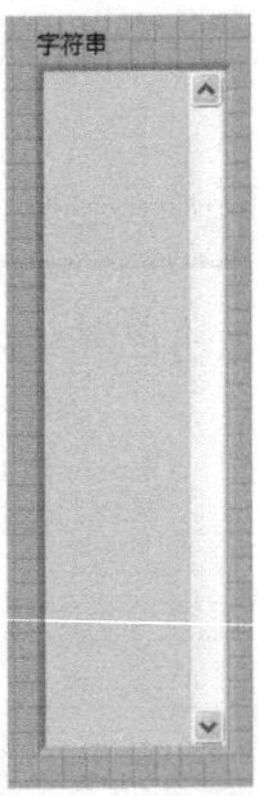

图 10-7　程序前面板

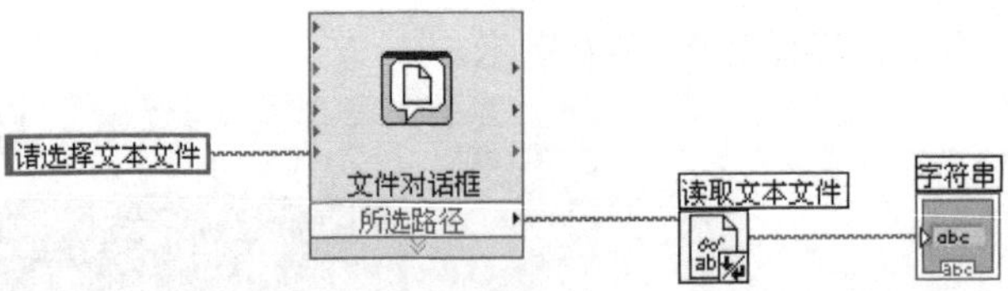

图 10-8　框图程序

3. 运行程序

切换到前面板窗口，单击工具栏“运行”按钮，运行程序。

程序运行后，首先出现“请选择文本文件”对话框，本例选择实例 99 生成的文本文件 test.txt，读取后将文件中的数据显示出来，可与图 10-5 中的数据比较。

程序运行界面如图 10-9 所示。

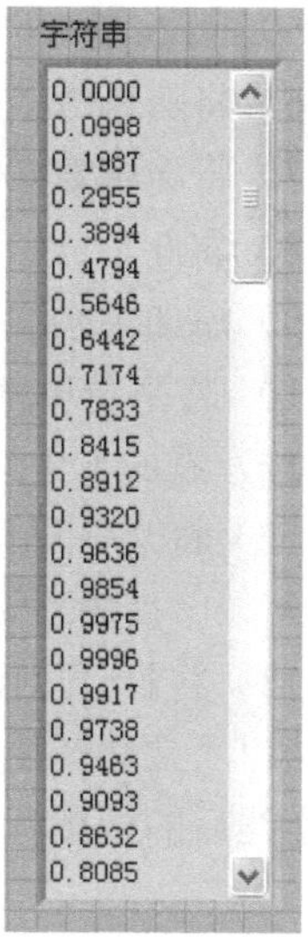

图 10-9　程序运行界面

实例 101　写入二进制文件

一、设计任务

实时绘制随机曲线，并将绘图数据存入二进制文件中。

二、任务实现

1. 程序前面板设计

新建 VI。切换到 LabVIEW 的前面板窗口，通过控件选板给程序前面板添加控件。

（1）添加 1 个波形图控件：控件→图形→波形图，标签为“波形图”。

（2）添加 1 个数组控件：控件→数组、矩阵与簇→数组，标签为“数组”。

将数值显示控件放入数组框架中，将成员数量设置为 10 列。

设计的程序前面板如图 10-10 所示。

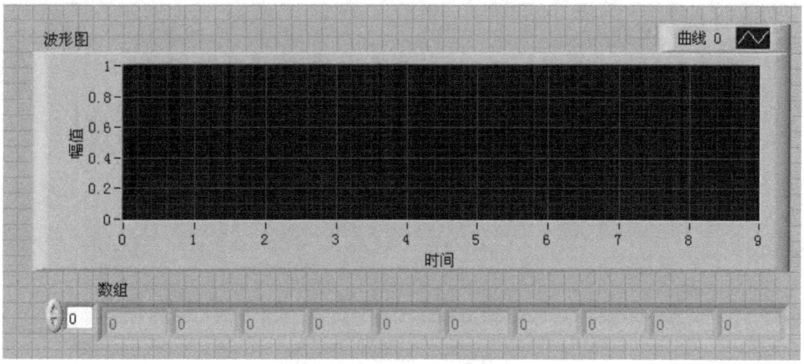

图 10-10　程序前面板

2. 框图程序设计

新建 VI。切换到 LabVIEW 的前面板窗口，通过控件选板给程序前面板添加控件。

（1）添加 1 个 For 循环结构：函数→结构→For 循环。

（2）添加 1 个数值常量：函数→数值→数值常量。将值改为“10”。

（3）将数值常量“10”与 For 循环结构的计数端口“N”相连。

（4）在 For 循环结构中添加 1 个随机数函数：函数→数值→随机数（0-1）。

（5）在 For 循环结构中添加 1 个写入二进制文件函数：函数→文件 I/O→写入二进制文件。

（6）将随机数（0-1）函数与写入二进制文件函数的输入端口“数据”相连。

（7）将随机数（0-1）函数与波形图控件、数组显示控件的输入端口相连。

（8）添加 1 个字符串常量：函数→字符串→字符串常量，值改为“请输入二进制文件名”。

（9）添加 1 个文件对话框函数：函数→编程→文件 I/O→高级文件函数→文件对话框。

（10）将字符串常量“请输入二进制文件名”与文件对话框函数的输入端口“提示”相连。

（11）添加 1 个打开/创建/替换文件函数：函数→文件 I/O→打开/创建/替换文件。

（12）将文件对话框函数的输出端口“所选路径”与打开/创建/替换文件函数的输入端口“文件路径（使用对话框）”相连。

（13）将打开/创建/替换文件函数的输出端口“引用句柄输出”与写入二进制文件函数的输入端口“文件（使用对话框）”相连。

连线后的框图程序如图 10-11 所示。

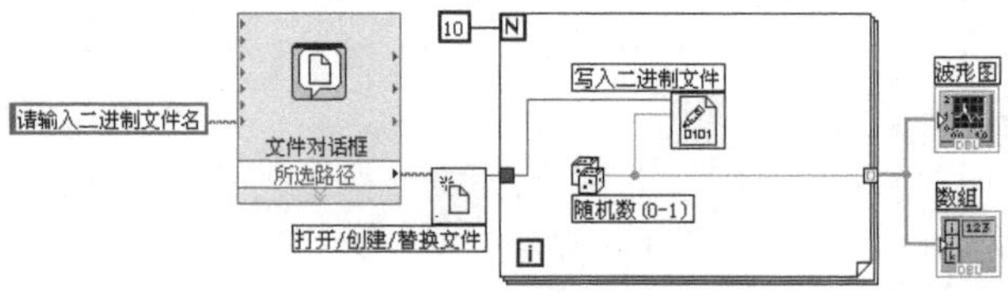

图 10-11　框图程序

3．运行程序

切换到前面板窗口，单击工具栏“运行”按钮，运行程序。

程序实时绘制随机曲线，同时出现文件对话框，选择或输入二进制文件名，如 test.bin，绘制曲线的数据将保存到指定的二进制文件 test.bin 中。

程序运行界面如图 10-12 所示。

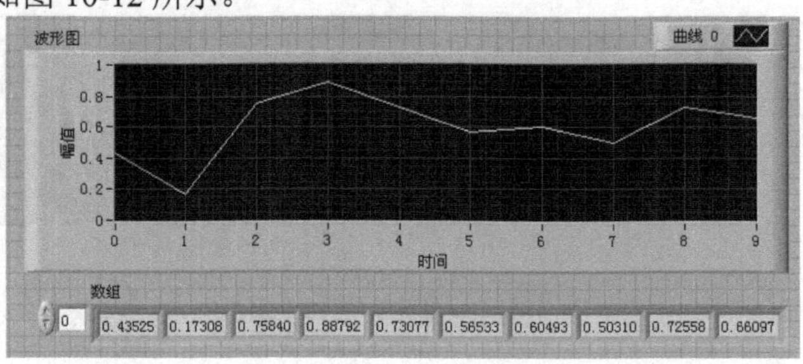

图 10-12　程序运行界面

实例 102　读取二进制文件

一、设计任务

从二进制文件中读取数据，并显示。

二、任务实现

1. 程序前面板设计

新建 VI。切换到 LabVIEW 的前面板窗口，通过控件选板给程序前面板添加控件。

（1）添加 1 个波形图控件：控件→图形→波形图，标签为“波形图”。

（2）添加 1 个数组控件：控件→数组、矩阵与簇→数组，标签为“数组”。

将数值显示控件放入数组框架中，将成员数量设置为 10 列。

设计的程序前面板如图 10-13 所示。

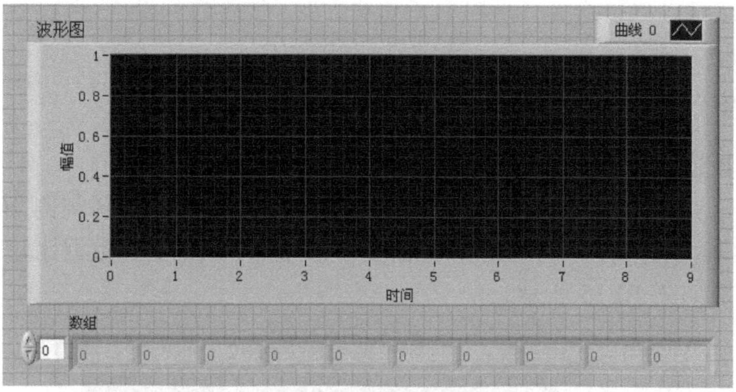

图 10-13　程序前面板

2. 框图程序设计

新建 VI。切换到 LabVIEW 的前面板窗口，通过控件选板给程序前面板添加控件。

（1）添加 1 个字符串常量：函数→字符串→字符串常量，值改为“请选择二进制文件”。

（2）添加 1 个文件对话框函数：函数→文件 I/O→高级文件函数→文件对话框。

（3）将字符串常量“请选择二进制文件”与文件对话框函数的输入端口“提示”相连。

（4）添加 1 个打开/创建/替换文件函数：函数→文件 I/O→打开/创建/替换文件。

（5）将文件对话框函数的输出端口“所选路径”与打开/创建/替换文件函数的输入端口“文件路径（使用对话框）”相连。

（6）添加 1 个读取二进制文件函数：函数→文件 I/O→读取二进制文件。

（7）将打开/创建/替换文件函数的输出端口“引用句柄输出”与读取二进制文件函数的输入端口“文件（使用对话框）”相连。

（8）添加 1 个数值常量：函数→数值→数值常量，值改为“10”。

（9）将数值常量“10”与读取二进制文件函数的输入端口“总数（1）”相连。

（10）添加 1 个数值常量：函数→数值→数值常量，值为“0”。右键单击数值常量“0”，选择“表示法”→“扩展精度”命令。

（11）将数值常量“0”与读取二进制文件函数的输入端口“数据类型”相连。

（12）添加 1 个关闭文件函数：函数→文件 I/O→关闭文件。

（13）将读取二进制文件函数的输出端口“引用句柄输出”与关闭文件函数的输入端口“引用句柄”相连。

（14）将读取二进制文件函数的输出端口“数据”与波形图控件、数组显示控件的输入端口相连。

连线后的框图程序如图 10-14 所示。

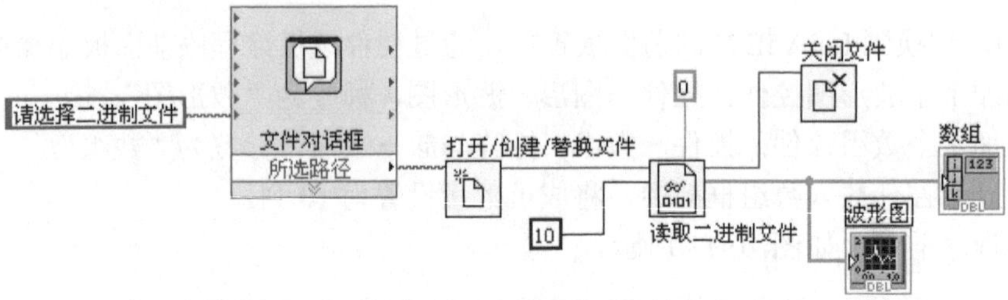

图 10-14　框图程序

3．运行程序

切换到前面板窗口，单击工具栏“运行”按钮，运行程序。

程序运行后，首先出现“请选择二进制文件”对话框，本例选择实例 101 生成的二进制文件 test.bin，读取后将文件中的数据显示出来，可与图 10-12 中的数据比较。

程序运行界面如图 10-15 所示。

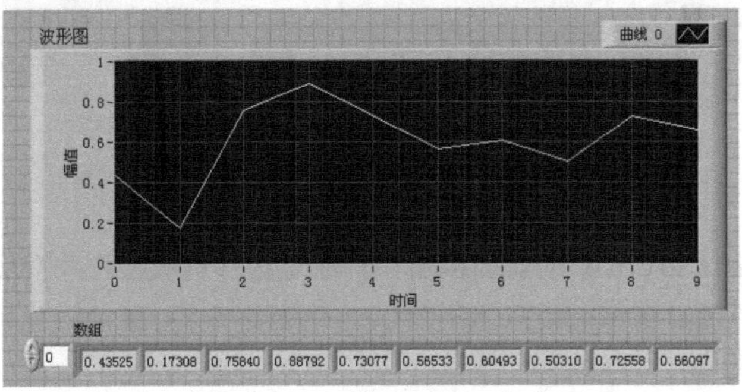

图 10-15　程序运行界面

实例 103　写入波形至文件

一、设计任务

实时绘制正弦曲线，并将绘图数据存入波形文件中。

二、任务实现

1．程序前面板设计

新建 VI。切换到 LabVIEW 的前面板窗口，通过控件选板给程序前面板添加控件。

添加 1 个波形图控件：控件→图形→波形图，标签为“波形图”。

设计的程序前面板如图 10-16 所示。

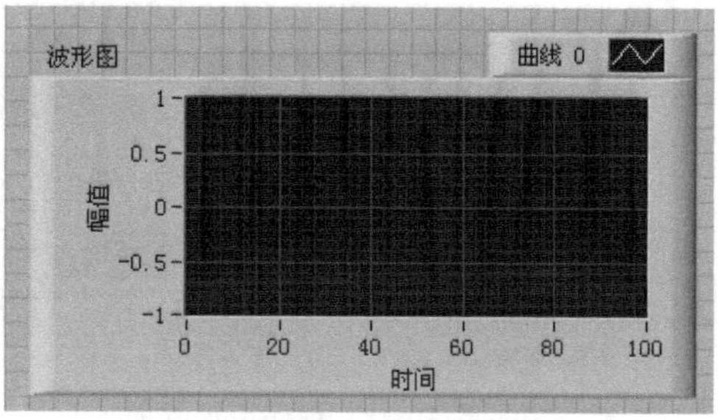

图 10-16　程序前面板

2. 框图程序设计

新建 VI。切换到 LabVIEW 的前面板窗口，通过控件选板给程序前面板添加控件。

（1）添加 1 个 For 循环结构：函数→结构→For 循环。

（2）添加 1 个数值常量：函数→数值→数值常量。将值改为“100”。

（3）将数值常量“100”与 For 循环结构的计数端口“N”相连。

（4）在 For 循环结构中添加 1 个除函数：函数→数值→除。

（5）在 For 循环结构中添加 1 个数值常量：函数→数值→数值常量。将值改为“10”。

（6）将 For 循环结构的循环端口与除函数的输入端口“x”相连。

（7）将数值常量“10”与除函数的输入端口“y”相连。

（8）在 For 循环结构中添加 1 个正弦函数：函数→数学→基本与特殊函数→三角函数→正弦（LabVIEW2015 版在“初等与特殊函数”子选板中添加）。

（9）将除函数的输出端口“x/y”与正弦函数的输入端口“x”相连。

（10）将正弦函数的输出端口“sin(x)”与波形图控件的输入端口相连。

（11）在 For 循环结构中添加 1 个数值常量：函数→数值→数值常量。将值改为“50”。

（12）在 For 循环结构中添加 1 个定时函数：函数→定时→等待（ms）。

（13）在 For 循环结构中将数值常量“50”与定时函数等待（ms）的输入端口“等待时间”相连。

（14）添加 1 个文件对话框函数：函数→文件 I/O→高级文件函数→文件对话框。

（15）添加 1 个写入波形至文件函数：函数→文件 I/O→波形文件 I/O→写入波形至文件（或者从“波形”选板中添加）。

（16）添加 1 个布尔真常量：函数→布尔→真常量。

（17）将文件对话框函数的输出端口“所选路径”与写入波形至文件函数的输入端口“文件路径（空时为对话框）”相连。

（18）将正弦函数的输出端口“sin(x)”与写入波形至文件函数的输入端口“波形”相连。

（19）将真常量与写入波形至文件函数的输入端口“添加至文件?”相连。

连线后的框图程序如图 10-17 所示。

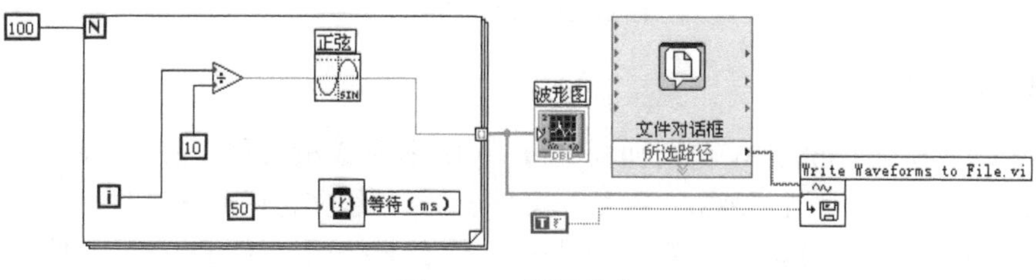

图 10-17　框图程序

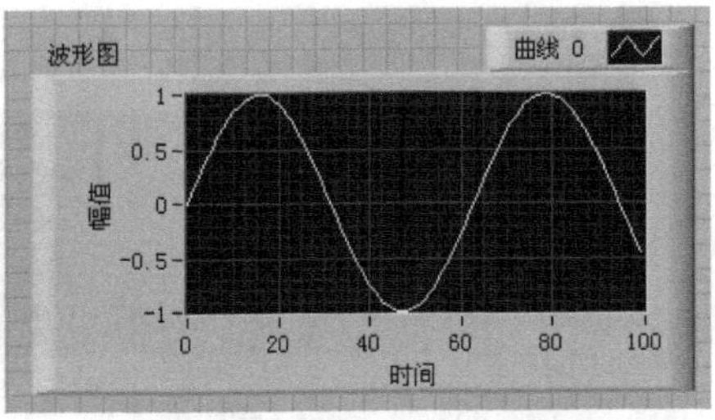

图 10-18　程序运行界面

3．运行程序

切换到前面板窗口，单击工具栏“运行”按钮，运行程序。

程序实时绘制正弦曲线，同时出现文件对话框，选择或输入波形文件名，如 test.dat，绘制曲线的数据保存到指定的波形文件 test.dat 中。

程序运行界面如图 10-18 所示。

实例 104　从文件读取波形

一、设计任务

从波形文件中读取数据，并通过波形控件显示。

二、任务实现

1．程序前面板设计

新建 VI。切换到 LabVIEW 的前面板窗口，通过控件选板给程序前面板添加控件。

添加 1 个波形图控件：控件→图形→波形图，标签为“波形图”。

设计的程序前面板如图 10-19 所示。

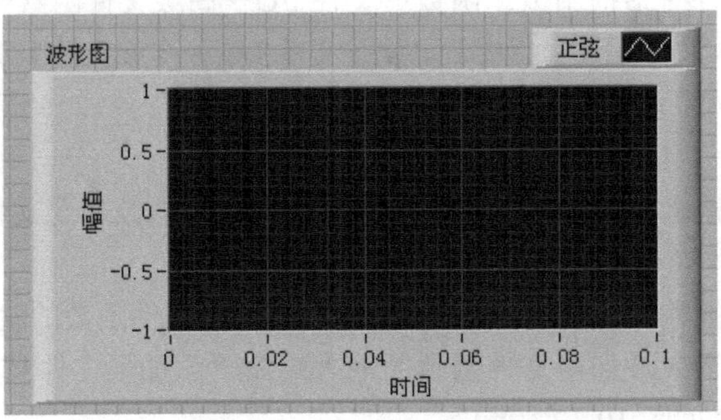

图 10-19　程序前面板

2．框图程序设计

新建 VI。切换到 LabVIEW 的前面板窗口，通过控件选板给程序前面板添加控件。

（1）添加 1 个文件对话框函数：函数→文件 I/O→高级文件函数→文件对话框。

（2）添加 1 个从文件读取波形函数：函数→文件 I/O→波形文件 I/O→从文件读取波形（或者从“波形”选板中添加）。

（3）将文件对话框函数的输出端口“所选路径”与从文件读取波形函数的输入端口“文件路径（空时为对话框）”相连。

（4）将从文件读取波形函数的输出端口“记录中所有波形”与波形图控件的输入端口相连。

连线后的框图程序如图 10-20 所示。

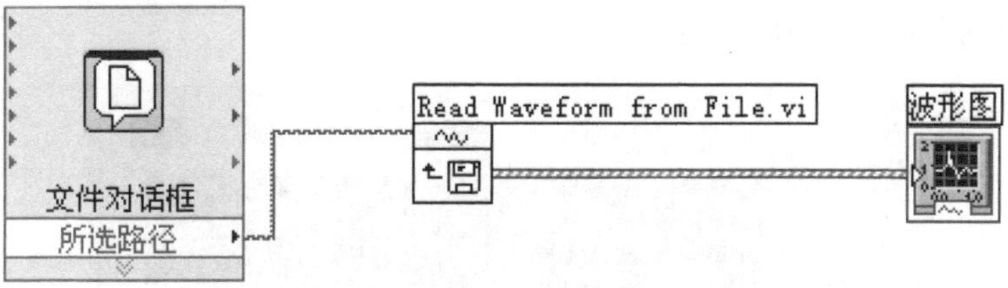

图 10-20　框图程序

3. 运行程序

切换到前面板窗口，单击工具栏“运行”按钮，运行程序。

程序运行后，出现选择文件对话框，本例选择实例 103 生成的波形文件 test.dat，读取后显示波形。

程序运行界面如图 10-21 所示。

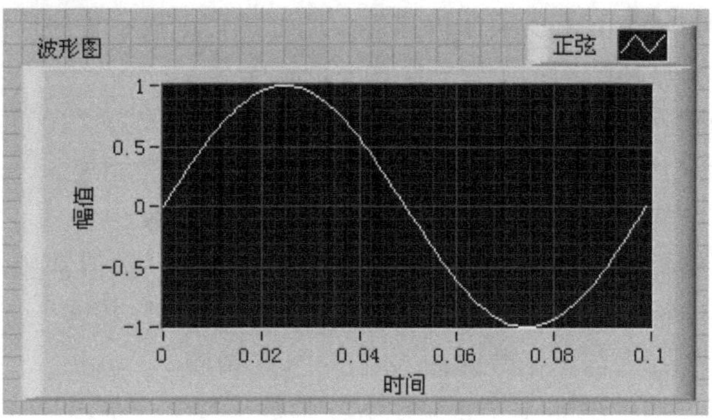

图 10-21　程序运行界面

实例 105　写入电子表格文件

一、设计任务

在一个波形图控件上同时绘制正弦曲线和余弦曲线，并将绘图数据存入电子表格文件中。

二、任务实现

1．程序前面板设计

新建 VI。切换到 LabVIEW 的前面板窗口，通过控件选板给程序前面板添加控件。

添加 1 个波形图控件：控件→图形→波形图，标签为“波形图”。

设计的程序前面板如图 10-22 所示。

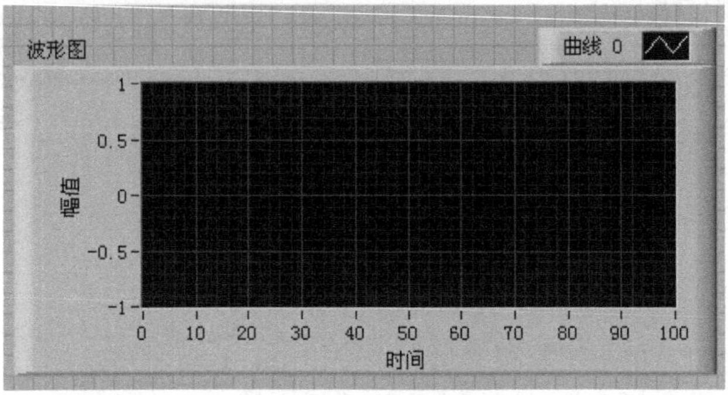

图 10-22　程序前面板

2．框图程序设计

新建 VI。切换到 LabVIEW 的前面板窗口，通过控件选板给程序前面板添加控件。

（1）添加 1 个 For 循环结构：函数→结构→For 循环。

（2）添加 1 个数值常量：函数→数值→数值常量。将值改为“100”。

（3）将数值常量“100”与 For 循环结构的计数端口“N”相连。

（4）在 For 循环结构中添加 1 个除函数：函数→数值→除。

（5）在 For 循环结构中添加 1 个数值常量：函数→数值→数值常量，值改为“10”。

（6）将 For 循环结构的循环端口与除函数的输入端口“x”相连。

（7）将数值常量“10”与除函数的输入端口“y”相连。

（8）在 For 循环结构中添加 1 个正弦函数：函数→数学→基本与特殊函数→三角函数→正弦（LabVIEW2015 版在“初等与特殊函数”子选板中添加）。

（9）在 For 循环结构中添加 1 个余弦函数：函数→数学→基本与特殊函数→三角函数→余弦（LabVIEW2015 版在“初等与特殊函数”子选板中添加）。

（10）将除函数的输出端口“x/y”分别与正弦函数、余弦函数的输入端口“x”相连。

（11）添加 1 个创建数组函数：函数→数组→创建数组。将元素端口设置为两个。

（12）将正弦函数的输出端口“sin(x)”与创建数组函数的一个输入端口“元素”相连；将余弦函数的输出端口“cos(x)”与创建数组函数的另一个输入端口“元素”相连。

（13）将创建数组函数的输出端口“添加的数组”与波形图控件的输入端口相连。

（14）添加 1 个文件对话框函数：函数→文件 I/O→高级文件函数→文件对话框。

（15）添加两个写入电子表格文件函数：函数→文件 I/O→写入电子表格文件（LabVIEW2015 版选择“写入带分割符电子表格”函数）。

（16）添加两个布尔真常量：函数→布尔→真常量。

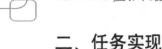

（17）将正弦函数的输出端口“sin(x)”与一个写入电子表格文件函数的输入端口“一维数据”相连；将余弦函数的输出端口“cos(x)”与另一个写入电子表格文件函数的输入端口“一维数据”相连。

（18）将文件对话框函数的输出端口“所选路径”分别与两个写入电子表格文件函数的输入端口“文件路径（空时为对话框）”相连。

（19）将两个真常量分别与两个写入电子表格文件函数的输入端口“添加至文件?”相连。

连线后的框图程序如图 10-23 所示。

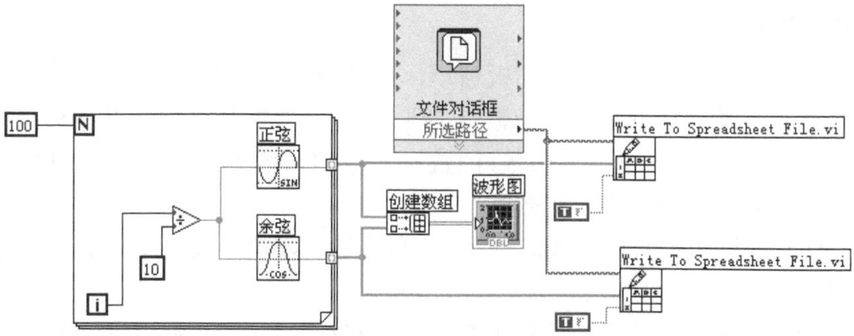

图 10-23　框图程序

3. 运行程序

切换到前面板窗口，单击工具栏“运行”按钮，运行程序。

程序实时绘制正弦曲线和余弦曲线，同时出现文件对话框，选择或输入电子表格文件名，如 test.xls，绘制曲线的数据保存到指定的电子表格文件 test.xls 中。

程序运行界面如图 10-24 所示。可使用 Excel 程序打开电子表格文件 test.xls，观察保存的数据，如图 10-25 所示。

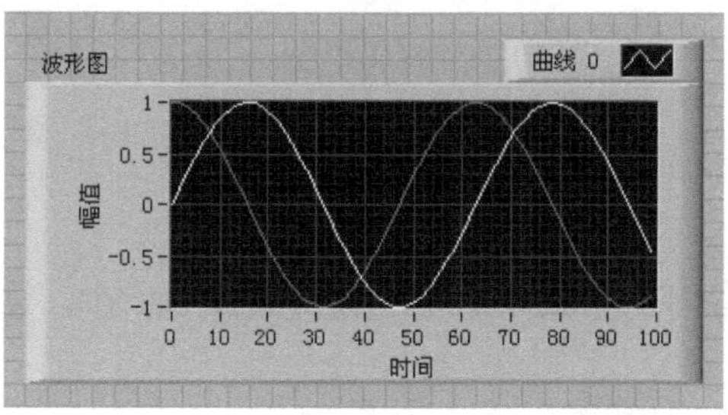

图 10-24　程序运行界面

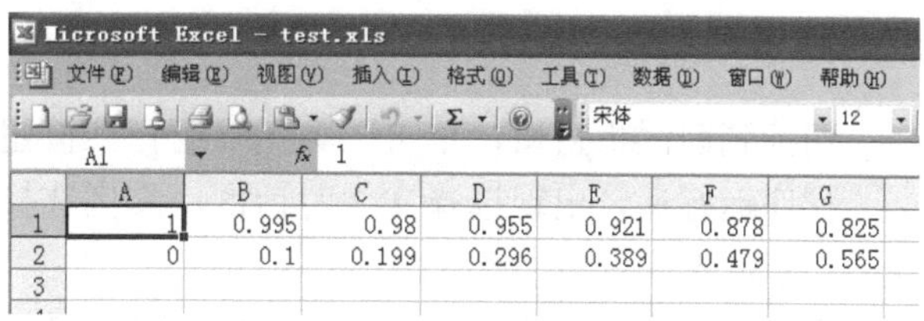

图 10-25　使用 Excel 程序观察数据

实例 106　读取电子表格文件

一、设计任务

从电子表格文件中读取数据，并通过波形控件显示。

二、任务实现

1. 程序前面板设计

新建 VI。切换到 LabVIEW 的前面板窗口，通过控件选板给程序前面板添加控件。

添加 1 个波形图控件：控件→图形→波形图，标签为“波形图”。

设计的程序前面板如图 10-26 所示。

2. 框图程序设计

新建 VI。切换到 LabVIEW 的前面板窗口，通过控件选板给程序前面板添加控件。

（1）添加 1 个文件对话框函数：函数→文件 I/O→高级文件函数→文件对话框。

（2）添加 1 个读取电子表格文件函数：函数→文件 I/O→读取电子表格文件（LabVIEW2015 版选择“读取带分割符电子表格”函数）。

（3）将文件对话框函数的输出端口“所选路径”与读取电子表格文件函数的输入端口“文件路径（空时为对话框）”相连。

（4）将读取电子表格文件函数的输出端口“所有行”与波形图控件的输入端口相连。

连线后的框图程序如图 10-27 所示。

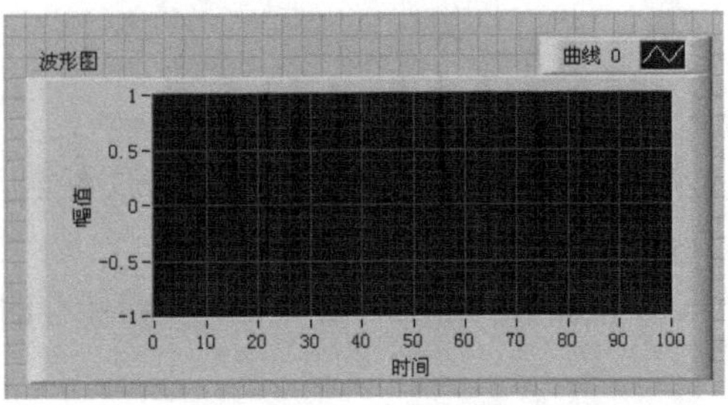

图 10-26　程序前面板

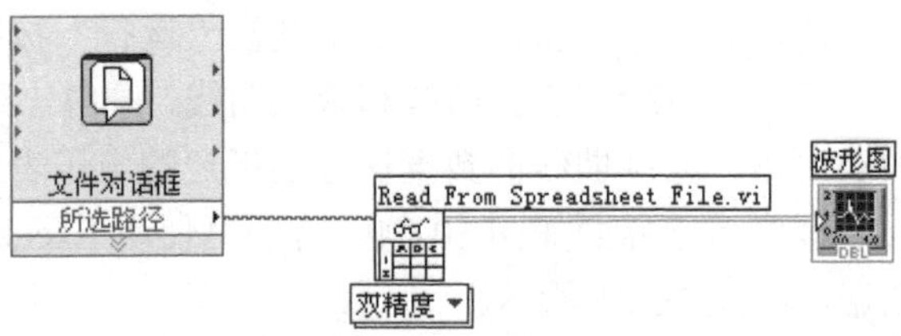

图 10-27　框图程序

3. 运行程序

切换到前面板窗口，单击工具栏“运行”按钮，运行程序。

程序运行后，出现选择文件对话框，本例选择实例 105 生成的电子表格文件 test.xls，读取后显示波形。

程序运行界面如图 10-28 所示（可与图 10-24 进行比较）。

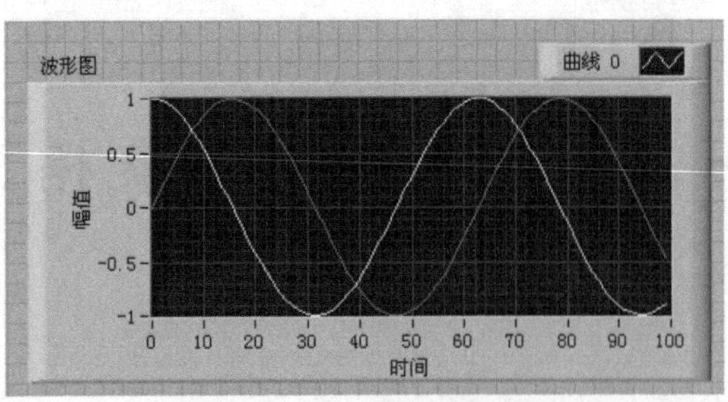

图 10-28　程序运行界面

第 11 章　界面交互及子程序设计

本章通过实例介绍 LabVIEW 的人机界面交互设计（包括创建登录对话框、菜单的设计）；子程序的创建与调用等。

实例 107　创建登录对话框

一、设计任务

使用“提示用户输入”对话框 VI 来创建登录对话框，当输入的用户名和密码均正确时，显示提示正确信息，否则显示提示错误信息。

二、任务实现

1．框图程序设计

切换到 LabVIEW 的程序框图窗口，添加节点与连线。

（1）添加 1 个“提示用户输入”对话框 VI：函数→对话框与用户界面→提示用户输入。弹出“配置提示用户输入”对话框，如图 11-1 所示。

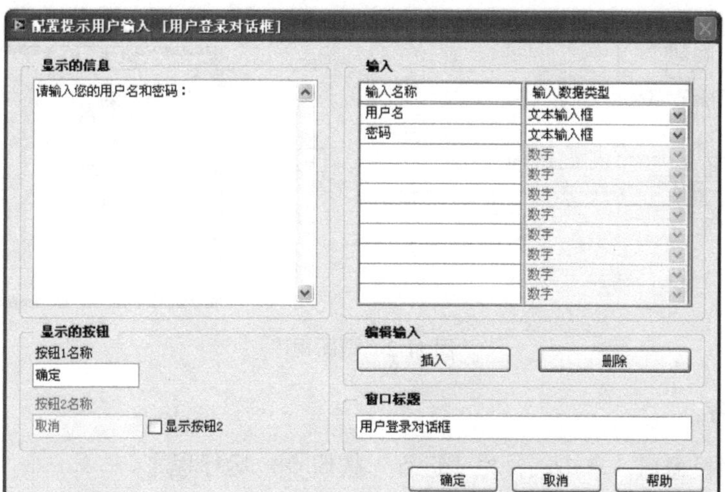

图 11-1　配置提示用户输入对话框

在显示的信息文本框输入“请输入您的用户名和密码:”，在右侧输入栏输入名称“用户名”和“密码”，输入数据类型均选择“文本输入框”，按钮 1 名称设为“确定”，不显示按钮 2，窗口标题设为“用户登录对话框”。

（2）添加 2 个比较函数：函数→比较→等于？。

（3）添加 2 个字符串常量：函数→字符串→字符串常量。分别设为“abc”和“123”。

（4）添加 1 个布尔“与”函数：函数→布尔→与。

（5）将“提示用户输入”对话框 VI 的输出端口“用户名”与比较函数“等于？”（上）的输入端口“x”相连。

（6）将字符串常量“abc”与比较函数“等于？”（上）的输入端口“y”相连。

（7）将“提示用户输入”对话框 VI 的输出端口“密码”与比较函数“等于？”（下）的输入端口“x”相连。

（8）将字符串常量“123”与比较函数“等于？”（下）的输入端口“y”相连。

（9）将比较函数“等于？”（上）的输出端口“x=y?”与逻辑“与”函数的输入端口“x”相连。

（10）将比较函数“等于？”（下）的输出端口“x=y?”与逻辑“与”函数的输入端口“y”相连。

（11）添加 1 个条件结构：函数→结构→条件结构。

（12）将“与”函数的输出端口“x 与 y?”与条件结构的选择端口?相连。

（13）在条件结构的“真”选项中添加 1 个“显示对话框信息”对话框 VI：函数→对话框与用户界面→显示对话框信息。弹出“配置显示对话框信息”对话框，在“显示的信息”文本框输入“用户名与密码输入正确！”，按钮 1 名称设为“确定”。

（14）在条件结构的“假”选项中添加 1 个“显示对话框信息”对话框 VI，弹出“配置显示对话框信息”对话框，在“显示的信息”文本框输入“用户名或密码输入错误！”，按钮 1 名称设为“确定”。

连线后的框图程序如 11-2 所示。

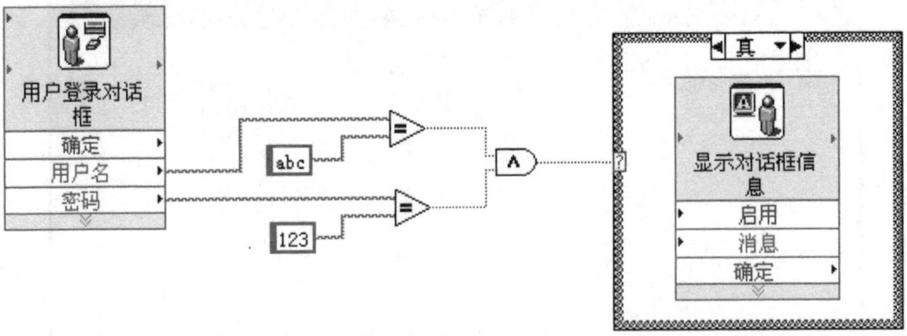

图 11-2　框图程序

3. 运行程序

切换到前面板窗口，单击工具栏“运行”按钮，运行程序。

当程序运行时，弹出“用户登录对话框”，输入用户名和密码，如图 11-3 所示。当用户名和密码输入均正确时，弹出“用户名与密码输入正确！”提示框；当用户名和密码输入有一个错误时，弹出“用户名或密码输入错误！”提示框，如图 11-4 所示。

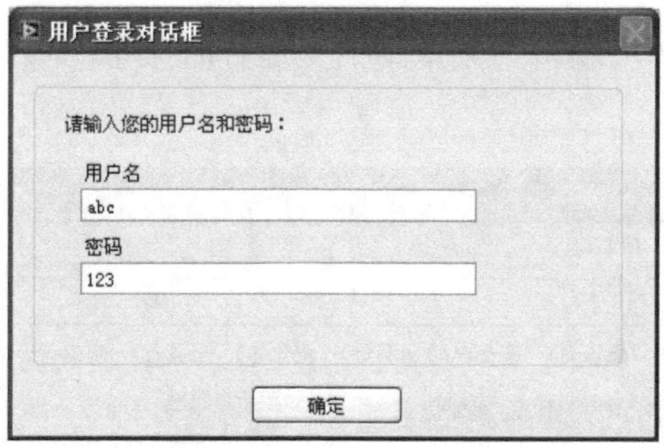

图 11-3　用户登录对话框

图 11-4　提示信息对话框

实例 108　菜单的设计与使用

一、设计任务

设计一个菜单，程序运行时，在画面显示菜单，并在执行菜单项时给出提示或响应。

二、任务实现

1. 程序前面板设计

新建 VI。切换到 LabVIEW 的前面板窗口，通过控件选板给程序前面板添加控件。

（1）添加 1 个数值输入控件：控件→数值→数值输入控件。标签为“数值”。

（2）添加 1 个仪表控件：控件→数值→仪表。标签为“仪表”。

（3）添加 1 按钮控件：控件→布尔→停止按钮。

设计的程序前面板如图 11-5 所示。

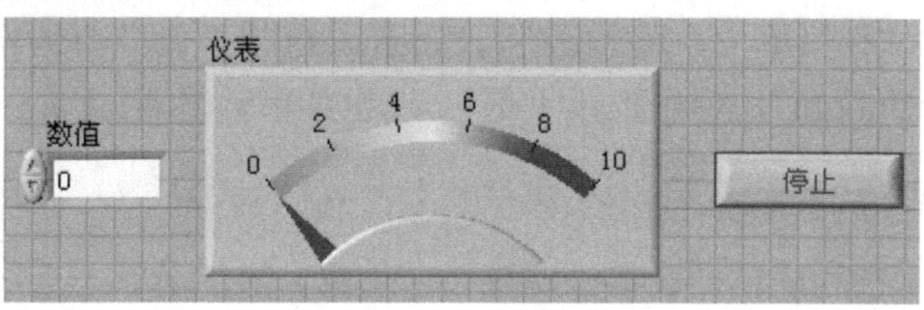

图 11-5　程序前面板

2. 菜单编辑

（1）在前面板窗口选择“编辑”菜单中的“运行时菜单”项，出现菜单编辑器对话框窗口，如图 11-6 所示。

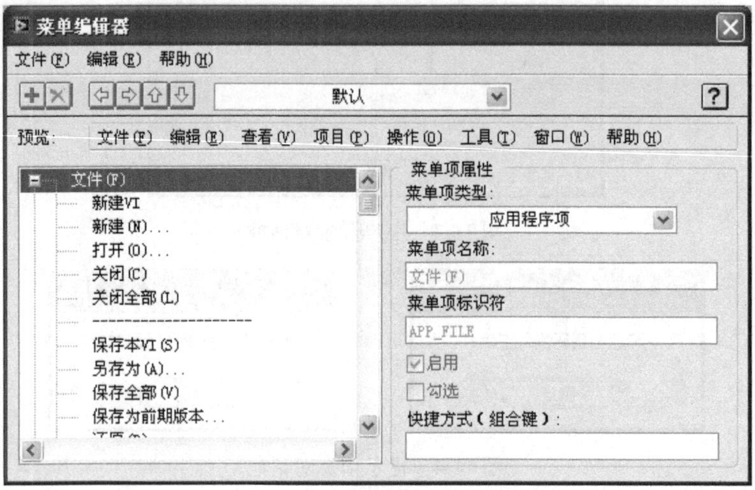

图 11-6　菜单编辑器窗口

（2）将菜单类型“默认”改为“自定义”，菜单项类型变为“用户项”。

（3）在菜单项名称中填写“_File”，在菜单项标识符中填写“File”。

（4）单击添加一个新的菜单项，单击使其成为与“File”菜单项的子菜单项。

（5）在菜单项名称中填写“_Exit”，在菜单项标识符中填写“Exit”。

（6）单击添加一个新的菜单项，然后单击使插入的菜单成为与“File”菜单并列的菜单项。

（7）在菜单项名称中填写“_Edit”，在菜单项标识符中填写“Edit”。

（8）单击添加一个新的菜单项，单击使其成为与“Edit”菜单项的子菜单项。

（9）在菜单项名称中填写“_Cut”，在菜单项标识符中填写“Cut”。

（10）单击添加一个新的菜单项，然后单击使插入的菜单成为与“Edit”菜单并列的菜单项。

（11）在菜单项名称中填写“_Help”，在菜单项标识符中填写“Help”。

（12）单击添加一个新的菜单项，单击使其成为与“Help”菜单项的子菜单项。

（13）在菜单项名称中填写“_About”，在菜单项标识符中填写“About”。

完成了菜单的设置，这时在预览窗口中已经完整的显示出菜单项的内容，此时菜单编辑器窗口如图 11-7 所示。

打开菜单编辑器文件菜单，将菜单保存为“menu.rtm”。关闭菜单编辑器，系统将提示“将运行时菜单转换为 menu.rtm”，单击按钮“是”，退出菜单编辑器。

3. 框图程序设计

切换到 LabVIEW 的程序框图窗口，调整控件位置，添加节点与连线。

（1）添加 1 个菜单操作函数：函数→对话框与用户界面→菜单→当前 VI 菜单栏。

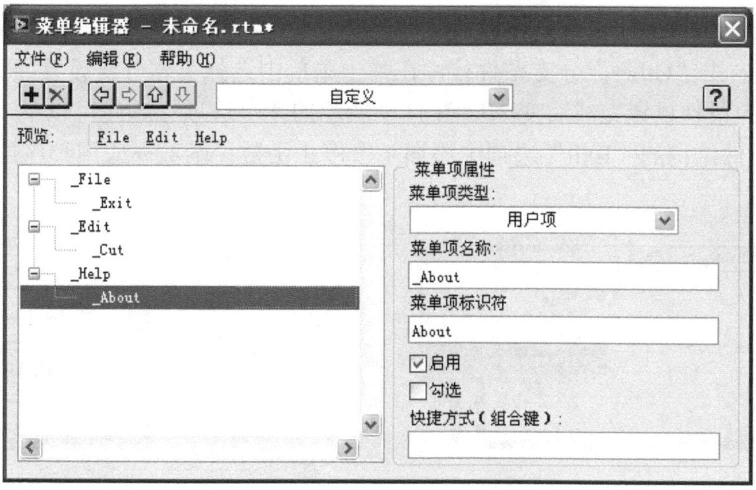

图 11-7　菜单预览窗口

（2）添加 1 个 While 循环结构：函数→结构→While 循环。

（3）在 While 循环结构中添加 1 个菜单操作函数：函数→对话框与用户界面→菜单→获取所选菜单项。

（4）将“当前 VI 菜单栏”函数的输出端口“菜单引用”与“获取所选菜单项”函数的输入端口“菜单引用”相连。

（5）将数值输入控件、仪表控件、停止按钮控件的图标移到 While 循环结构框架中。

（6）将数值输入控件的输出端口与仪表控件的输入端口相连。

（7）将停止按钮控件的输出端口与 While 循环结构的条件端口◉相连。

（8）添加 1 个条件结构：函数→结构→条件结构。

（9）将“获取所选菜单项”函数的输出端口“项标识符”与条件结构的选择端口“?”相连。

设计的框图程序如图 11-8 所示。

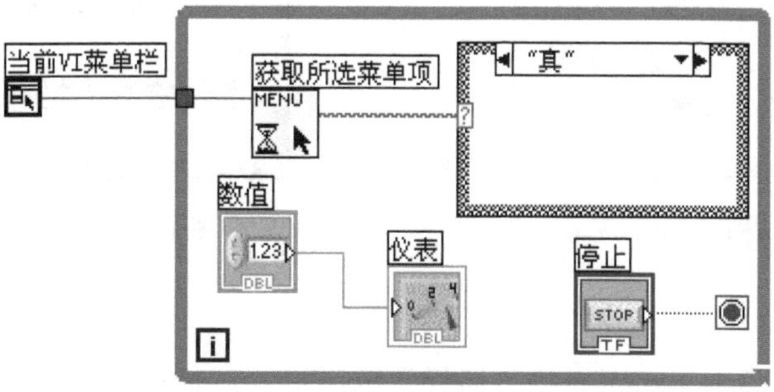

图 11-8　框图程序

（10）使用“编辑文本”工具将条件结构“真”选项中的文字“真”修改为“Exit”，将“假”选项中的文字“假”修改为“Cut”。注意引号为英文输入法中的双引号。

（11）增加 2 个条件结构的分支：右击条件结构的边框，在弹出的快捷菜单中选择“在后面添加分支”，执行 2 次。

（12）在新增的一个分支条件行输入文本“About”；将新增的另一个分支条件行输入文本“Other”，然后右击“Other”分支条件行，在弹出菜单中选择“本分支设置为默认分支”。

条件结构的条件设置完成后变为如图 11-9 所示的 4 个选项（顺序可以不一样）。

（13）在条件结构的“Exit”选项中添加 1 个停止函数：函数→应用程序控制→停止，如图 11-10 所示。

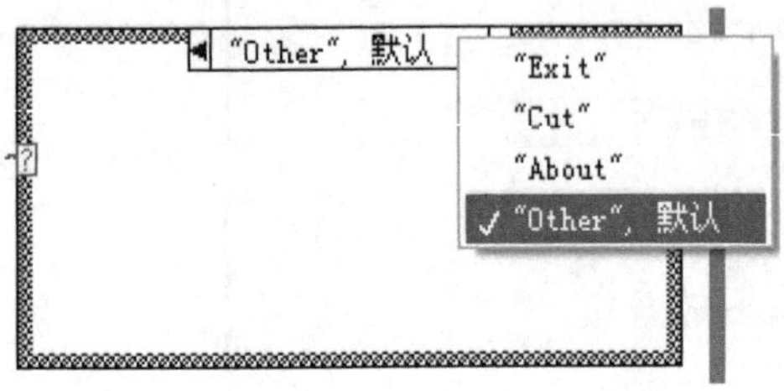

图 11-9　设置条件结构的条件选项

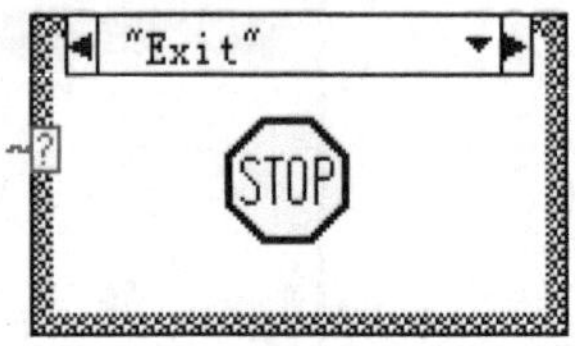

图 11-10　条件结构“Exit”选项

（14）在条件结构的“Cut”选项中添加 1 个字符串常量：函数→字符串→字符串常量。值设为“您选择了 Cut 命令！”。

（15）在条件结构的“Cut”选项中添加 1 个单按钮对话框：函数→对话框与用户界面→单按钮对话框。

（16）在条件结构的“Cut”选项中将字符串常量“您选择了 Cut 命令！”与单按钮对话框的输入端口“消息”相连，如图 11-11 所示。

（17）在条件结构的“About”选项中添加 1 个字符串常量：函数→字符串→字符串常量。值为“关于菜单设计”。

（18）在条件结构的“About”选项中添加 1 个单按钮对话框：函数→对话框与用户界面→单按钮对话框。

（19）在条件结构的“About”选项中将字符串常量“关于菜单设计”与单按钮对话框的输入端口“消息”相连，如图 11-12 所示。

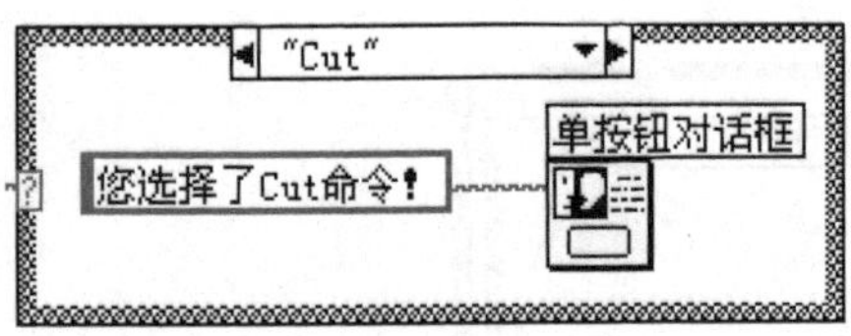

图 11-11　条件结构“Cut”选项

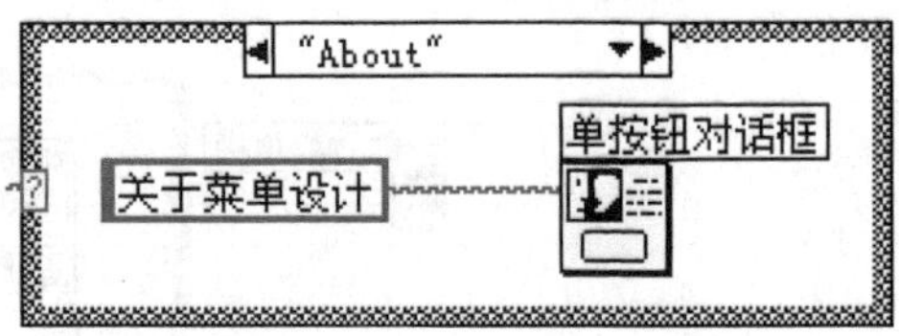

图 11-12　条件结构“About”选项

4．运行程序

切换到前面板窗口，单击工具栏“运行”按钮，运行程序。

程序运行界面出现 File、Edit 和 Help 三个菜单项。

其中 Edit 菜单下有 Cut 子菜单，选择该子菜单项，弹出“您选择了 Cut 命令！”对话框，如图 11-13 所示。

Help 菜单下有 About 子菜单，选择该子菜单项，弹出“关于菜单设计”对话框，如图 11-14 所示。

File 菜单下有 Exit 子菜单，选择该子菜单项，停止程序运行。

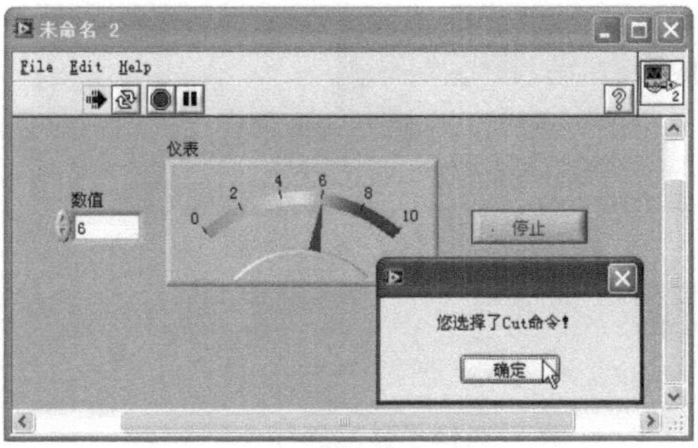

图 11-13　程序运行界面 1

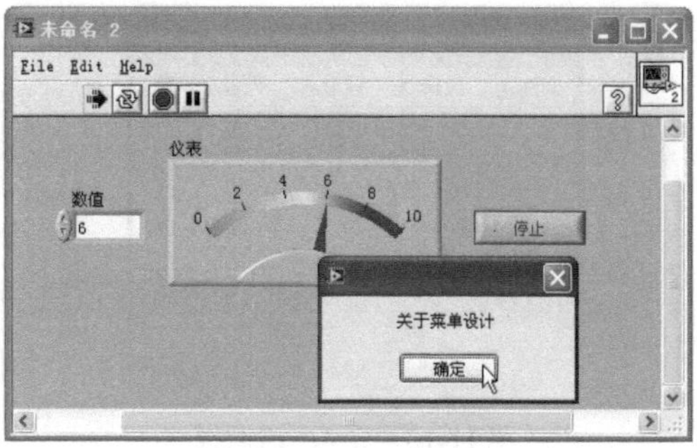

图 11-14　程序运行界面 2

实例 109　子程序的创建

一、设计任务

设计一个 VI，完成两数相加（$a+b=c$），然后把该 VI 创建成子 VI。

二、任务实现

1．程序前面板设计

新建 VI。切换到 LabVIEW 的前面板窗口，通过控件选板给程序前面板添加控件。

（1）添加 2 个数值输入控件：控件→数值→数值输入控件。将标签分别改为“a”和“b”。

（2）添加 1 个数值显示控件：控件→数值→数值显示控件。将标签改为“c”。

设计的程序前面板如图 11-15 所示。

2．连接端口的创建

（1）右击 VI 前面板的右上角图标，在弹出菜单中选择“显示连线板”，如图 11-16 所示，原来图标的位置就会出现连接端口，如图 11-17 所示。（LabVIEW2015 版省略该步骤。）

（2）右击连接端口，在弹出的菜单中选择“模式”，会出现连接端口选板，选择其中一个连接端口（本例选择的连接端口具有 2 个输入端口和 1 个输出端口），如图 11-18 所示。

（3）在工具选板中将鼠标变为连线工具状态。

（4）用鼠标在控件 a 上单击，选中控件 a，此时控件 a 的图形周围会出现一个虚线框。

（5）将鼠标移动至连接端口的一个输入端口上，单击，此时这个端口就建立了与控件 a 的关联关系，端口的名称为 a，颜色变为棕色。

当其他 VI 调用这个子 VI 时，从这个连接端口输入的数据就会输入到控件 a 中，然后程序从控件 a 在框图程序中所对应的端口中将数据取出，进行相应的处理。

同样建立数值输入控件 b 与另一个输入端口的关联关系；建立数值显示控件 c 与输出端口的关联关系，如图 11-19 所示。

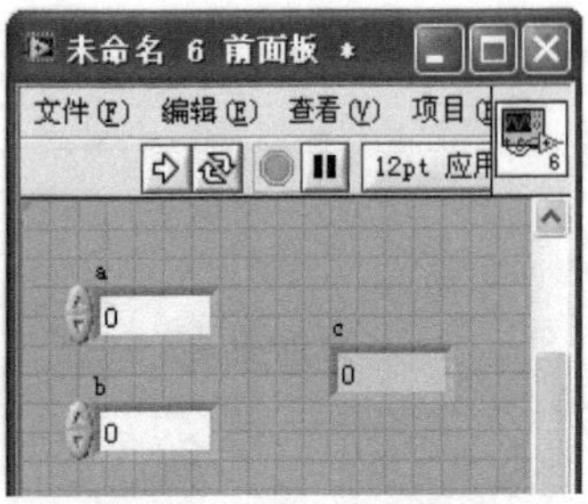

图 11-15　子 VI 前面板

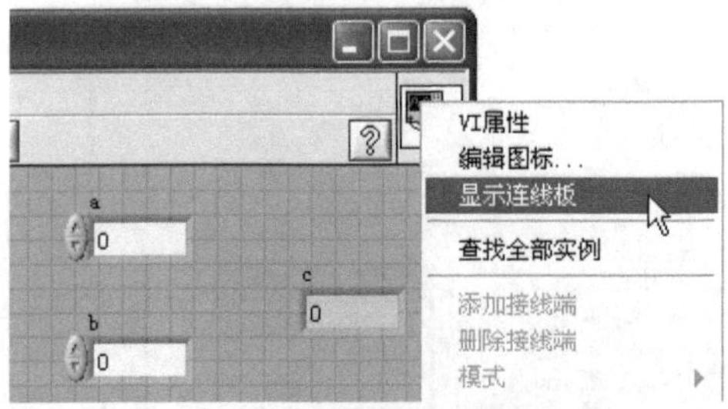

图 11-16　选择“显示连线板”

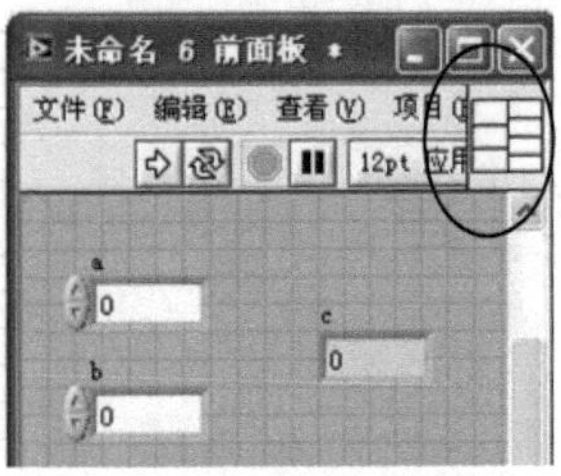

图 11-17　连接端口

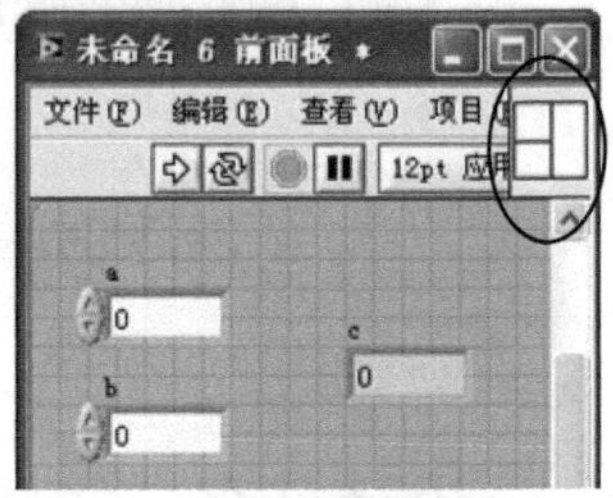

图 11-18　选择的连接端口

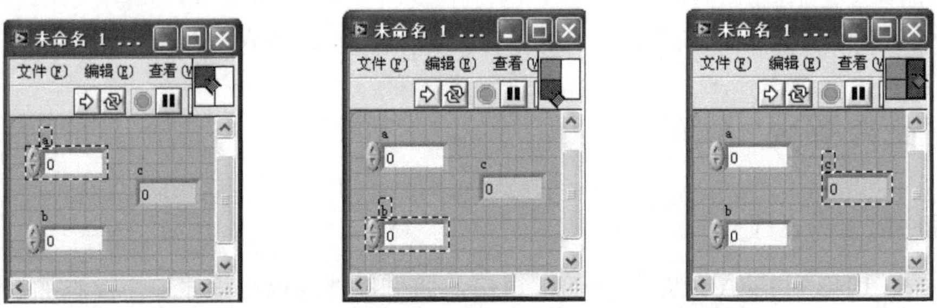

图 11-19　建立控件 a、b、c 与连接端口的关联关系

在完成了连接端口的定义之后，这个 VI 就可以当作子 VI 来调用了。

3．框图程序设计

切换到 LabVIEW 的程序框图窗口，调整控件位置，添加节点与连线。
（1）添加 1 个加函数：函数→数值→加。
（2）将数值输入控件 a 的输出端口与加函数的输入端口“x”相连
（3）将数值输入控件 b 的输出端口与加函数的输入端口“y”相连。
（4）将加函数的输出端口“x+y”与数值显示控件 c 的输入端口相连。
（5）保存程序，文件名为“addSub”（该程序可作为子程序被调用）。
连线后的框图程序如图 11-20 所示。

4．运行程序

切换到前面板窗口，单击工具栏“连续运行”按钮，运行程序。
改变数值输入控件 a、b 的值，数值显示控件 c 显示两数相加的结果。
程序运行界面如图 11-21 所示。

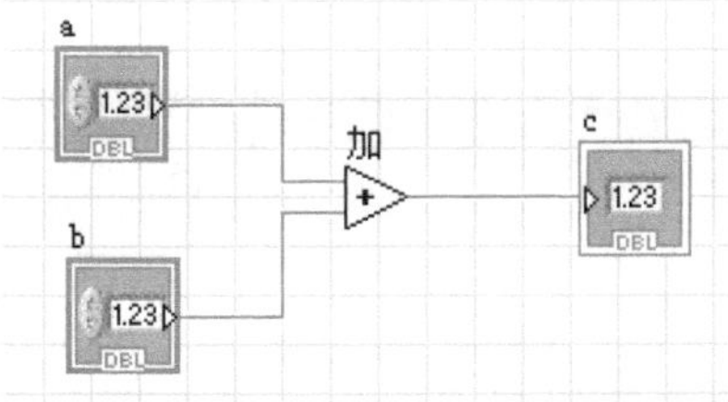

图 11-20　子 VI 框图程序

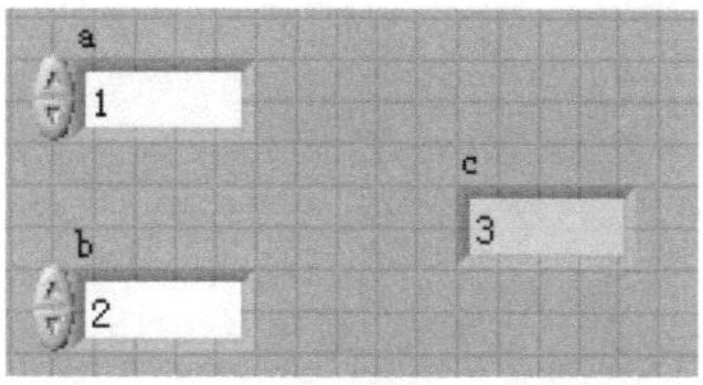

图 11-21　子 VI 运行界面

实例 110　子程序的调用

一、设计任务

设计一个 VI，调用已建立的子 VI。

二、任务实现

1．程序前面板设计

切换到 LabVIEW 的前面板窗口，通过控件选板给程序前面板添加控件。

（1）添加 2 个数值输入控件：控件→数值→数值输入控件。将标签分别改为“a”和“b”。

（2）添加 1 个数值显示控件：控件→数值→数值显示控件。将标签改为“c”。

设计的程序前面板如图 11-22 所示。

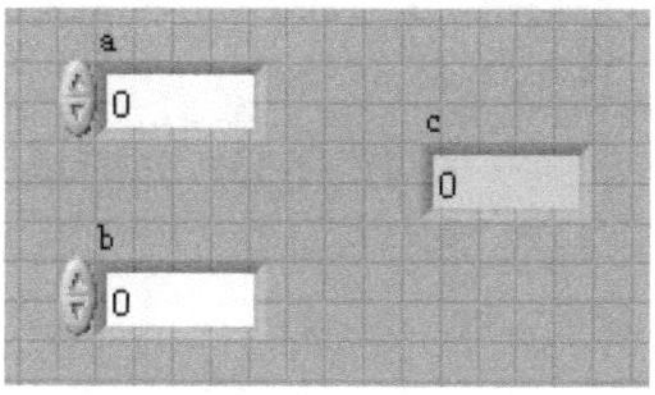

图 11-22　主 VI 前面板

2．框图程序设计

切换到 LabVIEW 的程序框图窗口，调整控件位置，添加节点与连线。

（1）添加子 VI：选择函数选板中的“选择 VI...”子选板，如图 11-23 所示，弹出“选择需打开的 VI”对话框，如图 11-24 所示，在对话框中找到需要调用的子 VI，本例是调用实例 109 建立的子程序 addSub.vi，选中后单击“确定”按钮。

（2）将 addSub.vi 的图标放至程序框图窗口中。

（3）将数值输入控件 a 的输出端口与 addSub.vi 图标的输入端口“a”相连。

（4）将数值输入控件 b 的输出端口与 addSub.vi 图标的输入端口“b”相连。

（5）将 addSub.vi 图标的输出端口“c”与数值显示控件 c 的输入端口相连。

（6）保存程序，文件名为“addMain”。

连线后的框图程序如图 11-25 所示。

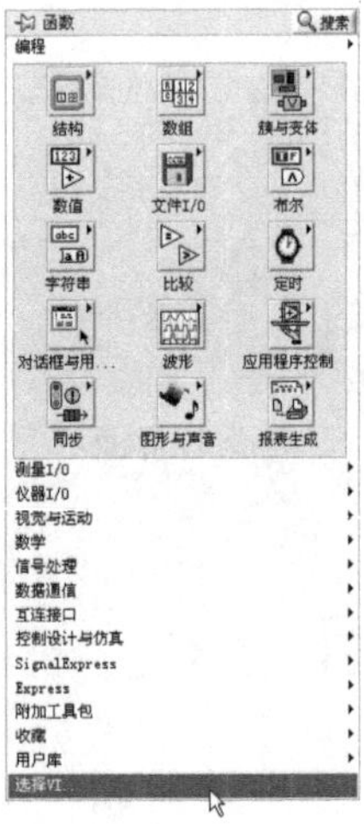

图 11-23 “选择 VI...”子选板

图 11-24 “选择需打开的 VI”对话框

3. 运行程序

切换到前面板窗口，单击工具栏“连续运行”按钮，运行程序。

改变数值输入控件 a、b 的值，数值显示控件 c 显示两数相加的结果。

程序运行界面如图 11-26 所示。

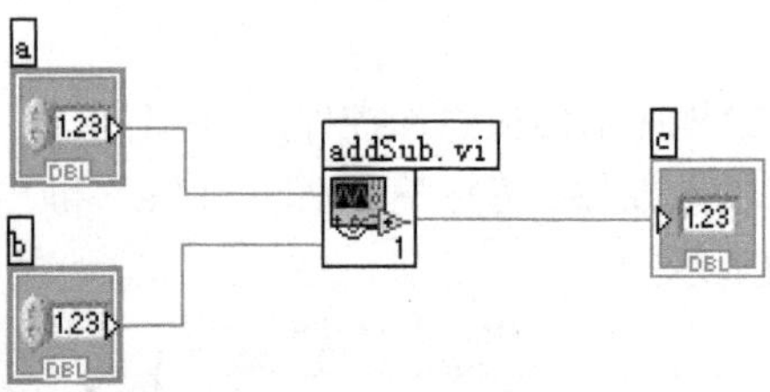

图 11-25 主 VI 框图程序

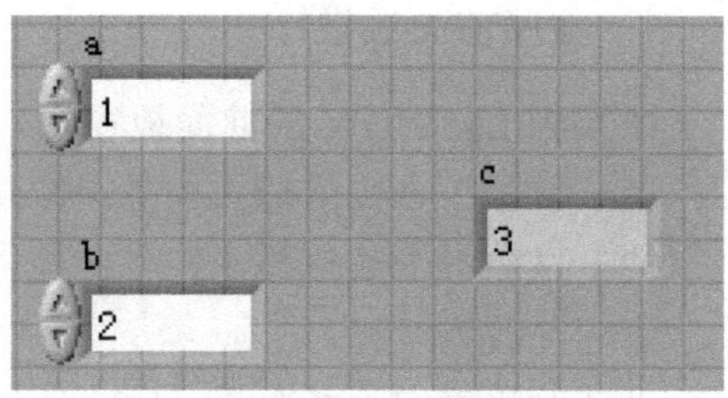

图 11-26 主 VI 运行界面

参 考 文 献

[1] 李江全，任玲，廖结安，等. LabVIEW 虚拟仪器从入门到测控应用 130 例[M]. 北京：电子工业出版社，2013.

[2] 郑对元. 精通 LabVIEW 虚拟仪器程序设计[M]. 北京：清华大学版社，2012.

[3] 李江全，刘恩博，胡蓉，等. LabVIEW 数据采集与串口通信测控应用实战[M]. 北京：人民邮电出版社，2010.

反侵权盗版声明

举报电话：（010）88254396；（010）88258888

传　　真：（010）88254397

E-mail:　 dbqq@phei.com.cn

通信地址：北京市海淀区万寿路 173 信箱

　　　　　电子工业出版社总编办公室

邮　　编：100036